U0252807

重新定义用户体验

数字思维

胡晓 主编

清華大學出版社
北京

内 容 简 介

本书是国际体验设计大会的演讲集锦，汇聚了当下具有影响力的数位国内外知名企业的设计师、商业领袖、专家的大量实践案例与前沿学术观点，分享并解决了新兴领域所面临的新问题，为企业人员提供丰富的设计手段、方法与策略，以便他们学习全新的思维方式和工作方式，掌握不断外延的新兴领域的技术、方法与策略。

本书适合用户体验、交互设计的从业者阅读，也适合管理者、创业者以及即将投身于这个领域的爱好者、相关专业的学生阅读。

图书在版编目（CIP）数据

重新定义用户体验：数字思维 / 胡晓主编 . —北京：清华大学出版社，2021.9

ISBN 978-7-302-58831-3

Ⅰ . ①重…　Ⅱ . ①胡…　Ⅲ . ①人机界面－程序设计－文集　Ⅳ . ① TP311.1-53

中国版本图书馆 CIP 数据核字 (2021) 第 158139 号

责任编辑：杜　杨
封面设计：杨玉兰
责任校对：胡伟民
责任印制：沈　露

出版发行：清华大学出版社
网　　址：http://www.tup.com.cn，http://www.wqbook.com
地　　址：北京清华大学学研大厦 A 座　　**邮　　编：**100084
社 总 机：010-62770175　　**邮　　购：**010-83470235
投稿与读者服务：010-62776969，c-service@tup.tsinghua.edu.cn
质 量 反 馈：010-62772015，zhiliang@tup.tsinghua.edu.cn
印 装 者：小森印刷（北京）有限公司
经　　销：全国新华书店
开　　本：188mm×260mm　　**印　　张：**15.25　　**字　　数：**375 千字
版　　次：2021 年 11 月第 1 版　　**印　　次：**2021 年 11 月第 1 次印刷
定　　价：99.00 元

产品编号：092618-01

编委会

推荐序一

当今世界，新一轮科技革命蓬勃兴起，掀起了一场影响经济社会发展全局的系统变革。设计工具和系统正在发生翻天覆地的变化，与过去依靠设计师的灵感和创意不同，在摩尔定律驱动下，超级计算同时面向数十亿个个体的实时设计，瞬间满足巨量个性化设计需求。

从人类早期的手工艺定制制造，到工业化的大批量制造，再到今天的大批量定制制造，从大批量制造到大规模虚拟制造，从流水线生产到平台式生产，再到模块化生产，在形成的智能制造版图中，数智化设计将用户大数据转化为供应链和智慧工厂的指令，融入设计、感知、决策、执行、服务等产品全生命周期，从模块化、流程化、参数化、知识化多角度进行系统设计，实现用户大数据和大规模定制的超级对接和价值转化，成为智能制造的重要引擎和驱动力。

泛互联网、超级计算、数字智能，推动我们所处的环境巨变。工业设计的创新对象由过去的人与物的关系，在极短的时间之内升级为“人、物、网”三元世界，工业设计正处于数字空间、物理世界与人类社会交汇的中心，设计数智化迎来重大机遇和挑战。

我很高兴地看到胡晓出版了《重新定义用户体验：数字思维》这本书，书中提到的“创造幸福感的数字经济新时代”理念让我感同身受。工业设计与数字经济、工业互联网在多领域、多层次、多维度的融合渗透，工业设计的创新对象、创新模式、组织方法、创新平台和生态等也迎来了巨大的机遇和挑战。书中展示了国内外知名企业的大量优秀实践案例与前沿研究，深入剖析了在互联网、制造业及新兴领域等的设计手段、方法与策略。非常值得阅读与学习。

我希望更多的设计从业者和开拓创新者能迎接社会变革，在数字智能新时代实现设计互联思维变现经济产值的附加效益，抢占智能制造时代创新设计发展的制高点。

——刘宁，中国工业设计协会会长

推荐序二

在我的职业生涯中，我一直都很幸运。我参加过不少很有创意的项目，包括Mac的OS10和Blackbird 10系统的研发。在全球疫情之下，我认为真正的创新是团队协作参与设计的整个过程——我们不在同一个地点时，如何创造，如何分享想法，如何改进我们的想法。我觉得承认这个观点很重要，那就是："创新并非一直都必须是生产产品，它也可以是我们创造的一个过程。"

作为设计师，我觉得2020年展现了我们都没有预料到的问题。首先我们要解决的问题是，当我们和同事不在同一地点时，我们要怎样继续自己的工作，如何与用户及客户产生共鸣的产品体验；其次，我们必须设计出我们和客户之间共有的经历。对于我来说，数字思维就是和数据相关的，就是建立一个模型，建立起我们自己和周围世界的模型。而设计师有了这个模型，就能预见并设计未来了，这就像魔法一样。

作为IXDC的往届主讲人，我很高兴看到这本书的出版。近年来，数字服务经济已经让人们意识到，通过改善隐私、安全、透明度、可持续性和社会福利来考虑客户福祉所带来的好处。现在，客户的核心价值是市场差异化的因素，UX/CX 设计负责在他们创造的产品中阐明这些价值。无论是了解数字流媒体服务的碳足印，还是以牺牲更个性化的在线体验为代价而选择隐私，设计师都面临着如何将客户的兴趣作为数字服务的一部分的挑战。《重新定义用户体验: 数字思维》为我们提供了清晰的例子并说明，整体是如何真正大于部分之和的。当新技术与用户需求和价值相一致时，它们就是新的差异化因素。

——Don Lindsay，**前苹果/黑莓/微软设计主管**

数字经济是全球未来的发展方向，加快推进数字产业化、产业数字化，推动数字经济和实体经济深度融合已成为产业创新的“必修课”。在数字化的今天，用户更需要直击内心的超预期体验，如何打造有温度的品牌和极致的服务体验是每个企业都需要认真思考的问题。

——李玉　工业和信息化部工业文化发展中心工业设计部主任

设计已经成为经济发展的第五要素。发展数字经济需要建立起系统性思维和战略，在产前、产中、产后完成不同场景下的协同，高效率地解决不同节点的同步问题。实现生态环境价值、产品服务价值与用户价值的统一，应该是服务设计的责任。《重新定义用户体验：数字思维》汇集大量实践案例与前沿研究，具有很强的专业性，并提供了可以学习的设计手段、方法与策略。期待此书可以带来更多启迪和机遇。

——张琦　世界绿色设计组织执委

数字化思维到底是什么？作为设计师，能在这样一个思维下面做什么，怎么做？本书从全球众多知名机构的实践中，挖掘和梳理出不同领域前沿性的观点和探索。我以为，数字化的发展源于技术的驱动，不论技术条件如何变化，以人为中心的设计本质不会改变。当设计思维碰撞到数字化思维，于是，设计创新便有了新的疆土、新的手段和新的可能性。

——周红石　广东省工业设计协会常务副会长

数字，已超越石油，成为驱动当今世界变革发展的“新能源”。以数字思维重新审视“用户体验”的本质，会令我们向上穿透其“工具”“方法”的专业表象，在更高认知维度上思考究竟如何善用数字经济时代的“数字能源”，才会真正让人类生活变得更加美好。《重新定义用户体验：数字思维》带给我们多场景、多视角下探求数字创新利益与用户体验价值共生的思维碰撞与冷静辨析，为当代计算设计师群体打开创造未来的无际视野。

——童慧明　BDDWATCH 发起人，广州美术学院教授

数字科技的发展，推动着体验设计进入了新的进化阶段，越来越多的企业在通过数字化的技术革新，满足用户的需求，实现企业的价值，IXDC很敏锐地洞察到了这个变化，这本书将向你展示这个过程里所发生的最新、最权威的思考和实践。

——刘轶　京东集团副总裁，京东零售用户体验部负责人

IXDC把宝贵的知识汇编成册，成为那些渴望提升的设计师们的案头读物。优秀的作品需要传播，读书永远是最便捷的学习手段，希望拿到本书的你，能够在繁忙的通勤路上，在和产品经理斗智斗勇的间隙，在回顾总结完又一个平凡的一天之后，静下心来，思考自己：我在为这个世界做了些什么，我在为未来的我将做些什么？

——朱宏　小米国际互联网设计总监

对于所有的用户体验设计从业者和爱好者来说，这是一本绝佳的资源。这本来自IXDC的详尽合集将加速你的增长和思考，并在不断变化的全球数字世界中激发新的想法和创新。还有很多东西要学习! 是时候深入挖掘并阅读这本有意义的书了!

——Mrinalini Sardar　Adobe Illustrator用户体验设计经理

这本书对数字技术在提高用户体验质量和可持续价值方面的潜力进行了有趣的综合概述。引领行业更好地思考数字能力与设计思维的融合，为交互设计、服务设计和生产数字化开辟了有趣的场景。同时这本书就数字经济环境中持续存在的挑战展开了有趣的讨论。我强烈推荐这本书——它可以为设计研究和技术实施提供非常有用的支持。

——Gabriele Goretti　江南大学设计学院副教授，品牌战略实验室联合主任

疫情加速了我们社会数字化的进程，在数字经济的新时代下，用户体验将被如何定义？用户体验的从业者又有哪些新的机会？《重新定义用户体验：数字思维》提供了很好的思路和答案。

——朱一冰　字节跳动Lark北美设计负责人，原微软总部首席设计经理

未来一切可以数字化的事物都能获得更高的流通效率和规模化。数字思维代表了一种全新的思维方式，如何以数字的视角理解未来生活的方方面面？设计与数字信息之间的关系是什么？这本书可以带给你各个领域不同的启发。

——张伟　EICO 产品战略设计公司联合创始人

《重新定义用户体验：数字思维》为我们提供了清晰的例子，并说明当今与未来的创意领导者识别、观察异常和变化以及关注用户在使用和使用过程中的行为是多么重要。服务消费是具体用户需求和价值观的表达，是差异化的新要素。本书充满了来自各领域有远见的领导者和专家的贡献和经验，对创意产业、创新和技术领域都非常有益处，同时也是组织者富有远见的创造力的体现。

——Francesco Galli　IULM大学教授，博士

用户体验设计正在不断定义和更新着设计的理念和方法，不断融合科技与设计，不断拓展设计的维度。感谢IXDC为我们带来的一切。

——汪文　方正电子，字体设计副总监

产品设计借助数字工具能够满足用户需求，带给用户好的生活体验和幸福感，才能在市场中获得竞争优势和可持续发展。本书汇聚了全球行业精英领袖在各自领域的经验分享和学术观点，相信它能够帮助更多业内人士以及要投身于用户体验的人提升视野，激发灵感。

——陈鼎文　倍比拓（beBit Inc.）大中华区总经理

数字时代带来的科技革新，进一步推进了各个产业的产品丰富程度。每次我想求助、学习这些先进案例时都苦于缺乏索引，大海捞针。本书将IXDC每年汇集的大量行业优秀案例编撰分类，供行业从业者查询借鉴，值得推荐给大家。

——朱斌　字节跳动Lark Design上海研发中心设计负责人

很荣幸阅览到这本书，也想推荐给更多同行人。IXDC每年汇编的经验合集，都给予我强大的前行力量，在设计管理的实践、转型、聚焦的重要时期，书中大量的跨界案例和价值主张让我常读常新。2020年疫情常态化下，设计管理者必然都经历了企业可持续发展的新思考，今年的书也将看到不同领域的驱动者如何在变局中实现“回归用户价值”的前沿思考与更多创新实践。

——田园　VIPKID高级设计总监

IXDC在过去的十余年中，一直以引领中国体验设计行业发展为己任。我们作为用户体验行业的从业者，也感受到IXDC的专业性和影响力。本书内容涵盖了各行各业体验设计从业者在实际工作中的思考和总结，每一篇都经过市场的验证，相信一定能够帮助到有志于做好用户体验的朋友们，从这些精华中吸收经验，让自己得到进一步成长。

——昌琳　喜马拉雅 UED总监

今天，体验设计已然成为了产业发展推进不可或缺的一股生产力，随着云计算的发展，各行各业都开始云化转型，设计也开始借助云计算的力量融入各行各业的基础建设之中。IXDC就像一个产业互联网体验设计的大舞台，而《重新定义用户体验：数字思维》汇聚了五湖四海设计从业者在不同赛道上的真实设计案例与典型解决方案应用场景，展现着体验设计的智慧与魅力，精彩纷呈，百花齐放，相信一定会成为设计思考旅途中一抹靓丽的风景线。

——陈迪菲　腾讯科技腾讯云设计中心总监

用户体验设计行业从2000年的初期到现在经历了20多年的发展历程，经过无数设计前辈孜孜不倦的努力，换来了今天设计行业的蓬勃发展。体验设计也从早期的设计技法发展到现在的以思维驱动的设计价值体系。本书中的文集，是行业、商业、设计与思维的高密度结合。行业里当然不乏类似的设计方法论，但是有深度的思考与实践理论仍然稀缺，推荐大家多看，反复看，相信每读一遍都会有不同的收获。思维蜕变需要见高山，高山就在本书中。

——单鹏赫　转转高级设计总监

成功的产品和组织，需要更多地思考核心用户价值和体验差异，以及如何将以人为本的思维方式融入企业文化。《重新定义用户体验：数字思维》一书结合理论和实践，通过一个个案例重新思考用户体验和商业结合的模式，以及如何利用设计思维和设计文化推动企业进行数字化进程，相信会给从业者们许多有价值的启发。

——方贞硕　腾讯科技设计总监

IXDC每年出品的书籍我都会认真收藏并阅读。本书是一本在数字时代做体验设计的思维火花集，收录了不同行业、不同企业的设计师和设计管理者的真实设计实践和方法论沉淀。如果你想了解这个时代最前瞻的设计思维或是在不同行业间寻找设计灵感，请一定不要错过。

——曲佳　度小满金融（原百度金融）设计总监

唯一不变的是变化本身。随着全球科技的发展，越来越多的信息技术被广泛应用于人们所触及到的方方面面，随之数字世界和现实世界间的信息沟通深深地影响着这个时代的每一位用户，两者相互促进、相互影响。数字时代下从人适应系统到系统适应人，为用户降低创造的成本。如此螺旋循环，实现更加高效、可持续化的协同发展。《重新定义用户体验：数字思维》站在全球视野，打开眼界，以更加开源的视角，建立数字思维的思考模型，去感受数字时代所带来的变化本身。

——戚超杰　腾讯金融科技，企业金融设计团队负责人

伴随行业的信息化和数字化，品牌与用户触点的空气化，给品牌及体验设计带来了空前的可能和挑战，本书结合大量行业专家的实战案例，向读者呈现了面对数字化变迁过程中设计策略的变化，以及对体验、品牌和组织管理的全新思考。相信在帮助读者了解当下行业发展趋势的同时，一定能加深读者对于设计文化、商业价值、艺术价值的思考。

——张云　哔哩哔哩高级设计总监

对于用户体验设计师来讲，需要持续不断地关注环境与技术的变化所带来的用户行为的变化，进而为产品设计出更好的用户体验。IXDC作为一直走在用户体验行业前沿的组织，能把每一年各个行业在用户体验方面的创新、变化和理念以这样合集的形式给到大家，是特别具有价值和有意义的事情。推荐这本思考的合集！

——李晴　搜狗搜索设计中心高级总监

《重新定义用户体验：数字思维》集合了多位设计领军人物的实战案例——基于体验设计，横跨商业、人工智能、出行、教育等领域，大到美学认知和设计思维，小到字体和品牌符号。这是一本适合行业新人了解体验设计，同时又适合管理者纵览行业全貌的书。

——张西麟　（小火）好未来集团设计通道主席

设计从早期的美化物品到改善体验，一路都经历了发展与进化。突破设计边界，便能带来更多的突破和创新。智慧科技，服务创新，体验关怀，等等，无不在融汇设计思维，通达互联技术，从而创造更好的产品和服务体验。本书正是介绍了这些新颖的设计案例，有趣的设计实验，同时又有方法剖析和设计步骤，可以帮助设计师和设计爱好者打开眼界，获得真实的项目经验。

——任婕　腾讯科技设计总监

学科知识，往往是理论方的院校与实践方的企业在不断相互增益的飞轮中产生的。我想，数字经济体验设计这样的学科尤为如此。目前专业方向的书确实不少，但是像本书这样如此全面展现体验设计全景的，确实是罕见的。因为它不但结合了学校和企业中最有学识的人的知识，也囊括了当今数字经济的各行各业的实践案例。从长远看，也是记录在这个时代——21世纪20年代初这段互联网体验设计发展史的重要书籍，值得珍藏。多少年之后回头看，你一定会怀念这个时代、这个领域有这样的百花齐放。

——贾洪涛　自如网副总经理，设计中心总监

前言

数字思维：创造幸福感的数字经济新时代

新一轮科技革命和产业变革席卷全球，以大数据、云计算、物联网、人工智能为代表的新一代信息技术应用，掀起了新一代信息化建设浪潮。数字服务经济正深刻地改变人类生产和生活方式，数字时代的经济活动呈现出前所未有的创造力。

越来越多的数字网络功能，使得产品能够在竞争激烈的市场中具有辨识度，服务部门集合大数据、云计算、移动应用发展新的、高度个性化的服务。我们看到，物流产业升级，使用装载数字化技术的应用程序来全面提高效能；零售业通过数字化服务提升顾客的店内购物体验；医疗诊断上，在短短几秒内处理似乎无穷尽的数据的能力使新的诊断方法和治疗方案变得可行。数字技术与设计创新的融合已改变人类衣食住行的生活细节。

数字经济时代下，企业的可持续发展

1. 回归用户价值

在数字经济新时代，数字技术的日益普及，加速了用户思维模式的转变。一方面，用户对于数字世界的感知，以及与数字世界的交互方式都将成为这个时代的重点变革趋势；另一方面，随着数字化的技术变革，用户体验和客户体验（UX/CX）紧密相连，这种趋势将继续推动企业在数字化转型方面的参与和投资。企业在积极参与数字化活动时，应主动探索与实践以用户为中心构建用户、品牌、消费者之间系统化的网络，实现个性化服务体验，回归用户价值。

2. 向善发展的可持续之路

Google提出Digital Wellbeing（数字幸福感）理念，Apple首席执行官Tim Cook（蒂姆·库克）强调关注情感体验的重要性，并在每次开发新产品前先自问：“这个产品会让人们的生活变得更加美好吗？”全球181位顶尖公司CEO发布联合声明重新定义企业使命，腾讯迭代使命愿景“用户为本，科技向善”。我们开始在新兴的科技产业中看到正念设计（Mindful Design）、设计向善（Design for Good）、包容性设计（Inclusive Design）等理念。

以上事例一再表明，企业不再单单关注科技的推进，而且期望将更多专注力投放于改善人们生活的产品与服务，让其更好地服务于所有的人。企业唯有将越来越多的注意力放在以人为本的设计中，让数字化变革带给人类生活的意义，才能更好地追求商业、科技和社会的可持续发展。

3. 价值共生，协同发展

全球数字化正在以肉眼可见的速度发展，各大数据机构发布的行业报告显示，随着数字技术每年大幅度拉动全球经济，全球合作的形态逐渐趋向无国界与无域界，数字化的一系列转型升级重新赋予了企业内化的能力，数字经济的红利进一步加快了智能商业的构建，更催生出对未来体验价值的新思考——探索数字创新的利益与用户体验价值的平衡点。

在高度化的社会商业中，数字思维将引导企业、从业者将用户价值置于创新的核心，整合数字化技术、产品、服务和空间，打造开放性、灵活性的数字生态系统，让数字化的便利、红利最大化地实现普惠，实现社会、企业、商业与用户价值的协同一致与可持续发展。

创造具有幸福感的数字经济

在经历了数字设备的爆发式的增长后，我们目睹了数字设备对生活造成的潜在影响，也开始理性看待数字化进程。根据2019年Dentsu Aegis发布的《2019年数字社会指数》报告，仍然有不少的用户表示自己的数字需求并未得到完全的满足，越来越多的用户开始关注数字技术的创新如何影响我们的情感、生活质量以及幸福感。我们已经摆脱了以生产力和效率为特征的计算时代，正迈入一个期待数字技术能提升生活幸福、实现社会福祉的新时代。对企业来说，除了聚焦在更好地利用数字技术外，还需要展示数字技术的社会潜力，找到有意义的方向，加强数字技术与用户价值需求的融合点，专注于提高用户参与度，以改善社会，满足人们的需求和愿望。

为引领行业在具有挑战性的数字经济环境下更好地思考数字化能力与设计思维的融合，指导企业与从业者在各种场景下展开新的工作、新的生活以及新的商业的可能性的探索，透过数字商业、数字生活、数字企业等解决方案，向世界呈现数字生态的全貌。IXDC国际体验设计大会提出“数字思维”，重新定义用户体验，从客户体验（Customer Experience）、平台经济（Platform Economics）和智慧计算（Intelligent Computing）三个关键维度出发，在分享面向数字产业、消费互联网的数字产品、软件、设备与体验设计创新时，应主动思考回归人性，让科技为人、社会与自然之间的至善体验和可持续发展而设计，创造具有幸福感的数字经济新时代。

本书特色

本书汇集了国际体验设计大会的精华，书中记录了当下最具影响力的数位国内外知名企业、院校的商业领袖、设计专家的大量实践案例与前沿学术观点，分享并解决了新兴领域所面临的问题，为企业人员提供丰富的设计手段、方法与策略。站在21世纪又一个全新十年的开端，IXDC国际体验设计大会持续以体验创新为改变契机的动能，透过投入生活的设计价值输出，为产业、城市、生活、工作等多方面的问题注入正面能量。

全书共分为智能升级、生活体验、方法实践、品牌营造与管理创新5章，深入浅出地通过一个个实践案例，全面丰富地介绍设计手段、方法与策略。希望每一位设计行业从业者和产品创新实践者，都能通过阅读本书，去重新思考未来数字化世界的发展，定义新的用户体验、用户与产业结合的模式和商业模式。在不同的维度，利用设计思维和设计文化，去推动整个产业的数字化进程。

致谢

创新并非一直都必须是生产产品，它也可以是我们创造的一个过程。而这本书的编写就是一个美好的过程。我非常感谢为本书提供内容的每一位作者，他们是刘毅林、Gadi Amit、Gianmauro Vella、Michelle Cortese、Momo Estrella、Rainer Wessler、翟莉莉、董腾飞、高健、郭冠敏、花原正基、李士岩、李苏晨、李月奎、刘佳纶、邵汉仪、邵维翰、苏熠、田园、王继伟、汪文、薛芸、杨雪松、叶敏、叶振华、于海霞、张晓星、郑健恒、周洪凯、邹惠斌。

感谢为我们提供创新思维的Adrien Nazez、Barry Katz、Don Lindsay、Francesco Galli、Gabriele Goretti、Sonia Manchanda、张伟、朱一冰，以及对本书编撰提供全力支持的苏菁、方艺舒。

全球的疫情让我们学会了要花更多的时间陪伴家人，平衡我们的工作和生活，也学会了怎样利用工具创造更好的体验，开发更好的产品，与客户建立更好的关系。本书献给所有对美好生活心生向往的朋友们！最后祝大家身体健康，共同创造幸福感的数字经济新时代！

胡　晓

目录

第3章 方法实践 087

第4章 品牌营造 149

第5章 管理创新 179

第1章 智能升级

车载智慧服务：数字化驱动下的智能升级

◎ 刘毅林

回想一下，在功能机时代，向路边一位陌生人借手机打个电话容易，还是今天借电话容易？答案显而易见。今天的手机虽然在外观上逐渐趋同，但软件和数据的差异，让每台智能设备的本质差异越来越大，这是我们越来越难借到手机的核心原因。

这个变化过程中，数字和实体的主从关系也发生了很大的变化。当我们重新来看汽车的设计，除了比例、姿态、线条，可能需要加入一个新的视角：如何结合场景，赋予一个硬件更多有趣和有价值的功能。我们不再是设计一个一成不变的产品，而是设计更具有生命力的东西。

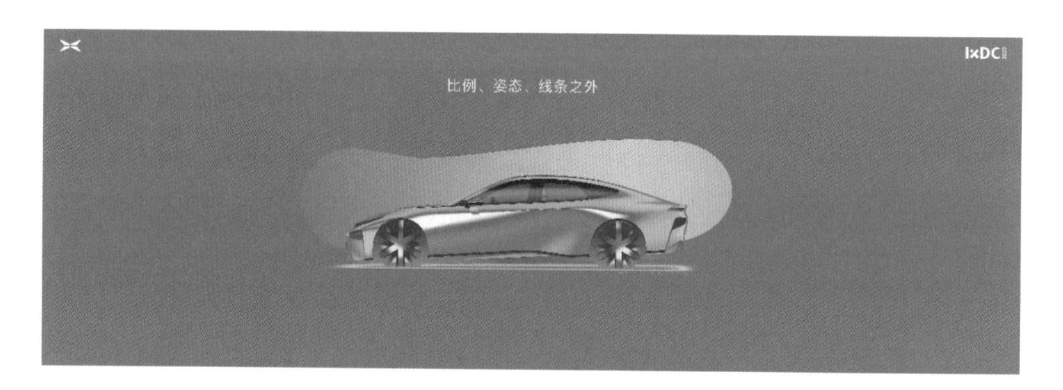

下图是斯皮尔伯格导演的电影《战马》的剧照，讲的是画面中这匹战马和主人分离多年，经历战争磨难，再重新聚首的感人故事。马作为上一代的载具非常智能，能认得主人、感知危险、和人产生非常长久和深远的情感，这也是在机械时代遗失的一些美好情感。我们在思考，在汽车的智能化过程中，有没有机会让我们重新和载具产生有趣的关联。

下面谈谈体验。每个周一，我的微信就很热闹，因为有一大堆的公众号给我推送没用的消息，其中包括我吃过的餐厅，因为现在很多餐厅已经不再提供菜单，而是让你扫码点

餐，在现在这个时代，数字和信息过载已经是一个常态。这个问题不仅在手机上有，车里也一样。

回到车内的信息体验，在车里纯粹驾驶的控制需求，其实增长得非常有限，甚至随着辅助驾驶的普及，这类需求逐步在减少。这就像智能手机并没有增加我们对电话和短信的需求，反而因为微信的出现减少了短信和电话的需求一样。对于高度依赖智能手机的我们，真正需要解决的是日常信息获取的需求和驾驶行为的巨大冲突。

我举几个最简单的例子，之前预订餐厅、购买机票、讨论工作，很多都是通过电话实现的。但今天，变成了使用美团、携程、微信和钉钉，主要通过界面来完成很多操作。所以，无论是百年汽车品牌，还是新造车势力，汽车的内饰设计，都在从一个极端走向另外一个极端——极力减少按键数量，用触摸屏代替绝大部分的功能键。早些年，大家还一致质疑触摸屏的存在，但似乎又很快达成了共识，但它到底安全吗？答案显然是否定的，因为无论是电视、手机、游戏机，今天所有的屏幕都是为了沉迷而准备的。但我们不得不用它的核心也很简单，用户已经没有耐心去学习和适应不能“所见即所得”的交互方式了。在全自动驾驶真正到来之前，如何平衡安全和体验便捷性将会是核心问题。

如果我们必须要用眼睛和手来控制驾驶，那么语音交互似乎是一个非常恰当的解决方案。但如果我们更加深入去使用语音，就会发现很多问题。

首先是共识。人跟人聊天是有一定共识的，但这个共识不存在于语音交互，我们并不知道哪些事情语音可以做，哪些不能做，哪些能聊，哪些不能聊，没有前提和基础，我们就会感受到大量的挫折。

第二是效率。声音和语言的传递效率有限，听觉其实是比较低效的，看一本书远远比听一本书要来得快和有效。这个时代涌现出了越来越多的vlog，就是因为动态图像加声音的配合，可以有更高的信息密度。

最后是准确性。现在所有的AI，都只收集文本信息，而遗漏了情绪和语气。例如，你太太跟你说“讨厌”两个字，在不同情境和不同语气背景下的意思是完全不一样的。但这些问题并不代表语音不可用，而是我们需要赋予它一个更精准的定位。

小鹏汽车在语音方面也有做过一些尝试，通过图形界面和语音及其他一些技术手段的结合，极大地提升了语音交互在固定环境中的可用性。

我想，对于汽车来说，智能化很重要的一个课题，就是把今天的汽车、数字生活和已经离不开网络的数字原住民重新连接在一起。当一件事情的乐趣消失，它就成了一份工作和负担。今天的城市交通差不多将驾驶的乐趣消磨殆尽了，但随着机器视觉、深度学习、图形计算芯片的快速发展，辅助驾驶这件事情已经离我们越来越近了。就以小鹏汽车最新的数据为例，用户对这些功能的接受程度和使用频度，都是非常高的。

这种变化将逐步重构人和机器的驾驶职责。例如，在相对安全的停车场，机器将会承担主要责任；在复杂的城市道路，还需要人类更多的介入；而在高速场景，可能会逐步从共同驾驶发展到更高级的形态。这可能是人类历史上从来没有过的事情，这有点像我们在玩即时策略类游戏时，我们向一组单位下达了一个自动攻击某个位置的命令，又在中途需要随时查看进展，以防在路上碰到敌人发生遭遇战。这种动态的逻辑设计，非常具备挑战性。

我们之前的设计往往是在做一个确定答案，例如按下一个按钮，将要发生的事情基本是可预知的。但这次不一样，道路环境的复杂性和事件的随机性非常强，任务和时间的发生是不可控和不可预知的，它们以一种动态的方式和用户发生信息关系，并且在人和机器的驾驶关系上，也有着完全互斥的关系，例如我们不可能和机器同时控制方向或者刹车，这种控制权的动态流转，也是我们需要去深度思考的。

可能现在很多人对自动驾驶还不是特别信任，除了技术的不成熟，设计的完善更加重要。

第一，要通过设计把机器看到的、机器的决策过程和决策原因展示出来，并且让用户有充分的信任。

第二，面向动态的流程而设计，例如对于变道这样一个连续动作，把准备、等待、成功、失败各个阶段，连贯而可靠地展示给用户。

第三，面向责任而设计，并把责任的交接环节做清楚。

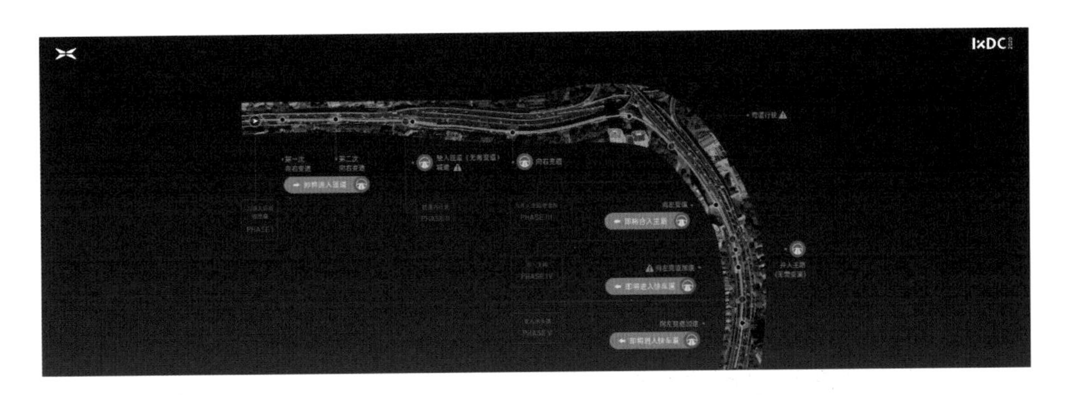

这些新的变化，可能并不能完全回答我们跟机器配合驾驶的问题，但这恰恰是我们身处这个时代的乐趣所在，可以去探索一个从来没有人涉足的领域。我们可能非常期待直接跳到L4自动驾驶的状态，但这需要技术和设计的逐步发展。

记得在iPhone的一次发布会上，有这么一句话：革命性的产品，往往伴随着革命性的体验和设计。从个人计算机到智能手机的发展，改变了这个世界和所有人的生活，汽车也会一样。

刘毅林

小鹏汽车　互联网中心副总经理

小鹏汽车互联网中心副总经理，负责产品和体验，带领团队打造了小鹏P7、G3等车型的智能驾舱和车载系统。在18年的设计经历中，曾任职于frog青蛙设计、ARK Design、微软中国、斑马智行，有着丰富的汽车、移动与穿戴设备、消费电子、金融等行业的经验。

02 人机交互如何推动AI平台型产品变革

◎ 李士岩

百度智能云AI人机交互实验室的使命是基于科学设计、人机交互和软硬件一体化，构建平台型的产品，同时驱动数字化的商业创新。其核心主题就是产业的数字化和智能化。从线性的发展历程上看，产业侧的数字化与智能化，本质上是消费侧的数字化延伸，二者互相推动，形成效率更高、成本更低的商业闭环。

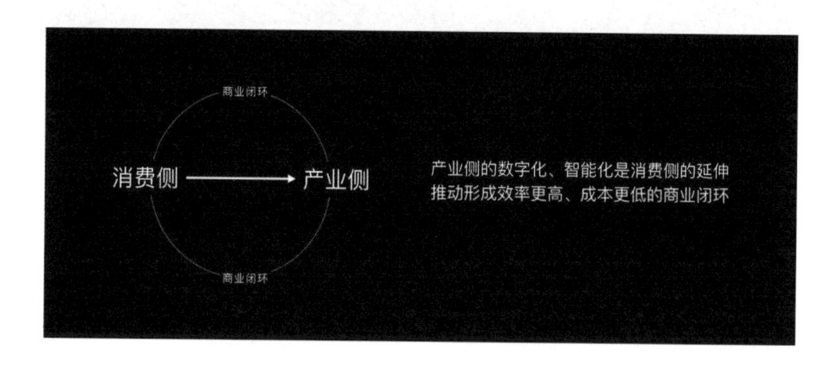

在前20年的两次大规模数字化浪潮中，核心是由计算平台的规模化来驱动的。在个人计算机和因特网时代，规模化发展本质上是人们通过鼠标和键盘，在物理维度将图文影音进行数字化，在人的维度将社交关系、兴趣和需求进行数字化。

数字化平台驱动人机交互

到了移动互联网的阶段，规模化的形态本质上是通过手指触屏产生实时的数字化图文、视频。同时在人的维度，实时数字化地理位置信息，如果没有GPS就没有美团，也没有滴滴，没有基于地理位置的生活服务。每一次刷短视频，都将实时表达你的兴趣和需求，这是对个人维度的数字化描述。人机交互在中间起了非常核心的作用。到2007年才真正形成命令型的操作，形成成熟的触摸交互模型，推动了平台化的发展。

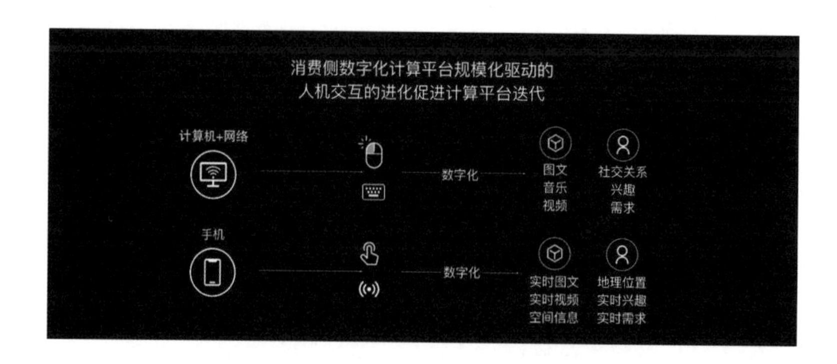

所以，整个数字化逻辑是先有一个技术起点，再用算法、设计、人因和软硬一体化的方式，将技术起点打造成成熟的交互模型，再将该交互模型应用于新的计算平台和发展新的计算平台。通过这种计算平台的规模化，能够促进一个繁荣的服务生态，而服务生态的繁荣又能反哺整个平台的规模化，以此形成共荣，开启一个新的数字化浪潮。

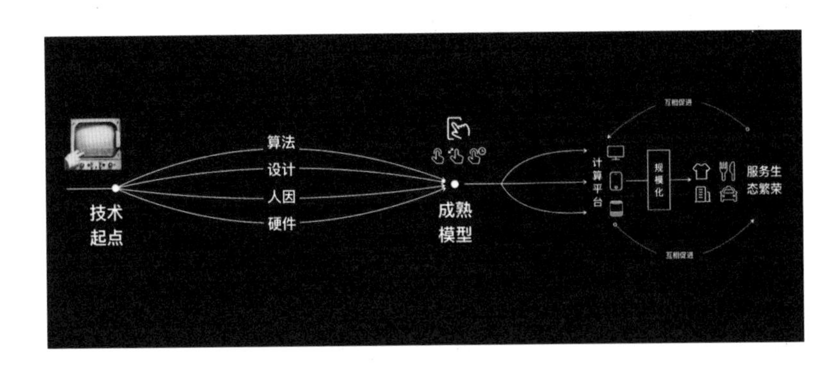

目前的技术起点中一个非常核心的方面是AI+5G，基于这种AI的能力、算法设计以及人工工程硬件，打造了语音、手势等人机交互形态，但是基于这种人机交互形态并未有效地孵化出很多平台型产品。唯一能够看到的一个平台就是智能音箱，这是一个我们很久未看到的新型硬件形态，更多的平台型产品需要被创造，然后彼此才能够达成大幅的规模化，形成新一波的生态共荣以及数字化。

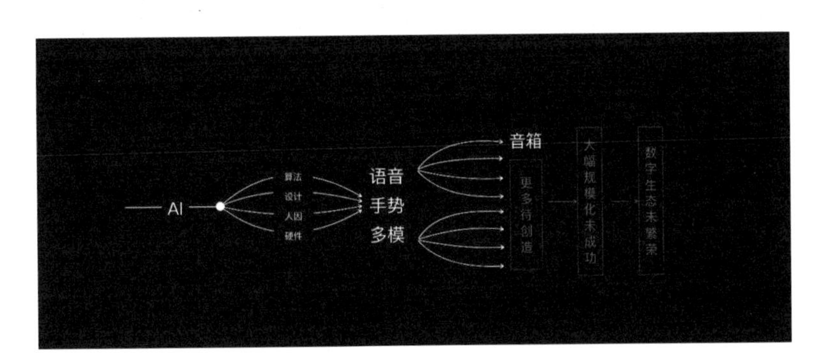

科学设计+艺术创造+技术突破

我们现在一个非常核心的工作是以科学设计+艺术创造+技术突破的形态进行AI类平台型产品的孵化。在百度内部，我的团队负责机器人和虚拟人两个类型的平台型产品设计以及商业化。

首先是机器人，中国的服务机器人的销售额每年的增长率超过了35%。在家庭教育、娱乐、咨询等领域，人们也在越来越多地接触到服务机器人，而这些基础能力，本质上是人机交互的能力。

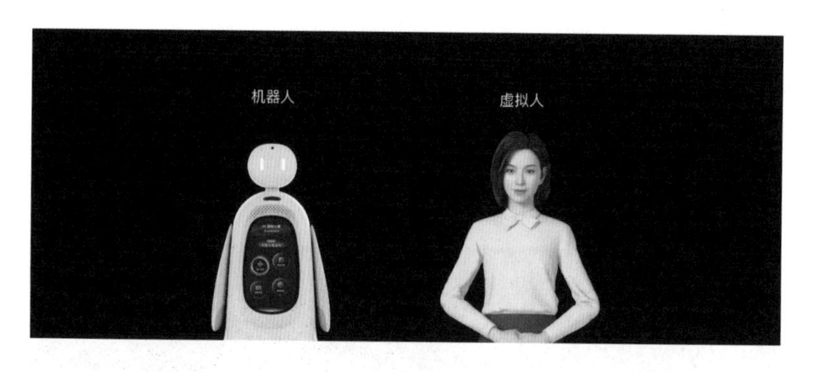

所以，我们在Baidu Create 2018—2019年分别发布了机器人自然情感交互系统，通过该系统可以实现机器人的自然动作和自然语言交互，检测人们的情感，做有策略的情感反馈，实现机器人的主动交流。

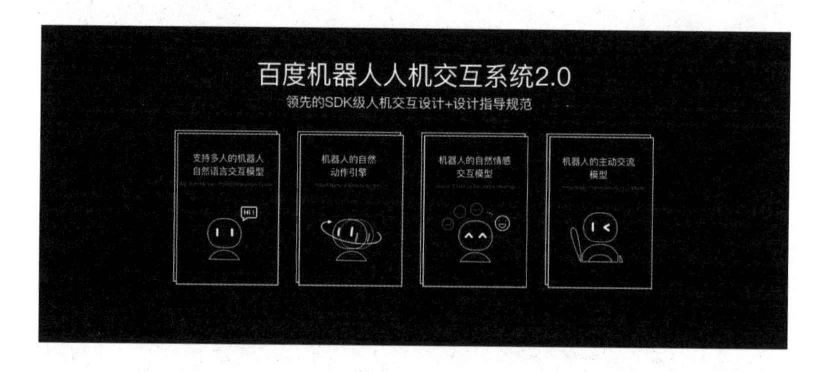

在2019年发布了一个标杆产品NIRO-Max服务机器人。服务机器人整体的市场渗透率依然非常低，所以在我们看来，它的体验有两个环节：一个是外观和动作感官层体验，决定了用户能否首次使用产品；另一个是人机交互使用层体验，决定了用户能否反复使用产品。

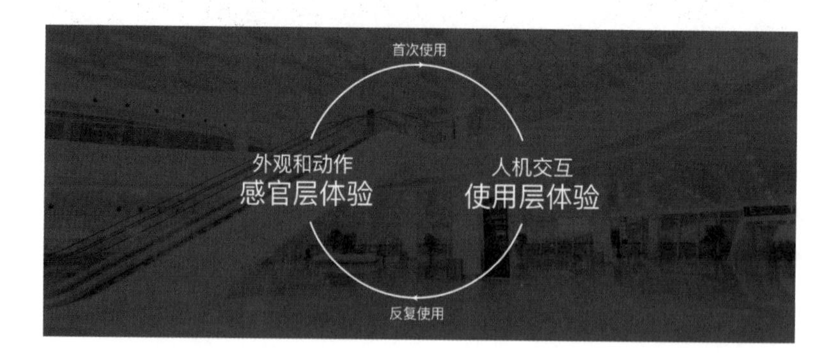

机器人的外观设计很特殊，下图是华尔街日报上的一篇文章：*How to Make Robots Seem Less Creepy*（《怎样让机器人看起来不那么恐怖》），因为根据日本科学家的研究，当机器人的形态越接来越近于人的时候，会出现一个恐怖谷现象，所以机器人的设计其实不仅仅是设计学，更是认知科学。

在定义机器人设计的指导规范和文档的时候，我们会问一些问题，例如机器人的面部是不是越具象越好？我们看到过很多机器人的面部，有的只有一只眼睛，有的已经做到极致拟人化。机器人的肢体是不是越完整越好？要不要有手指？为了解决这些问题，我们几乎罗列了每一种设计模式，通过互动意愿、喜爱度、友好度来做大量的数据分析，从而找到一个面部与身体的比例区间，基于此做艺术化创造。

在机器人的人机交互的维度，它的核心点有两个，分别是语音交互模型和主动交互模型。

语音交互的核心场景事实上是近场语音交互和远场语音交互。关于远场语音交互，它和家里的智能音箱是一样的，有5个节点：唤醒、响应、输出、理解和行动。但是机器人的主要应用场景是近场交互，像人与人聊天一样，人不可能每次与机器人交互都要唤醒一次，这是非常不自然的。

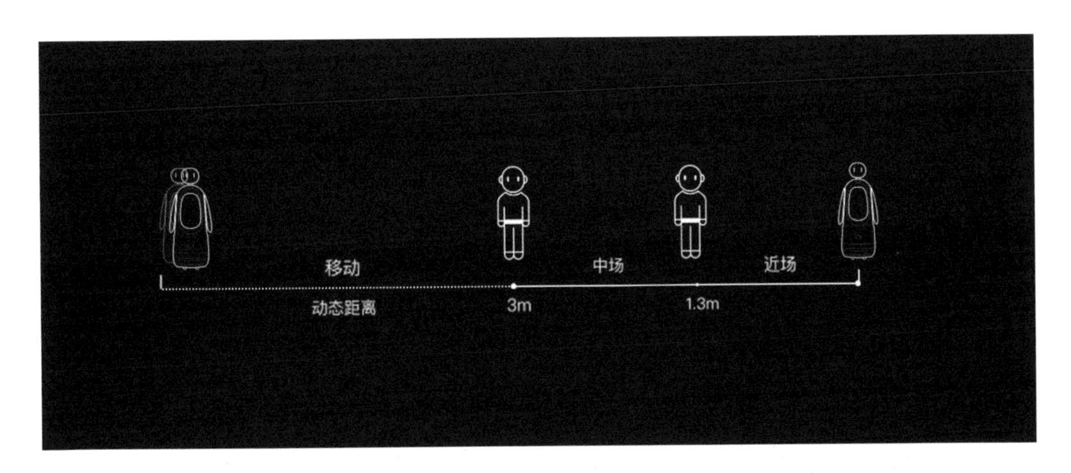

为了解决机器人的近场交互问题，现在的核心手段是按钮唤醒和人脸唤醒。我们做了基于图像识别加麦克风阵列定向增益的综合性的算法，通过人脸识别来判断说话人，通过麦克风的定向增益来解决噪音问题。通过这种方式，实现了近场交互嘈杂环境下的自然唤醒，可以随时打断，每4轮的对话效率提升5%。人与人之间还有一种交互形态，就是通过触摸来唤醒。为了实现这种能力，我们做了7块触摸区域，可以使人们感受这种最熟悉的唤醒方式。这里还有一些交互策略。如果人在右边碰机器人的右边，或者人在左边碰机器人的左边，其实是有不同响应形态的。

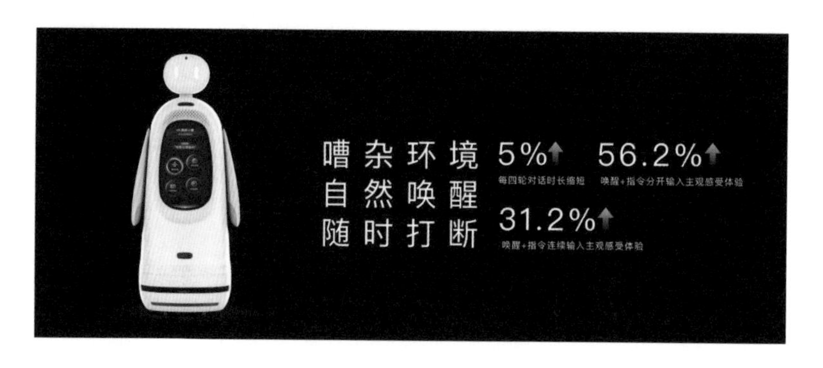

基于情境感知能力的主动交互是一个重要趋势，它可以使机器人由被动接受指令转向主动进行服务。而主动交互的难点在于什么场景下、以什么程度和以什么形式进行主动交互。

在近场交互中，整体的系统和标杆产品提供了主动猜测并推荐服务内容的能力。在中场交互中，是通过主动展示能力来增加服务的概率。在移动场景下，机器人可以自主巡航，增加服务面积，更多地触达用户，让功能更高效地被使用。同时我们把这种人机交互的能力系统化，形成一个智能化开发套件，为整个行业提供服务。目前，我们的套件已经应用于多个行业、多个企业的十几款机器人。

对于虚拟人而言，其本质是人的自然语言、面部运动、肢体动作的数字化。当前非常显著的交互对象发展趋势是从语音助手到机器人再到虚拟人，本质上是交互对象逐步拟人化。产品的能力体系会决定产品的价值体系，从而形成一定的商业模式。

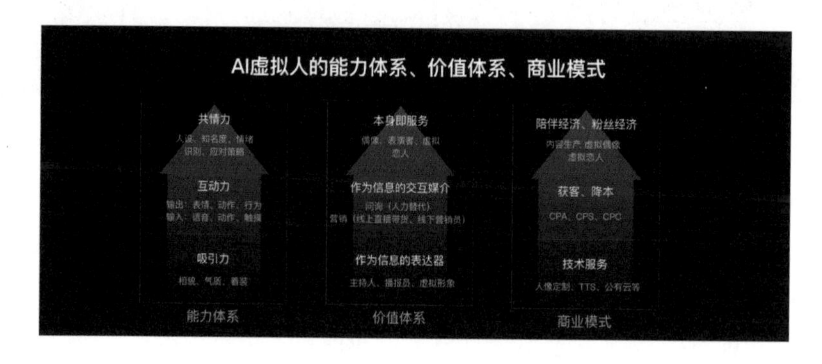

就虚拟人来说，它的整个能力体系分为三个层次：最底层是吸引力，中层是互动力（输出侧是表情、动作、行为，输入侧是语音、动作和触摸），最上层是共情力（人设、知名

度、情绪识别与应对策略），以此实现价值体系（本身即服务、作为信息的交互媒介以及信息的表达器），形成商业模式（技术服务，获客、降本，形成陪伴经济和粉丝经济）。

在能力体系的吸引力维度，内部通过科学统计的形态，先找到美的基底，以此为基础，通过虚拟人的个性化编辑器，如角色、捏脸、妆容、数据等多个维度，重新定义一个虚拟的形象，满足不同行业和不同用户的个性化需求。这种生产是所见即所得、所得即所用的。

增加交互能力必然是软硬一体化的，我们打造了一系列基于虚拟人的人机交互产品，在每一个产品的研发过程中，都需要做大量的人因工程测试，例如，一个摄像头的角度会决定交互识别的整体效率。

在机器人及虚拟人的情感维度，我们通过情感激发应对策略的测试，看情绪回归曲线的时间。当用户处于某种情绪的时候，机器应该以什么样的情绪来回应用户？当用户很悲伤时，机器应该先回应情绪，再完成任务。而当用户很愤怒时，机器往往只需要礼貌、明确地表达立场，而不是一味认错，那样用户的体验会更好。

人类有6种基本情绪和27种丰富的情感，通过不断实验，我们找到了每一种情感的应对方式，从而赋予产品情商。目前这种产品形态已经在金融、政务、营销、媒体等多个行业服务于多种客户。在中国，每天有数以万计的人在机械地回答着各种问题，我们希望这些产品可以让每一次回答都很愉悦。

用户价值与客户价值本质上是人机交互能力体系不断完善所释放的“势能”，而商业模式是驱动势能释放的经济逻辑。但要释放这种势能，需要打造更多的平台型产品，依靠我们的能力是远远不够的，所以我们会在最底层开发研究方法，然后将中层的操作系统以及上层的硬件平台与整个行业共享。

李士岩

百度智能云　AI人机交互实验室负责人

现任百度智能云AI人机交互实验室负责人，主架构师。他在百度建立了业内第一个人机交互研究地图，直接或间接地开启了数十个研究并落地，发表了数十篇学术论文。他主持设计了百度的多款To B硬件，建立了统一的设计语言。作品先后获得德国红点奖、意大利ADEISIGN设计奖、当代好设计奖。

体验设计构建智能化数字世界

◎ 高健

随着技术的发展，人类社会逐步从机械化时代、电气化时代、信息化时代演变到数字化及智能化时代，以智能技术为代表的第四次工业革命之下，AI、云、5G等新技术将融入人类社会的各个方面，对经济发展、社会进步、环境等产生重大而深远的影响。大家也发现，传统的品牌设计、平面设计、工业设计、视觉设计、动效设计也变得更加复合和专业。在这个千载难逢的大变局中，体验设计师也要重新定义身上已有的标签，承担起更重要的社会责任和历史责任。我们也有了更多的机会去重塑体验，通过自己的技能去构建当前这个智能化的数字世界。

华为To B业务

华为是全球领先的ICT（Information and Communications Technology，信息与通信技术）基础设施和智能终端提供商，致力于把数字世界带入每个人、每个家庭、每个组织，构建万物互联的智能世界。ICT是一个广泛的概念，从华为的To B业务的视角可以将其细分成智慧应用、智能中枢、智能联接、智能交互四大体系。

（1）智慧应用：通过政府、企业和行业参与者的协同创新，加速ICT技术与行业知识的深度融合，重构体验、优化流程、助力创新。这里涉及对于行业应用设计与服务流程再造。

（2）智能中枢：大脑和决策系统，基于云基础设施，赋能应用、数据、AI，支撑全场景智慧应用。这里涉及大数据的分析、开发工具、生态化等设计。

（3）智能联接：实现无缝覆盖、万物互联、应用协同、数据协同、组织协同。这里涉及大家熟知的5G、F5G、Wi-Fi 6等相关设计。

（4）智能交互：负责联接物理世界和数字世界，让资源、数据、软件和AI算法在云边端自由流动。这里涉及的是各种应用场景下的终端和装备的体验设计，以及相关人、事、物的感知设计。

华为的设计师也都在为构建万物互联的智能世界而持续努力着。针对不同层次的设计，都面临着不同的体验诉求和技巧。今天给大家分享的是在面临行业变化的挑战下和公司的愿景驱动下，华为在ICT相关领域针对To B业务的一些实践和思考。

智能联接

电信行业步入万物感知、万物互联、万物智能的新时代，消费互联网正在快速向产业互联网转型升级，运维工作面临着海量网元管理、业务配置复杂、故障恢复紧急等挑战。设计师也从命令行运维设计、CS架构运维设计、BS架构运维设计转型到智慧化的运维设计。这个数字化和智能化的时代，给了设计师很大的机会重新定义智能网络管理的新型体验。

类比车的自动驾驶，我们提出了网络自动驾驶的概念，即基于业务场景的网络自动化和智能化，实现零等待、零接触、零故障的网络服务体验。原来的网络管理告警是通过列表管理，业务逻辑是一堆复杂的参数配置，整体的运维类似一个黑盒，对于运维人员的技能要求高，工作复杂易出错。所以，我们把网络通信设备的物理硬件进行了数字孪生的表达，并把依附硬件的逻辑关系进行可视化，无论是对网络的静态呈现还是对故障状态的告警，都能通过可视化的3D孪生手法进行还原，让复杂的业务深度可以被感知。

另外一个明显的改变在于，之前需要依靠人工在海量的信息中挖掘有用信息，如今可以转变成依靠智慧体集成丰富的知识并主动推送，从“人找信息”到“信息找人”。对于一个典型的故障，不用人去主动分析故障，而是通过智慧体提供的故障解决辅助决策信息，由人来做最后的决定，形成一种人机协同的新型工作模式。

再有一种变化是，在数据中心里，特种机器人可以代替工作人员进行重复、危险的工作，例如巡检等，这样监控人员就不需要到远端的数据中心，提升了运维效率。在智能联接领域，我们通过数字孪生、智慧体信息找人、人机协作等方式重塑着这个行业。

智慧应用领域

智慧应用是各个垂直行业的价值呈现，每个个体所能感受到的服务体验变革都来自应用。智慧应用的发展关键是探索可落地场景，对准其痛点，通过ICT技术和领域业务的结合，快速创造价值。所有这些场景汇聚起来，便能涓滴成河，逐步完成整个全场景智慧的宏伟蓝图。

智慧应用不是传统应用的搬迁。行业知识是深度化的，智慧应用需要行业知识与ICT数字化技术的结合，这需要业务部门、IT部门、合作伙伴一起深度参与。只有聚焦业务部门关心的问题和场景，才能打造出有价值的智慧应用。智慧应用的生态发展需要一个一体化的平台，通过平台降低AI使用门槛，沉淀行业知识，实现开发到需求的商业良性循环。

华为提供了ICT的基础能力之后，如何能和客户、行业伙伴一起共同服务好最终的客户？

首先要做的是项目标杆的打造，只有精品的应用才能形成牵引的效果。我们的设计师会亲自到现场和客户一起深入了解用户的业务流程，再通过技术提升行业的管理效率和数字化转型速度。

以智慧机场为例，其中有一个痛点就是柜台排队的时长问题。通过数字化转型，设备可以感知并判断柜台人数，当人数过多，可以很快开启额外柜台来缓解排队的压力。另外，针对人的感知，设备可以判断乘客登机与否，进而提供特殊通道与登机直达等服务，提升客户的体验。

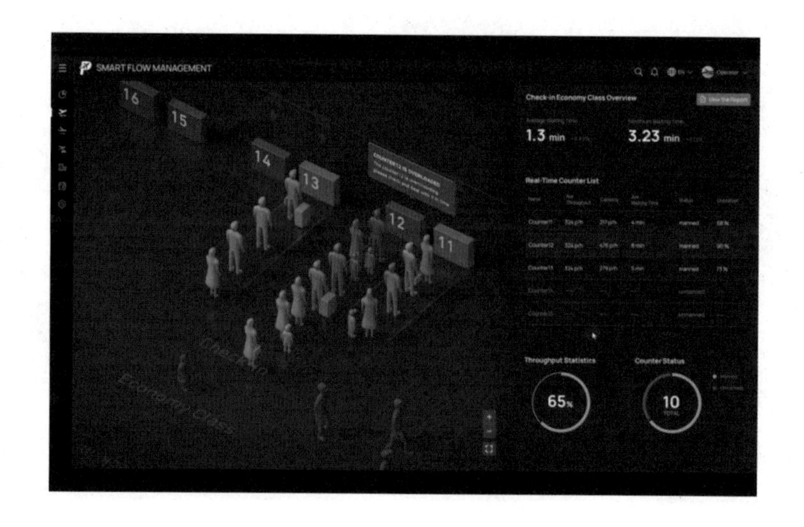

以智慧园区为例，有了ICT基础设施的升级，园区的管理基于万物互联的基础设施，就可以快速感知到园区里面的危险。如果发现火灾，园区的指挥系统就可以快速调动机器人进行现场监测，联动现场人员进行协作救灾。

行业千千万，每个行业都有各自的诉求，并对设计品质有着极高的要求，靠一家公司很难完成全量的高品质设计工作。

另一个很重要的工作是设计生态的构建，将标杆项目中通用角色的通用设计资产，按照专项和规范的思路进行梳理，然后进行平台化和云化，构建通用的设计组件和设计范式并开放给合作伙伴，繁荣整个设计的生态。

设计理念

上面分享了一些华为智能领域的设计实践，那华为不同类型项目的背后，设计理念、原则和逻辑是什么？有哪些体验的思考呢？如何从单一项目的成功转变成广泛项目的成功？

经过大量的探索，我们发现只有达成设计意识理念和原则层面的共识，才能很好地解决问题。我们从设计理念层面进行引导与定义，从思想意识层面拉齐设计的品质，牵引更多的设计师达到设计的先进性，构建了一个统一的设计系统。

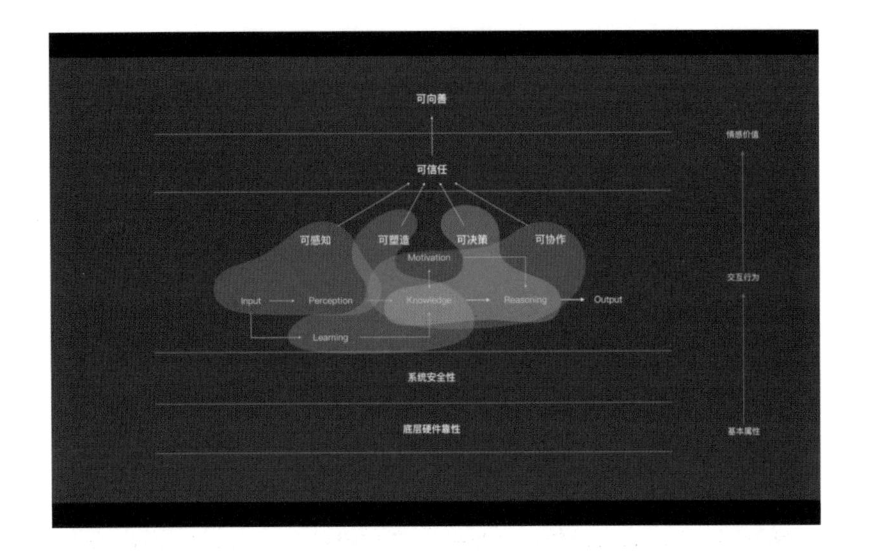

我们构建了一套人机智慧化互动的理论框架——“华为智慧化设计六可模型”。其中，基础层是可感知、可塑造、可决策和可协作；中间层是可信任；顶层是可向善。下面重点介绍一下可感知、可协作和可向善。

（1）可感知。

物理世界向数字世界转变的第一步，就是物理世界被感知。生活、工作各个场景中无所不在的感知节点，如道路上的车辆、工厂中的设备、货运途中的集装箱、飞机发动机、室内或户外的环境监测设备等都被打上了“数字标签”，由此带来的数据洪流将汇聚到中枢，通过AI的处理，再为用户提供“懂你所需”的智慧服务。

如果从设计角度入手，比较主流的设计手法有两个：一是把真实世界中的人、事、物进行3D化的数字孪生，另一个是把复杂的逻辑关系进行可视化的表达。例如，将园区中楼宇各个楼层的设备都通过数字孪生的方式进行运维和管理，通过系统化的手法，把里面所有的元素打散再组合，从场景、模型、材质、数据可视化、转场动效等维度构建一套系统性的3D资产库，再通过软件编排的方式，达到快速呈现物理世界的目标。

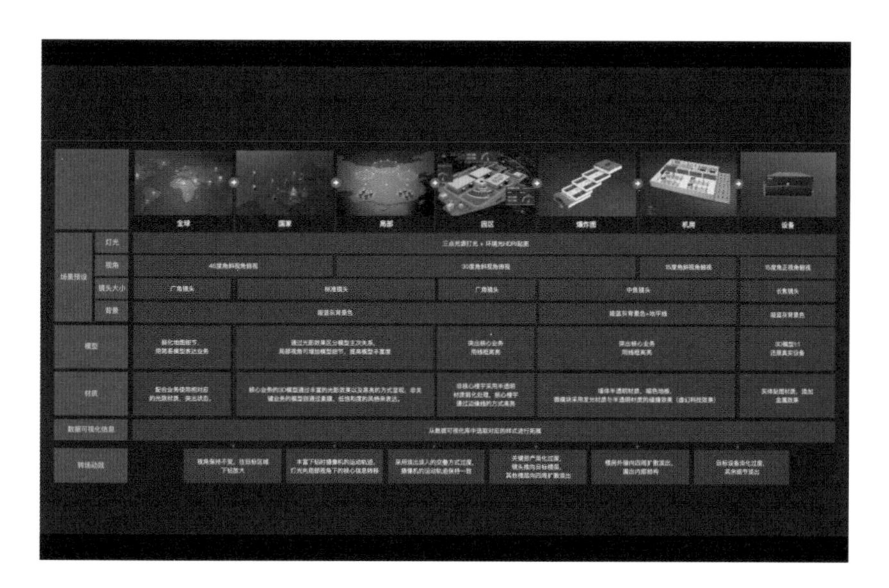

（2）可协作。

未来人机协同的工作模式也将成为常态。从设计角度，我们也在探索下一代的机器行为学，即人和机器各自的主张是什么，人做什么，机器做什么。例如，硬件机器在具有危险性、远程辅助、重复性、易出错的工作上有很大的优势。像上文提到的火灾场景的危险场景，还有重复性的巡检工作（数据中心的巡检），AI视觉识别辅助质检。

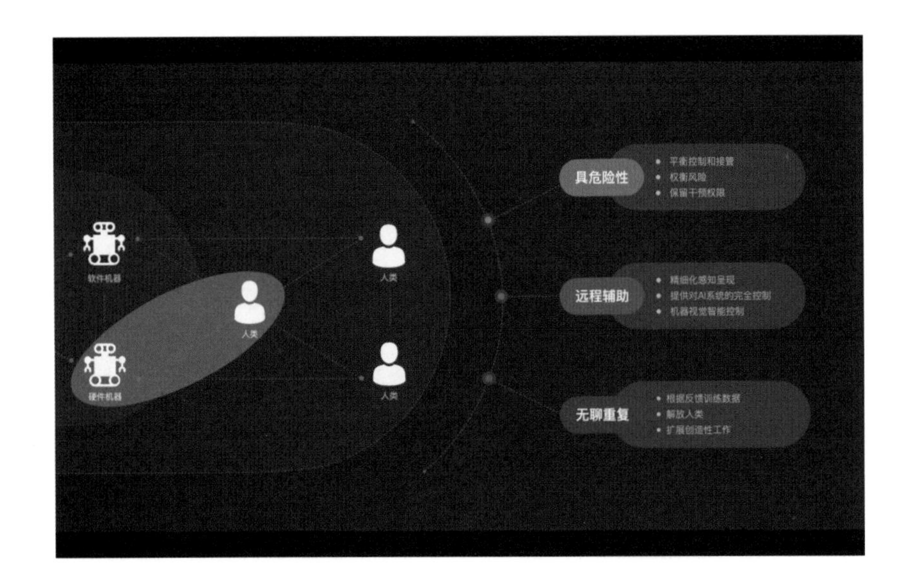

软件机器在基于意图识别、引导指导、主动关怀等工作领域能发挥更大的作用。从人找信息，到信息找人，到意图的识别逐步分阶段演进，例如故障解决场景，用户从海量的无效告警列表寻找有效信息，系统逐步能给出告警的根因和推荐解决方案，并直接下发预案。再例如需要部署一个什么样的网络，只要业务原始的诉求，基于海量信息背后的知识图谱都会帮它快速去梳理，达到最优解的直接推荐。

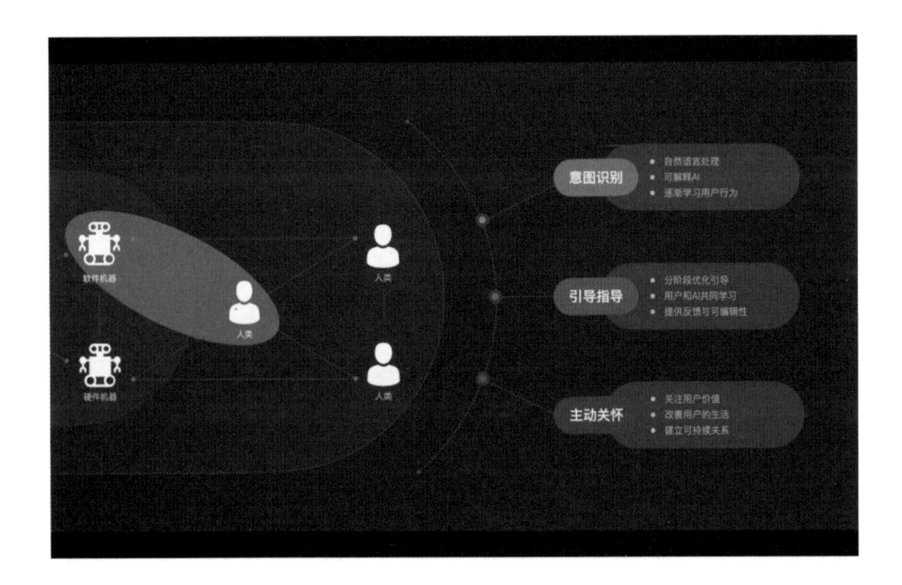

（3）可向善。

科技向善是当今科技行业的共识，那体验设计如何做到向善呢？我们需要考虑隐私忧虑、公平与包容、责任与安全三个维度。

体验设计做到深水区，有两个主题是不能不谈的，一个是人因研究，另一个是基于用户行为的大数据分析。下文主要给大家分享一下人因研究的部分。

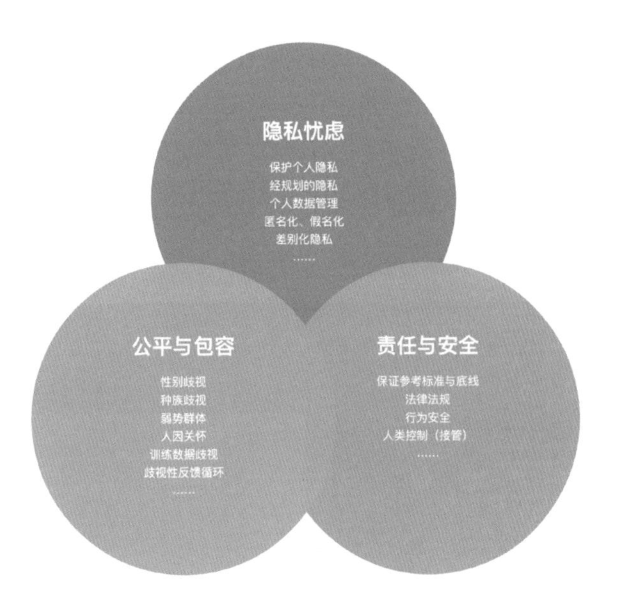

我们从人的生理特性和心理期望等角度出发，经过多年的深入研究，通过眼动追踪技术和肌肉疲劳度分析，探究了各种交互终端的舒适操作区和最大操作范围、清晰视野范围、图标可视性、舒适背景色等，为下一代产品设计提供了科学的数据支持。例如，根据人眼的生理特性，明确定义了眼球最佳转动区和头部舒适转动区。

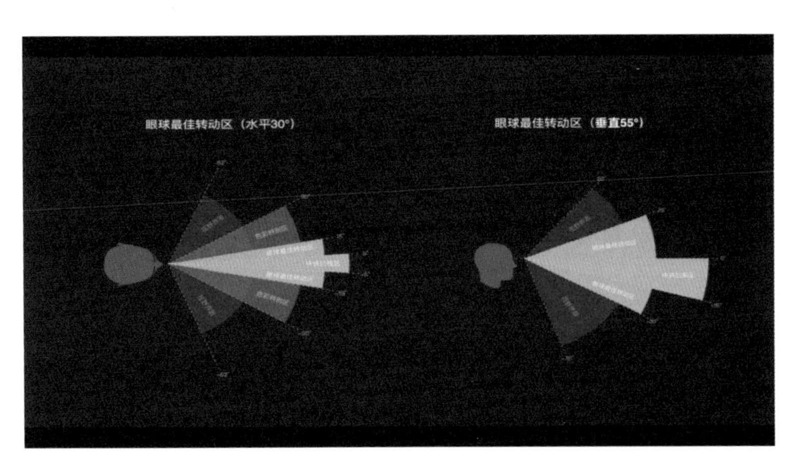

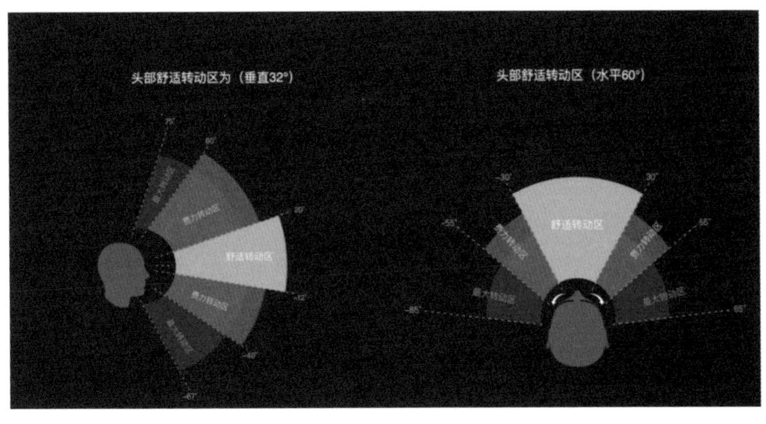

这些人因数据如何在设计中产生价值，影响产品的设计呢？

例如，上文提到的IdeaHub中的弹框设计，之前是全屏显示的，但全屏的图标会超出用户的舒适视野，用户找起来也不太方便。而在新的页面设计中，我们把应用列表按照人因的数据就近弹出，呈现在用户舒适的视野范围内，有效地减小了用户头部和眼睛的运动，这在很大程度上提升了用户搜索和操作的便捷性。

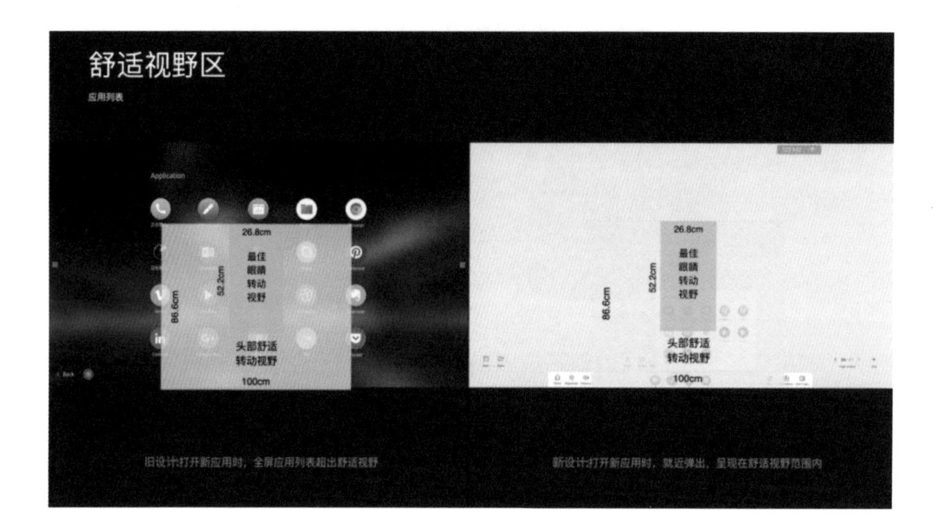

总结

我们把业务场景的智慧化程度结合六可的设计原则，形成一个三维的矩阵空间。这样在设计任何智慧化产品时，找到一个很好的工具化框架，把所有的数字化和智慧化的手法带到华为的产品之中，能让华为的所有产品达到更好的应用体验。这个方法不仅仅是一套比较实用的设计指导原则，还是一套体验检测的标准。

参考资料

在构建万物互联的智能世界的梦想下，设计师有了更大的发挥空间。站在历史发展的拐点，设计师的优势是做好规划，让技术在未来社会产生最好的结果，沿着正确的技术方向创建未来。每个设计师要不忘初心地为社会进步贡献自己的力量，立足改变一个用户的行为，改变一个行业，改变一个社会。

高健

华为UCD　设计总监

现任华为To B类产品领域设计总监及To B工作室负责人，拥有15年的用户体验领域设计经验，在华为的网络智慧运维运营、开发者及运营商生态、云、办公、消费者体验领域有着丰富的设计经验和成功案例。擅长发现与挖掘机会点和体验命题，从体验架构的视角驱动领域与跨领域的产品、服务、生态的体验变革。

04 智能设计在O2O领域赋能商家的探索与实践

◎ 张晓星

通过本文，我尝试着尽可能通俗地去解释一下智能设计背后的一些功能、技术理念、技术思维和简单的技术方案。美团斑码项目实际上起源于设计需求和设计供给方面的严重失衡。

近年来可以很明显地看到，不管是内容平台还是电商平台，都有以海量的商品信息为重要载体对用户做有效的流量分发的核心模式。在这种模式下，像海报落地页等商品信息的重要载体，其产量和产效都面临着非常大的压力。

于是，随着AI技术的迅猛发展，我们开始利用一些AI的思路去尝试提效，去更好地实现商家赋能和商品运营。

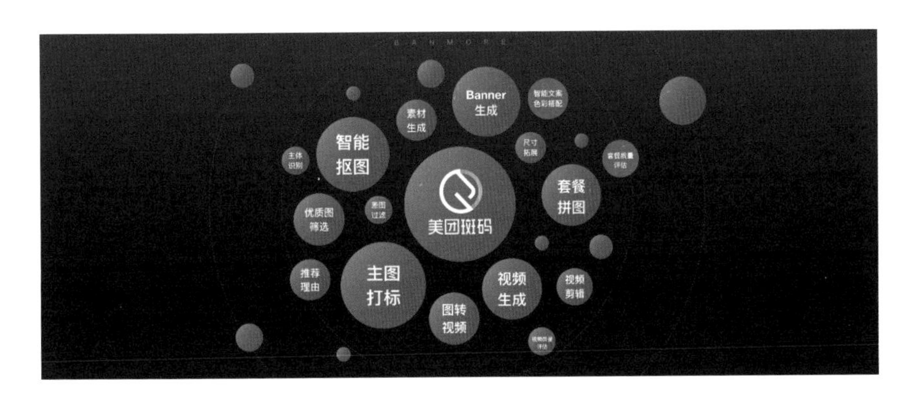

banner制作是比较复杂的过程，包括设计背景、商品、修饰元素，例如文案、利益点、按钮等。为了模仿设计师日常的设计过程，用算法主导自动设计一套banner，可以尝试用一种叫"AI写诗"的思路来解决问题。

关注AI发展的朋友可能听说过AI可以写诗、写演讲稿、创作音乐，那么在设计场景下，它们的共性在哪？实际上共性在于"序列"两个字。大家可以这么理解：文本是字或词组合出来的，音乐是音符或者音阶组合出来的。而banner设计实际上也是有序列性的，可以看成是不同图层组合出来的。

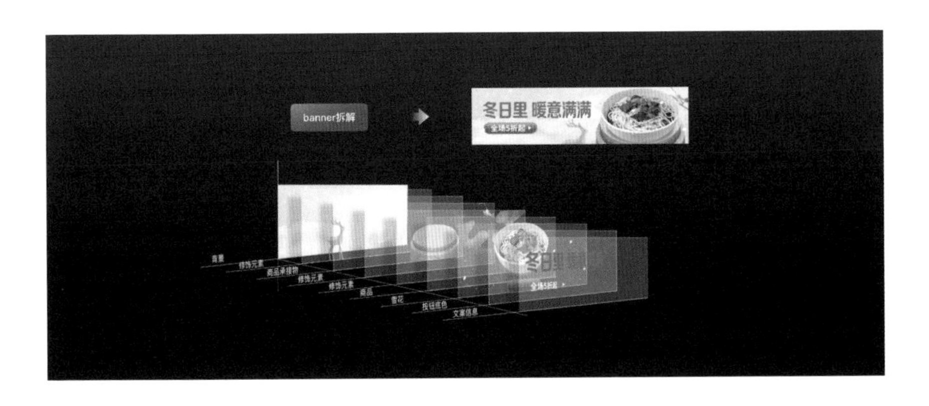

上述工作可以用深度循环神经网络完成，这其实在学术研究中是非常普通的方法。以商品和文案为出发点，模型会按序列生成一张张的图层，同时决定图层的属性甚至位置。

除了这种序列的思考，在设计过程中，有时我就特别想用某个素材或者某几个素材，需要其他的素材搭配。这时可以用一些搭配的方法，例如双塔模型去完成。当指定某几个偏好素材后，模型可以快速并且高效地在素材库中选择一些合适的素材，与已经选定的素材进行搭配，快速产生定制化的设计。现在的模型可以对原有的人工主导的设计过程产生较高的效率提升，同时在很多个场景下也有较好的应用。

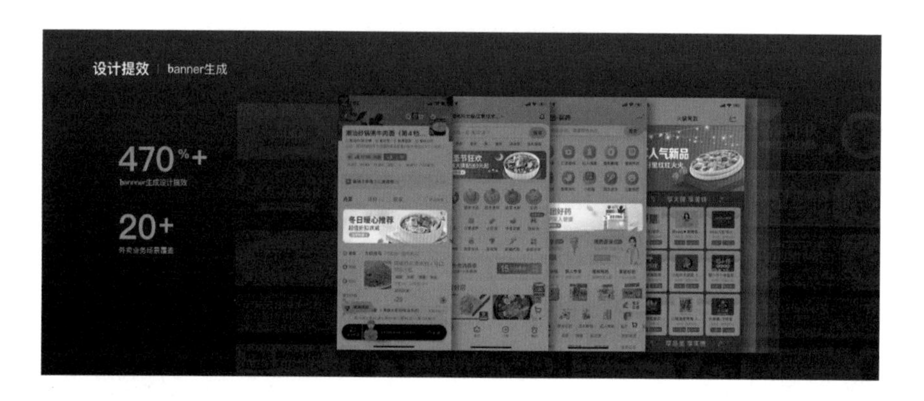

除了banner这种复杂的设计，千人千面的要求也离不开千人千面的素材，这就涉及智能抠图能力。我们自行研发制作了许多以餐饮类型的商品为主体的图像分割工具，因为美团外卖毕竟是做餐饮类业务的。在此基础之上，可以把人工的半交互以及全自动的技术应用于海量的素材生产需求。实际上，在这种完整的抠图技术之外，基于对业务的考虑，我们还加了一些图片的质量评估，例如选择一些优质的图片进入模型库，同时在沟通模型产出结果之后，会有智能的审核过程代替人工的审核。对于餐饮类的图片来讲，自动的质量评估在全自动生产环境下，可以达到95%以上的合格率。

下面介绍智能文案配色。文案在海报中能起到吸引点击的作用。我觉得文案要满足三个条件：第一是可读易读，第二是美观和谐，最后是要吸引用户产生情感的共鸣。

前两点可以通过一些规则化的设计，复现设计师常用的手法和规则和理念。对于最后阶段的情感共鸣，我想重点和大家分享一下。可以和我一起思考，听到冬天、夏天、中秋节、端午节，脑海中第一浮现的颜色是什么？设计师们一定有自己的看法，那么得出这种结论的依据是什么？我们尝试从数据分析和数据挖掘的角度，还原并分析这个过程。

例如，我要设计圣诞节主题的海报，首先会在网络上抓取大批量的和圣诞节语义相关的图片，然后分析图片的颜色分布，最后用聚类分析得出圣诞节的常用色，达到情感的共鸣。当指定了文案之后，我们能分析文案背后的关键词以及它所表达的内容主题，通过一些在线或者离线的数据分析和数据挖掘技术，给用户提供比较合适的配色方案。

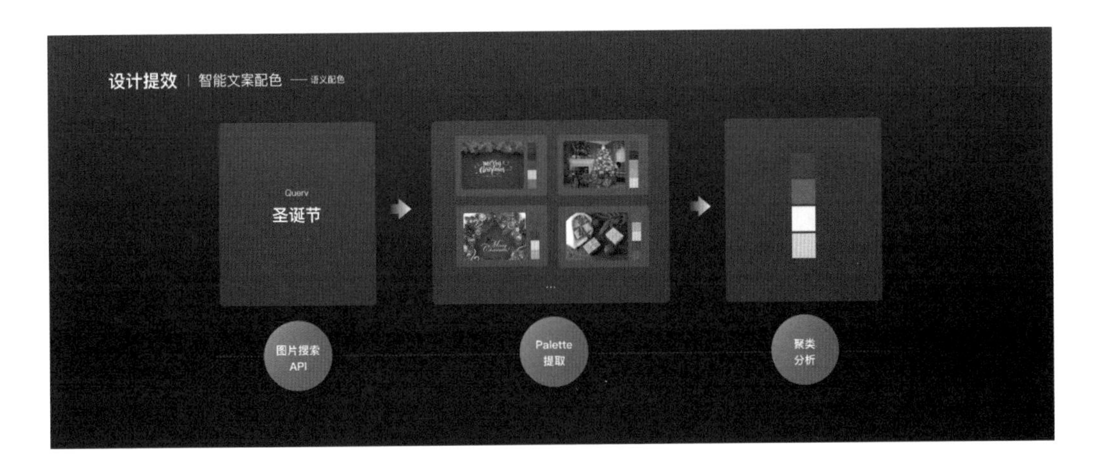

完成了这种设计的供需不平衡问题之后，我们又把目标转移到商家的运营方向。外卖商家和其他电商平台的商家有什么不同？其实最大的不同在于，外卖商家平时更多的时间要花在生产和履约上。这就导致一些商家，尤其是中小商家，在运营方面付出的时间和精力比较有限。那么相对于外卖商家来说，有没有运营的诉求？

大家在一些电商平台上可以看到很多外卖商家的第三方代运营公司，这就恰恰表达了外卖商家实际上对运营是一定有诉求的。对于商家来说，纯视觉的设计并不能完全满足商家的全部诉求。于是我们想到可不可以在内容的设计上为商家提供一些帮助？例如，帮助商家做套餐的设计、做商品卖点的设计，甚至做商品内容的展示形态设计。

在外卖的场景下，用户下单多数并不是单品下单，而是组合下单。那么，怎样去契合用户的需求，做打包售卖？我们会帮助商家设计更好的套餐，这不仅帮助商家节省了套餐设计的时间，同时也加快了用户做决策的时间。

因为外卖的特点，用户进入到外卖的场景之后，基本上在5分钟之内就会完成浏览和决策的过程。在这种情况下，怎样快速帮助商家展示商品信息、卖点，更加高效地去契合用户的诉求？我们给商家提供了简单高效的设计工具和模板，商家可以快速为商品匹配卖点和销售信息。如果商家还没有时间做这方面的设计，能不能利用一些算法帮助商家完成？

我们想到可以从用户的评论里自动生成推荐的文案。通过抽取描述的商品、描述的维度以及特点，甚至一些配送的信息，从真实的评价数据里面进行分析，从菜品及口味等维度，帮商家做全自动的推荐理由以及商品文案的设计。

不管是电商平台，还是以短视频为核心的内容平台，内容多元化是大家避不开的发展趋势，我们需要产生更多样的内容和各种模态的信息，从多个方面、多个角度描述商品。

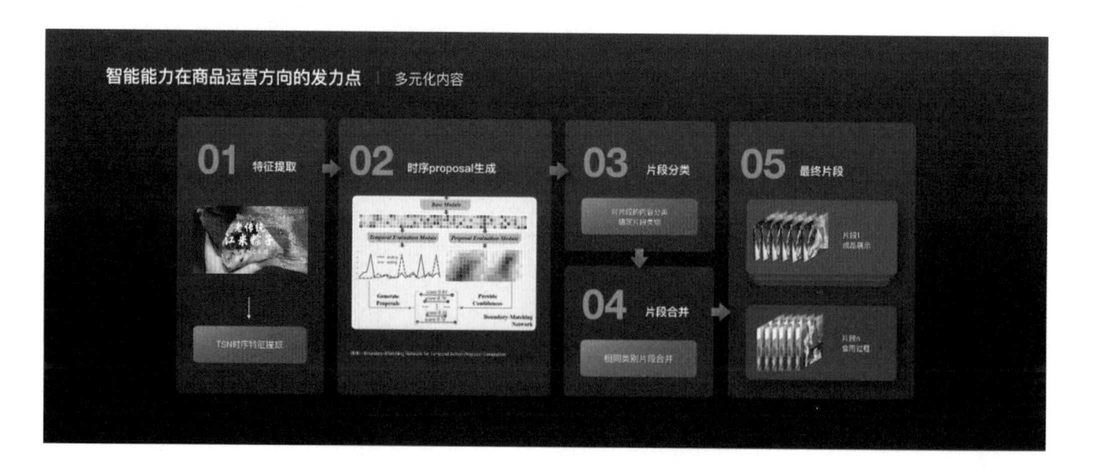

例如，对于商家的自有视频，可以做什么样的工作？可能需要把它做成两秒或者3秒的动图和片段。怎样选择3秒的时间段，在首页曝光的时候，起到足够的吸引用户点击的作用？我们会利用算法对整个长视频的内容做分析，根据对内容的理解，把它做成多种格式、多种分辨率、多种时长甚至多个内容的分解，再到前端结合用户画像和用户需求，进行个性化的投放。

一方面，这些工具其实并不是想去替代现有的第三方公司，而是希望和第三方的运营公司以及商家一起产生互惠互利、合作共赢的结果。另一方面，从底层意义上来讲，这些工具也是算法、设计和用户行为三者的有机结合。新的设计行为产生了新的算法，新的算法产生了新的用户行为的数据，用户行为的数据又可以反哺算法以及设计的理念和原则。

作为技术人员，在与设计师合作的过程中也有一些感悟和经验。在合作初期，其实技术人员与设计师会有一些比较深入的交流和互通，例如技术人员会给设计师讲算法，设计师也会给技术人员讲设计的原则和理念。所以，这其实是换位思考和互相理解的过程，也是技术与设计之间的平衡。

另外，设计师的工作不仅仅是人工的工作，实际上设计师提供了设计的框架，确定了设计的方向。如果没有设计框架和方向，对于算法的发展和迭代有可能像无头苍蝇，可能要过很久才能摸到正确的方向。有的时候定好问题，问题就已经解决了50%。这就需要设计师和技术人员共同分析问题、拆解问题、量化问题，这样接下来才有算法的发展空间。

最后就是用数据说话，这在美团内部应该算得上是价值观。我个人认为好的设计方法和设计理念，不仅仅要能经得起用户体验和人的考验，同时也应该经得起数据的考验和结果的考验。

张晓星

美团外卖　智能设计平台（斑码）技术负责人

美团外卖智能设计平台（斑码）技术负责人。博士毕业于北京科技大学，曾就职于搜狐，负责多媒体技术研发工作。2017年加入美团外卖，目前主要负责美团外卖图像和视频内容的挖掘、生成、编辑等方面的相关工作，致力于图像相关技术的积累及落地，见证和推动了外卖设计从人力驱动到数据驱动，一步步走向智能化的过程。

05 多模态交互驱动的汽车智能化设计

◎ 叶振华

有一个不争的事实，汽车的下一个时代，一定是智能汽车时代。

我们总是在畅想5G能为智能汽车带来多大的变化，但实际上V2X（Vehicle To Everything，车联网）不仅仅只是连上网这么简单。人最终需要的是服务，而不是一张网，人与车需要进行有效的交互，车需要正确地感知到人的需求。其中的桥梁，正是多模态交互架起来的。

多模态交互方式是汽车智能化进程中非常重要的一环，随着不同的生态、内容融合到以人为中心的车联网系统中，多模态交互必然会成为主流的交互形态。

1. 下一代人车交互方式

人车交互的发展路径大致分为四个阶段。

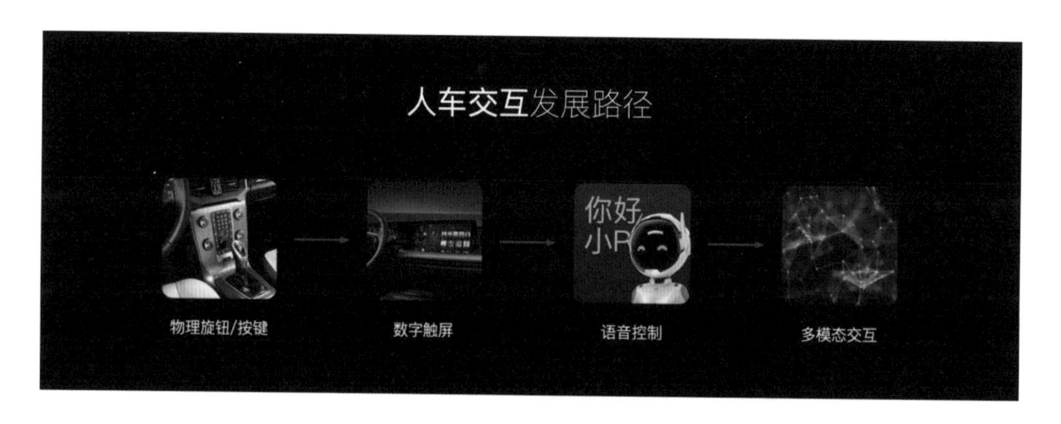

早前的车舱里，布满了物理旋钮和按键，但随着车内的信息和功能越来越多，物理旋钮和按键已经满足不了日益增长的内容和功能。

到第二阶段，数字触屏出现。实际上这两个阶段与智能手机的发展进程很相似，甚至很多内容和功能，都是从手机往车机迁移的。但当大量的内容和操作虚拟化之后，数字触屏的弊端就开始暴露出来。虽然数字界面解决了空间、成本、迭代的问题，但界面层级繁多，导致操作效率下降，同时也缺少了物理按钮踏实的反馈感和定位的确定性，在一定程度上会影响到驾驶的安全。

这时候，第三阶段的人车交互方式——语音控制应运而生。语音的出现，可以有效地提高操作效率，打破层级关系，实现功能直达。而且驾驶者眼睛不用盯着屏幕看，手不用离开方向盘，操作便利之余，还提高了驾驶安全性。

那么单纯的语音交互就是最终的人车交互形态了吗？

答案是否定的。纯语音交互也有它的弊端，如功能不可见、输入输出效率不高、语言和环境的干扰导致的识别率下降等，这些都是导致纯语音交互不能成为最理想的车载交互的原因。

为了解决这些问题，第四阶段的人车交互方式——多模态交互被提出。根据车辆、环境、驾驶员状态等条件，进行全面的感知、融合、决策、交互。所以，人车未来的交互方式，多半会是以多模态交互的方式呈现。

2. 什么是多模态交互

引用百科中的解释："所谓'模态'，英文是 modality，通俗讲，就是'感官'，多模态即将多种感官融合，通过文字、语音、视觉、动作、环境等多种方式进行人机交互，充分模拟人与人之间的交互方式。"

这里面有一句话特别重要："充分模拟人与人之间的交互方式"。

人类本身就是一个多模态交互的集合体，人与人之间的交流，你会觉得很流畅，因为这是一个多模态集合体与另外一个多模态集合体的交流，当然是没问题的。但目前大多设备都只是单一模态，或者是伪智能多模态，所以人与设备交流，就始终感觉不到智能。

我们来看看多模交互的人车关系。

左边是人，右边是车，中间三层是人与车的沟通桥梁。人对外交流的起点是眼、耳、口、鼻、手，中间要转化成对方能看得懂的语言（不管对方是人还是机器），这些语言就是人脸、触控、手势、语音、情绪等等。有了这些语言之后，机器还不能直接读懂，需要通过数据，结合算法，提供给处理器换算成计算机能够看得懂的语言，整个人车交互流程才算形成闭环。

中间“人脸、触控、手势、语音、情绪”这一层，就是我们所说的多模交互层。

3. 多模态交互的应用

当我们有了多模交互层，知道了怎么与车进行沟通之后，我们要怎么去用它们呢？

接下来讲讲小鹏汽车目前在多模态交互上的一些思考和成果。

小鹏汽车一直在致力于打造“高智能互联网汽车”，而我们认为“高智能互联网汽车”需要具备四项能力：智能模态能力、智能驾驶能力、智能服务能力以及智能成长能力。

我们希望能创造一种全新的活物，它可以感知你，弹性地适应环境，动态地展现能力。

另外，多模态交互不只是综合视觉、触觉、听觉，而是高度结合汽车硬件的交互。然而是否能高度结合硬件，是平台决定的。所以我想和大家分享的第一点就是“SEPA”平台。

1）SEPA平台

小鹏P7的自身硬件数据非常耀眼，但用户一般都只会记住“百米加速4.3秒”“NEDC续航706公里”，或者是充满科技感的外观等。实际上P7还有一个非常大的亮点被大多数人忽略，它就是SEPA平台。

SEPA平台架构是小鹏汽车智能化的基础，它拥有百兆以太网络的电子电气架构，独立中央网关，使得它的信息数据能够支持多路的通信交互，传输速率几乎是传统CAN总线的200倍，这保证了平台内各个传感器和控制器之间通信的及时性和高效性。另外，平台架构内控制器100%联网，可以实现全平台全控制，以及真正的整车OTA（Over-the-Air Technology，空中下载技术）能力。

下图是博世提出的汽车电子电气架构变化趋势图。我们可以看到，汽车的电子电气架构，从最开始各自为战的分布式架构，慢慢转化为基于云计算的中央计算架构。

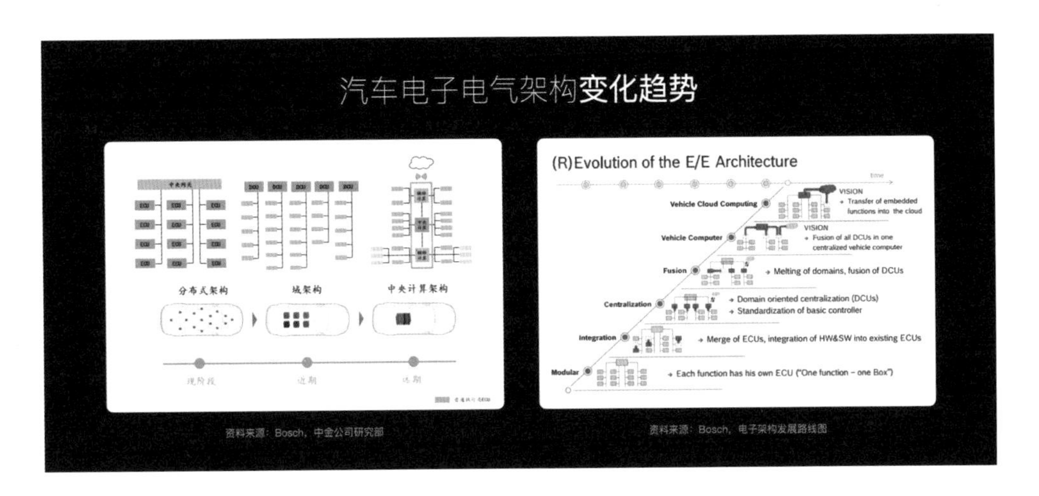

SEPA平台实现了全可控、全管理、全升级、全运营，底层硬件100%联网，上层功能随意组合，全局场景多模体验。

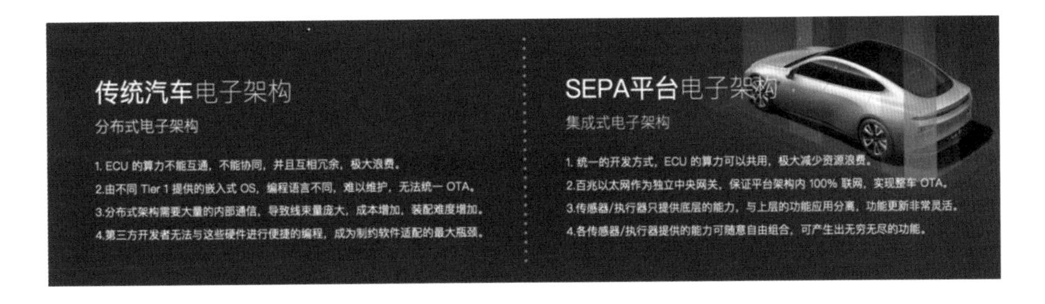

以前的汽车，各个控制器、传感器都是不互通的，很多功能虽然电子化了，但依然是信息的孤岛。以前开灯是一个功能，车窗开关是一个功能，座椅调节又是另一个独立的功能，一旦所有控制器、传感器联网之后，功能与功能之间就可以进行随意交叉组合，从而生成无限多的新功能。

现在传统车的配置表里，只要有一个功能，哪怕再小也会列出来，因为这是需要增加一个零部件，需要增加成本的。但以后车的配置表估计不会详细列功能，因为功能可以根据场景随机组合，根据用户需求进行OTA推送，随着时间的推移，功能将无穷无尽。

这为多模态交互带来什么好处呢？我们来看看下面这个例子。

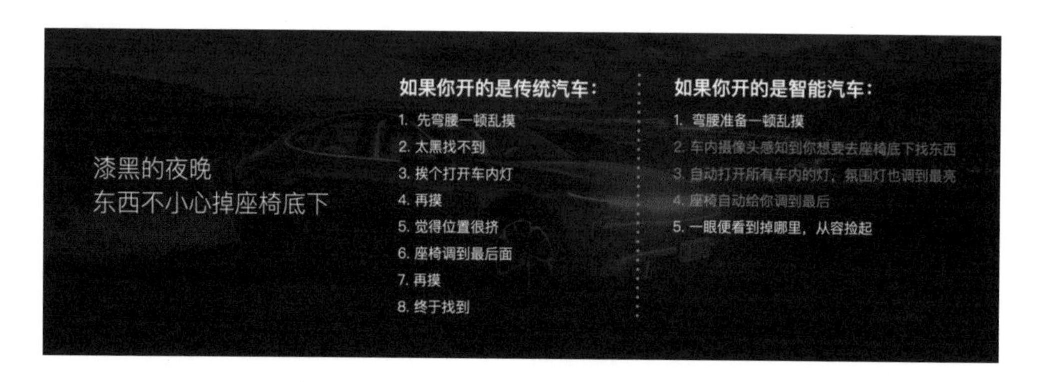

可以看到，整个捡物品的过程被简化为最原始的两个步骤：①弯腰，②找物。

这就是智能汽车的魅力，也是多模态交互的魅力。

除此之外，小鹏汽车还利用了SEPA平台的优势，将硬件能力开放给第三方厂商，第三方厂商可以在他们的应用中合理地调用和组合我们的硬件能力，让第三方应用也能做好多模态的体验。

相信未来的智能汽车时代，一定不会是所有功能都由汽车厂商一力承担，以后的汽车厂商更像是一个平台，这些平台也会像手机一样，孕育出类似微信、淘宝、抖音这样的超级应用。

2）全场景语音

从1962年IBM发明了第一台可以用语音进行简单数学计算的机器Shoebox，到20世纪末出现的交互式语音应答（IVR，Interactive Voice Response），再到如今发展到具备自然语言理解及深度学习能力的全场景智能语音助理，语音交互可谓足够成熟。

但长久以来，车载语音一直都没有被真正重视起来，以往的汽车语音控制，都只是单纯的菜单指令式的控制，我们只能对着一份看不见、摸不着的指令表里的指令，一字不漏地背出来。

而汽车座舱又是语音交互的绝佳场景。因为在用车场景中，没有被长期占用的感官只有嘴巴和耳朵，这两个感官组合起来，显然就是语音交互，再加上车舱的密闭性也是个天然的优势，造就了这个得天独厚的语音交互场景。

这也是小鹏汽车花大量资源和精力去深挖车载语音交互的原因。

接下来，我分四部分来介绍目前小鹏汽车在语音上的一些探索成果。

（1）全系统功能覆盖。

整个系统所有功能都能直接用语音控制，可见即可说，彻底告别不安全和找不到。

得益于SEPA平台的优势，我们在设计全场景语音功能的时候，可以肆无忌惮地基于平台底层去做全场景的打通。无论是各种能量回收还是驾驶模式，无论是车灯还是座椅，都能通过语音进行快速控制，甚至在精细度上还做到了可怕的程度，例如你说“车窗打开30%”和“车窗打开31%”，都能观察到细微的变化。

除了硬件层面的全场景打通之外，我们在软件界面也做了全场景打通。中控大屏里你能看到的所有内容，包括按钮、开关、功能入口、内容入口等，都能通过语音直接控制，做到全界面的“可见即可说”。

（2）全场景连续对话。

无须反复唤醒，随时可打断，支持跨域跳转；所有功能随便说、跳着说、一直说。

语音交互只有像人面对面聊天一样，才算是高效的沟通。我们的全场景语音具备连续对话的能力，当小P被唤醒了之后，你可以跟她自由对话，小P会有一段“持续倾听”的时间，其间你可以不停地对小P发起指令，无须反复唤醒，想到什么就说什么，小P会保持“洗耳恭听”的状态。

另外在语音对话中，如果遇到较长的内容播报时，用户经常会没有耐心听下去，那么在设计上我们做了两点优化：一是限定TTS（Text To Speech，从文本到语音）的字数，这样播报的长度可以控制在一个合理的范围。二是做了“随时打断”功能，用户不必等小P说完就可以随时发出新的指令，小P也会及时响应，停止上一段的播报，执行新的指令。

（3）多音区智能拾音。

主驾说，听主驾；副驾说，听副驾；主副驾随便聊，小P会在语意中智能提取真正需要执行的指令。

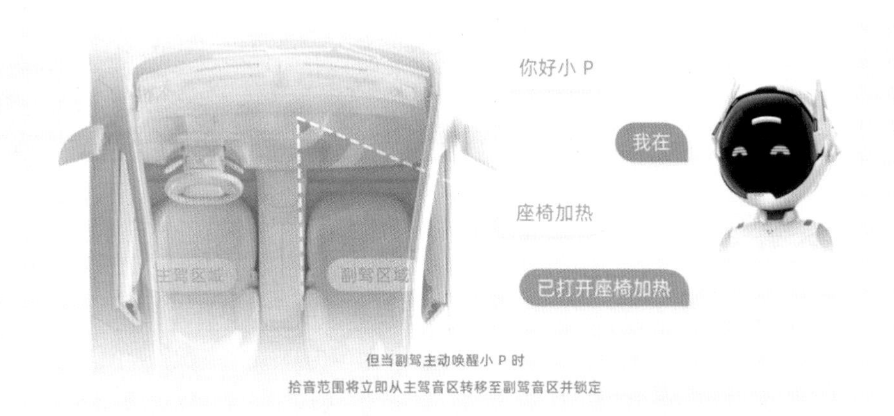

由于P7具备阵列麦克风的硬件，所以在全场景语音中，我们能做到多音区锁定的功能，例如小P是由主驾唤醒的，那么在这一个唤醒周期内，小P就只会听主驾说的话，哪怕副驾和后排人说话再大声，甚至是发起一些与语音相关的指令，小P都会智能过滤掉。同理，副驾唤

醒也会只听副驾说话。

并且小P还会根据语意识别来捕捉正在发出的有效指令，也就是说，即使在小P被唤醒期间，唤醒者也可以随便说，说什么都行，和别人聊天也行，小P几乎不会因误识别而执行非用户期望的指令。

（4）自定义指令集。

将多个执行命令捆绑到一个语音指令上，千言万语，汇成一句话。

从以前的“宏”命令，到现在iPhone上的“捷径”，用户总是希望用一个动作解决多件事情。那么在我们的语音设计中，同样也满足了用户的这个需求。

用户可以在手机端的小鹏汽车App上设置好你与小P的“语音暗号”，那么到了车上，只需要把这句“暗号”说出来，小P就可以帮你把关联的多个指令全部执行。

当然最后需要提醒一点，语音交互并不能完全替代触控交互，二者是在不同场景下相辅相成的存在。协同去做好用车的体验，才是多模态交互的初衷。

3）情感化设计

首先引用认知心理学大师诺曼的情感化交互的三层理论模型。

他认为情感化交互分为三层。本能层是人的天性，是连接我们感官的第一印象，例如要设计一件产品，如何在表层上吸引用户，激发用户的潜意识，正向传达第一眼的感觉；行为层关注的是产品设计的功能和实现，是接触产品后的使用状态，行为层设计应该是以人为本，专注于了解和满足真正使用产品的人；反思层则更为高级和深刻，是产品对用户的影响，包括思想上的影响和文化上的共鸣等，反思层的设计对用户的影响是深远和持久的。

当然三层理论模型理解起来会相对比较抽象，但简单地总结一下，情感化交互设计可分为四个阶段：

“让用户认识你、让用户使用你、让用户爱上你、让用户离不开你”。

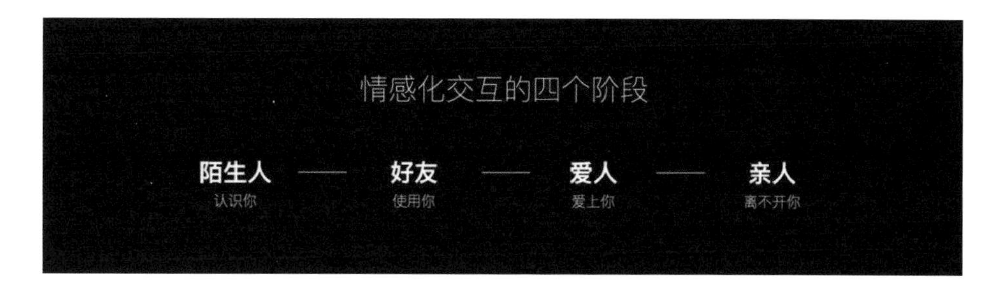

这是不是很像我们谈恋爱的四个阶段？所以说情感化交互设计，实际上就是让你的产品和用户谈恋爱。以用户情感角度出发，去与用户进行交互，从而让用户和产品发生情感上的连接。

接下来，同样分四个点来介绍小鹏汽车在情感化交互上的理解。

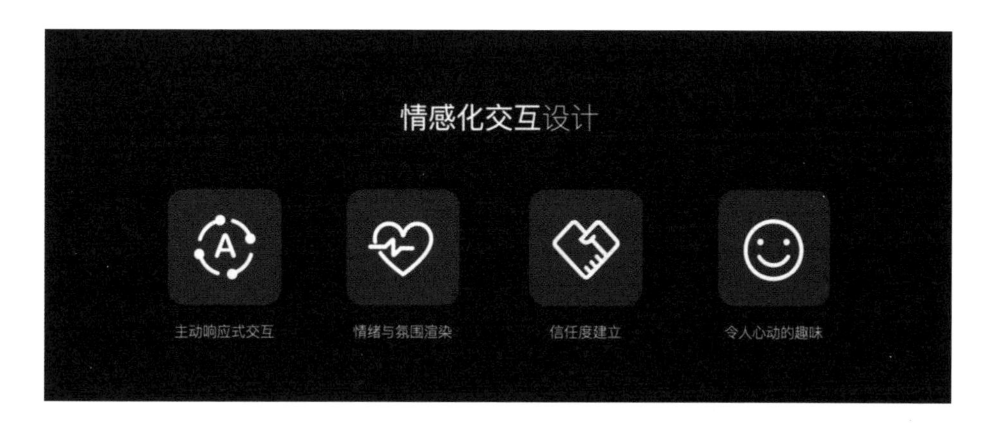

（1）主动响应式交互。

根据不同的使用场景、数据模型和用户喜好，在最合适的时候给出最精准的执行和推荐。

追求别人最重要的一点，就是主动。其实主动响应式交互没有什么神秘的，像很多车上配备的自动大灯、自动雨刷，就是比较初期的主动响应式交互。

除了常规的自动雨刷、自动大灯之外，我们车内的中控大屏和仪表界面，也会根据日出日落时间，智能切换昼夜模式，从而达成“白天看得见，晚上不刺眼”这种既舒适又安全的视觉观感。

此外，我们还探索了很多整车的主动响应式交互。例如P7的迎宾模式：当你靠近车辆的时候，车辆会主动感知你、认识你，向你打招呼。前后贯穿灯以及车外扬声器会向你表达特殊的灯语和迎宾音效，同时还会自动帮你展开隐藏门把手。你打开门的一瞬间，车辆就自动上电（省去了点火启动的步骤），还会根据不同驾驶员，去为他们调整座椅后视镜的位置、音乐的偏好、导航的设置以及车辆其他个性化设置等。务求做到每个人坐上车之后，都能达到最佳的驾乘状态，即使多个人共用一辆车，也会让每个人产生深刻的“主人感”。这仿佛就像一个贴心的管家在你回家之前就给你打点好一切，一切你非必要做的他都能帮你处理好。

另外，在第二代小鹏车载系统设计之初，我们就提出了“感知融合系统框架”概念。

我们根据出行场景中用户对系统的操作行为重新构建了整个框架。在表现层上，在中控屏幕的左侧，也就是用户操作最舒适的区域，划分出一块智能信息流区域，称为“Infoflow区域”，它能根据使用场景、数据模型和用户喜好，在最合适的时候给出最精准的推荐。

例如，早上上班的场景，我们有常用路线智能学习能力，会根据用户工作日的行程路线推算出家和公司的地址，判断用户在此刻大概率是要开车上班，那么就会在Infoflow区域推送当天的天气和上班道路的路况等。例如，高速路驾驶的场景，我们会根据实时定位，判断用户当前是否已上高速，从而建议用户开启更省心省力的智能辅助驾驶功能。再例如，车厢暴晒后，我们会建议用户开启极速降温模式，实现风量最大温度最低，降温效果立竿见影。

所以这是一个与你相处越久，默契越深的智能系统。它通过一个眼神即可感知到你的需求，并聆听你的指令，根据你的喜好甚至心情，主动为你推荐合适的一切。

（2）情绪与氛围渲染。

联动视觉、听觉、触觉、情绪四位一体的“氛围引擎”，为车内成员提供多模态的沉浸体验。

小鹏P7其中一大产品亮点就是“智能音乐座舱”。音乐是情感共鸣的纽带，灯光是情绪的催化剂，所以优质的音乐加上具备节奏的灯光，是抓住用户心理、烘托环境氛围、放大正向情绪的关键因素。

所以，智能音乐座舱方案打造了一个联动视觉、听觉、触觉、情绪四位一体的“智能氛围引擎”，为车内成员提供多模态的沉浸视听体验。

另外，我们还希望汽车具备情绪感知能力。以往人机间的情感表达基本是单向的，用户知道机器冰冷没有感情，但机器并不清楚用户饱满的情绪，因此在交流上明显还不够自然与流畅。但随着硬件以及算法的增强，未来用户情绪的感知不仅可以通过表情来识别，还可以通过各种人体的生理指数来不断地精准化测量。

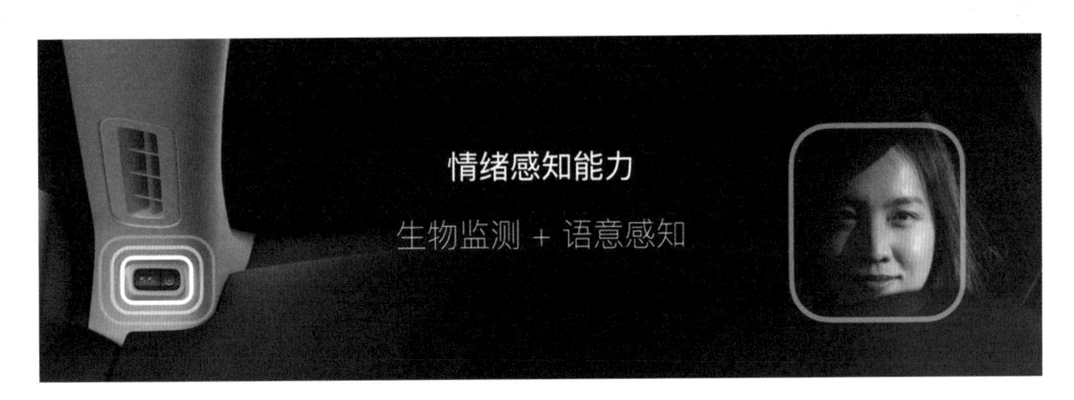

早在小鹏做第一款车G3时，就开始思考车内的人脸识别应用，甚至用于探索驾驶者的情绪。小鹏G3的车载摄像头可自动进行人脸识别，从而实现账户登录、同步座椅、导航、音乐等个性化设置。我们还引入生物监测和语意感知来了解用户，通过意图、情绪、环境的融合感知进行需求预判、行为建议、服务推荐等。

此外，我们还设计了一套“生理指数安全感知系统”，根据用户的生理指数，发出不同程度的提醒。例如，当用户持续开车时间较长时，我们会在界面上提示用户请注意休息；当用户已经疲劳驾驶开始打瞌睡时，我们会有更强烈的声音和界面提示，尽可能让用户清醒过来，保障安全。

（3）信任度建立。

“离不开”的关系是建立在信任的基础上，清晰表达所见，坦诚公开所想。

情感化交互的最后一个阶段是让用户离不开你，而离不开你的前提是信任你。

如何建立信任度呢？举个例子，当用户开着我们的车在路上跑时，我们会在仪表或者中控大屏上显示车外路况的仿真图像。

这些东西看似没什么意义，毕竟用户在挡风玻璃上能清清楚楚地看到，那又重新以虚拟的形式绘制在屏幕上有什么用呢？

实际上，这是一个让用户了解我们智能辅助驾驶能力的绝佳途径。要让用户看到我们能看到什么，能做到什么程度，以及将要为用户做什么的一个提前展示。

这些虚拟的仿真图像，是经过摄像头、雷达等视觉感知系统捕捉之后，通过机器的大脑进行思考，再重新以UI的形式呈现出来。这时用户可以与现实场景进行对比，如果虚拟绘制的图像与真实世界是相同的，那用户才知道机器的准确率有多高，才有可能放心把方向盘的控制权交给汽车。

除了能看到前方的路况，由于小鹏P7具备360° 的视觉感知布局，所以还能看到左右侧以及后方的路况，这里很多角度都是人类驾驶的盲区，所以机器在驾驶这件事上是有理由做得比只有正前方两只眼睛的人类更好的。而我们把汽车的所见所想充分展示给用户，是信任度建立的关键。

（4）令人心动的趣味。

最容易让用户打开心扉，留下深刻印象的方法，就是给他创造趣味和惊喜。

在我们做汽车设计时，会在一些地方加入能让用户惊喜小心思，甚至是让用户向其他人表达惊喜的小心思。

例如，我们拥有各种灯语玩法，你可以利用车外贯穿灯以及音效，向路人表达“你好”“心跳”等情绪；我们还提供了各种灯舞，根据音乐的节奏，配合车灯舞动，达到非常绚丽的效果和氛围，为你打造最炫的派对；甚至还可以用我们的车灯玩钢琴游戏等。

情感化设计虽好，但切勿贪多。情感化交互是满足了基础功能之后的调节剂，切忌在情感饱满的产品上再进行过度设计。因为产品缺乏情感，难以获得用户的认同和共鸣，才需要加入令用户心动的趣味。如果产品本身情感已经足够丰富，用户认同感足够高，那我们再去做情感化设计就会显得无用和多余。

以上就是我们目前在多模态交互上的一些思考和成果。

4.对于未来的思考

1）多模态深度学习

对于多模态交互的未来发展，比较清晰的一点应该是“多模态深度学习”。目前智能汽车所实现的多模态交互，其实很多都只是把各个感官的数据去对应具体的指令而已，需要用到的时候就把各种指令组合起来，输出给用户。但如果遇到模态数据庞大，或者需要高度实时化和复杂的推理判断时，就会显得有心无力。

所以，未来的“多模态深度学习”也许能解决这些问题，让AI本身具备理解模态信号的能力（而不是去对应指令），再进行统一思考，这样就可以保证设备高度实时化，并且可以让设备进行多模态协同学习，真正地“聪明”起来。

2）自动驾驶的多模态交互

不同阶段的自动驾驶同样会给多模态交互带来不同的机会。从现在的单人驾驶，到下一步的人车共驾，再到最后的自动驾驶，用户在每个阶段的交互能力都是不同的。

到了L4之后，座舱的交互设计会产生翻天覆地的变化，之前所有的交互原则可能都不再适用。甚至你看到的这篇文章里的所有内容都可能会被推翻，所以汽车的多模态交互是个持续更新迭代的过程，没有什么原则是铁打不动的定律，一切都有可能变化。

未来智能汽车的多模态交互会是什么样？让你我一起创造吧。

叶振华

小鹏汽车　资深体验设计师

现任小鹏汽车资深体验设计师，专注于智能汽车的感知融合体验挖掘，对移动设备与汽车智能化的体验设计有着丰富的经验和独到的见解。曾服务于魅族科技，参与了从 Flyme 4 到 Flyme 7 的系统交互创新工作。设计理念：优秀的设计不应该区分阶层，而我正努力地将越级的体验平民化。

第2章 生活体验

01 当建筑空间遇到体验，如何重塑未来的城市空间

◎ 薛芸

在重塑未来城市空间、建筑空间的过程中，应该如何把体验式设计引入其中？

我先介绍一下自己，我在中国台北长大，念完大学之后去了美国波士顿读书，然后在纽约继续工作。我其实是一个路痴，但是我从小就喜欢在城市里漫游，我是怎么找到方向的呢？通过美的建筑或者有趣的空间，我会将它们变成向导。

我想分享一个小小的秘密，其实我大学的毕业设计并没有做建筑设计，而是做了一个1：1的空间，邀请一些同学做一些行为艺术，当然最后还是顺利毕业了。我觉得设计中有个非常重要的元素，不是美观，也不是功能，而是我们对一个空间的情绪。

离开纽约之后，我来到Gensler。我们的创始人Art Gensler在1965年成立了这个很小的公司，当时只有三个人。但是他有一个很远大的梦想，一直支撑着我们发展为全球化的公司，那就是我们希望能够打造一个国际化的平台，通过强大的设计力和创造力，丰富人类的体验，希望以设计创造更美好的未来，这是一个很简单的愿景。

但是这个简单的愿景支持我们发展至今，形成了一个5000多人的公司。我在这里工作12年了，大家可能好奇，是什么样的驱动力可以让我在一个公司工作12年？

我认为是人。“与我共事的人是伟大的人”，我认为这是一个情绪上的联动，Gensler是一个非常注重人和协作的公司。

当然，在Gensler可以接触到很多非常精彩的项目，如上海中心。它将传统理念和生活精神转化成一个垂直的、优美盘旋向上的城市地标，参观和经过它的人，都能够感受到。

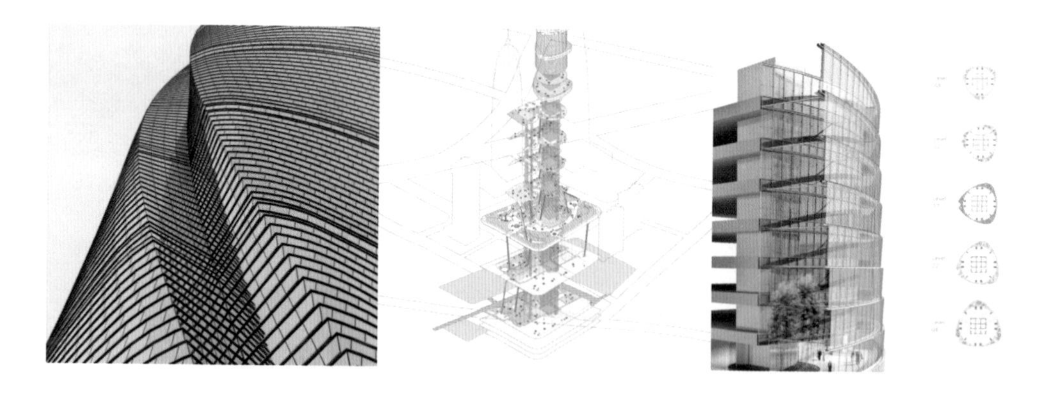

建筑如何触达内心，如何影响人的生活

Gensler的设计师其实一直想要量化一个东西，叫作“X因素”。在设计的过程中有很多

未知元素。例如，进入一个咖啡馆，香气还有蒸汽声都能成为一个空间的记忆。

在量化过程中，我们将体验模式分为任务、社交、探索、娱乐和期望。“任务”是比较直接的，例如经过飞机的安检，这是一个任务式的机械性体验；而“社交”其实是一种互动，是人与人之间的交流，它通常会跟其他模式相互交织；“探索”是我最喜欢的一种模式，我们认为在探索的过程当中，人们会享受没有预期的惊喜；“期望”则跟我们朝九晚五的日常生活有一定反差……

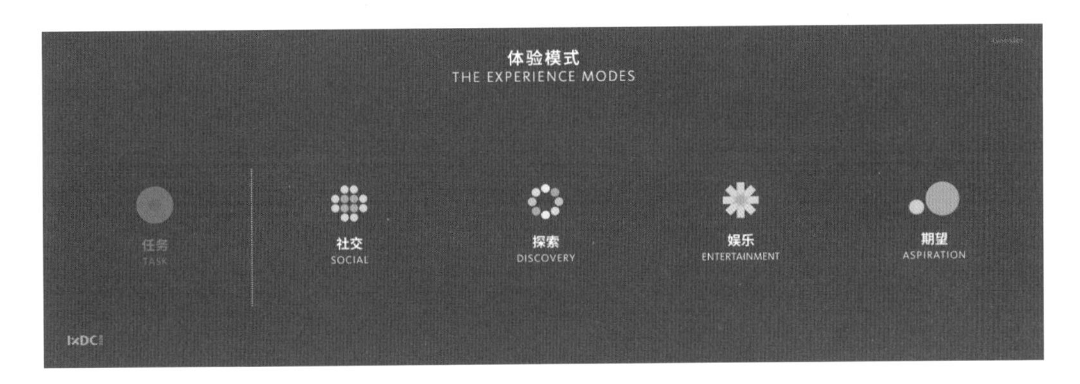

通过科研我们也特别了解到，当空间有创新的时候，会吸引更多人愿意来这里，并将它分享给其他人，包括在零售店里，如果有更新的、更好的、更原创的设计让大家看到，也更容易吸引用户再次消费。

科技融入体验，提升城市空间

AT&T探索广场是最近完工的一个项目，是我们融合科技、媒体、文化来共同打造的一个城市中心的游乐场。设计背景是美国电信巨头AT&T收购了时代华纳，所以它是一个里程碑，也是一个挑战。Gensler不仅做了一个27m×31m的媒体墙，还设计了1.3万m^2的沉浸式的数字平台，是空间、时间、影音结合的一个整体。

项目原先是一个很普通的都市广场，只有一些绿化。AT&T游戏创意总监Raja Pharaoh说过，他非常期望借由这样的设计开放他们的园区，因为他认为很多巨头为了方便管理，会把园区关闭起来，但AT&T希望改变这样的做法，创造一个更好的、更有穿透性的企业形象。所以，Gensler希望设计一个能让人沉浸、留恋、探索的城市空间。

我们创造了一个“数字生态系统”，可以把它看成是一个影音结合系统，有视觉、有灯光、有动态，也有一定的互动。之前的大广场和没有个性的空间，在设计之后，被不一样的元素激活了。

例如，我们转化传统的媒体墙，希望在做一些展示的时候，它能够结合不同的时间、空间，甚至把一些历史原先的建筑风貌也展示出来。同时，它也能对AT&T或者时代华纳的产品做很好的展示。我们还设计了影音联动的沉浸式圆环，它在白天和晚上会有不一样的反差效果。同时，这个空间会根据不同的人产生不同的律动，也会随音乐而变化。在夜间，我们想强调沉静式的空间，因为单纯的屏幕与人还是有一定距离感的，所以希望把这样的媒体空间变成一个环抱式的主题空间。

除了有一定的大众互动空间，设计师也希望广场对AT&T的员工有一定的情感投射。例如，通过人脸识别促成更多的员工之间的互动。在二层的地方，我们特别设计了一些员工可以休憩、访客也可以来探访的区域。

好的设计，能够把体验的空间发挥到最大

Gensler希望能够最大化用户体验，把设计做成一个非常精彩的旅程。以下是凯迪拉克品牌空间在上海的一个项目。

起初，我们强调的是品牌定位。纽约的凯迪拉克品牌空间非常成功，业主希望把“勇敢无畏”的精神延续到中国的项目，所以我们把它看作是一个勇敢的开始。

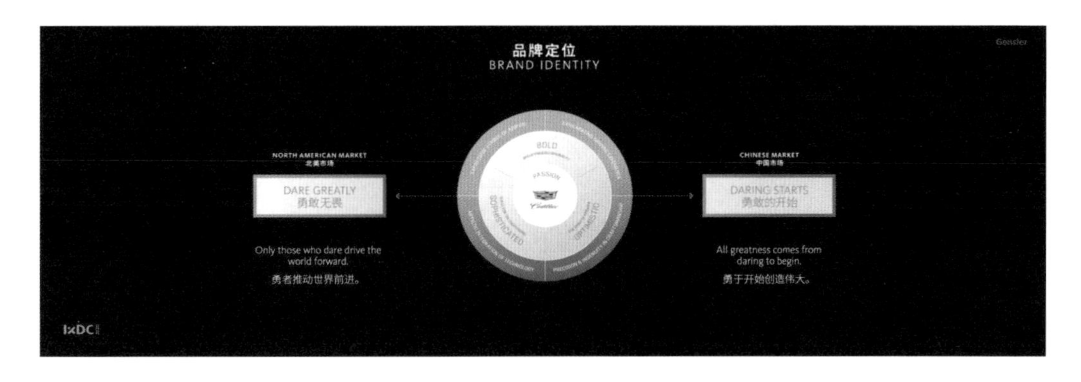

凯迪拉克品牌空间希望成为一个艺术空间、一个画廊，它是个展示区，所以设计需要有一定的想象空间和创新空间。建筑整体造型呈流线形，与车的概念非常契合；在材质上，选择了非常有未来感的金属；同时，希望建筑与环境有一定的呼应，所以加入了水景设计。

此外，Gensler设计了一系列空间，为不同的使用者（包括参观者、展会参与者、重要客户、顶级客户等）打造专属的旅程。虽然它是一个很小的建筑，但是它里面有非常多体验的思考。例如，对大众开放的时候，通过预约，顾客可以从入口花园进入前台接待区，然后参观一系列体验展厅，最后到商业区及咖啡厅享受一下不一样的空间。我们其实要推动的不只是一个品牌，更是一种生活方式。而重要客户的流线相对就比较紧凑，他会直接从入口花园进入影院，然后到达三层特制的贵宾休息室。当然还有顶级客户，他可以从地下的一个专属入口直接到达三层比较私密的空间。

通过以下一层的平面展示，可以看到从入口进来有一个比较开阔的空间，通过一定的空间压缩之后，再进入室内。图中1.3的区域是影院，也是展厅、多功能厅、宴会厅，1.4是咖啡厅。我们用一个主题楼梯贯穿了整个三层楼的空间，在比较宽广的空间里形成挤压。

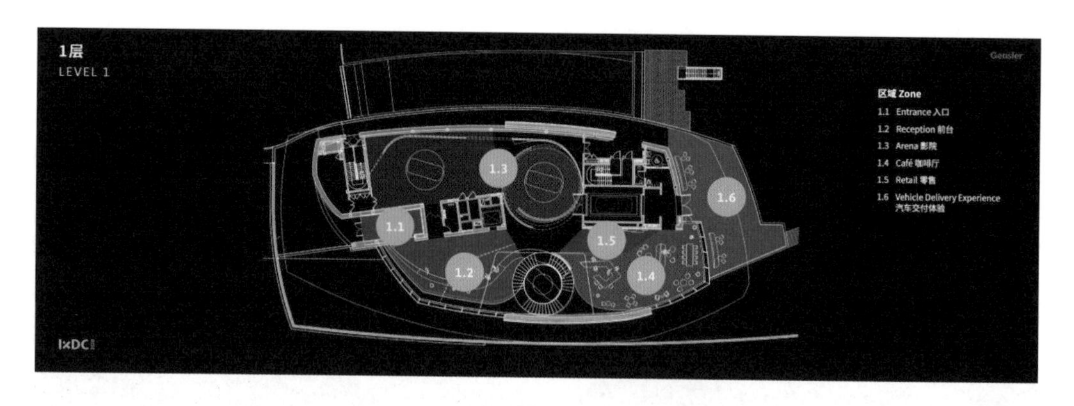

下图是从明亮室外到昏暗室内后的背景墙，它是我们为凯迪拉克品牌空间专门做的“万花筒”，这个万花筒通过元素组合形成律动，在这里强调的就是创新、大胆的空间。

以下展示的配套空间，如接待台、商业空间和咖啡厅，设计团队希望能营造一种高端的生活方式。

凯迪拉克体验中心打造的展厅空间，除了有一个360° 的圆盘方便汽车展示之外，后面的格局也可以变动，以期营造出不一样的场景。

以下二层的平面图展示，体现了设计团队再次提升品牌体验的手法。可以看到从楼梯上来之后，有一个“电子森林”，同时还有徽标墙和材料展示区域。

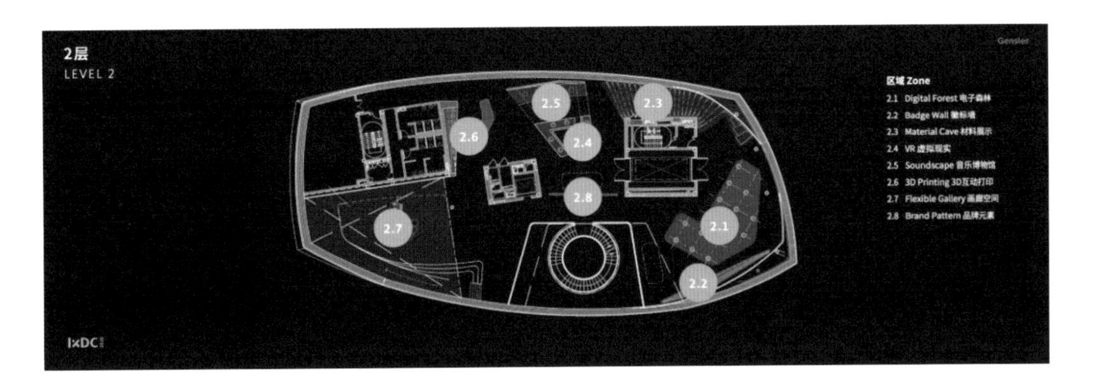

主题空间采用照明设计，把很美的光线洒落下来，变成一个艺术感很强的空间。我们还会用比较轻巧的风格来分割空间，其实这也是品牌延伸的一部分，把品牌本身的精准图样转化成空间里面的线条。下图是材料隧道，在这里Gensler把车体材料这样一个静态的元素，变成了动态的设计，顾客可以触摸，可以去感受它的空间和质感。

3D互动打印区则更有趣。在顾客定制车辆之后，能在这里打印出来。爱车可能要等一段时间才能拿到，但是爱车的模型当天就可以带回家，这也是一种客户体验的提升。

下图的创新式电子森林，可以看到图案其实都是车的元素和组件，它会产生不停变动的图案。建筑入口也有这样的影像，我们在电子森林再次复制了这样一个空间，希望通过互动提升用户的体验。

我们深信，一个好的设计，能够把用户体验提升到最大化。

薛芸

Gensler　设计总监

美国纽约州注册建筑师，美国建筑师协会AIA会员，美国绿色建筑委员会LEED认证专家。她拥有哈佛大学建筑及城市设计硕士学位，以及超过20年的专业经验，深信城市和建筑的生命，来源于人的使用，是人的参与使得建筑更有温度、更有深度和广度。她对设计的切入围绕在以人为本的出发点，结合最新行业趋势和国际化的视野，提出创新的实践理念。作为Gensler办公建筑设计领域的大中华区负责人，薛芸的设计作品涵盖了城市规划、办公楼、综合体、酒店，以及企业总部等多种业态。受益于她在城市设计上的专业背景，她领导设计的每一个项目都会充分考虑建筑与周边城市肌理的融合，由表及里地聚焦到建筑细节，强调体验式的设计核心思想。

02 “教育+IP”构建云端学习的创新体验

◎田园

因2020年疫情突袭的特殊情况，在线教育需求全面爆发，这引发更多人思考如何透过产品以及平台服务，为用户提供个性化创新体验。本文介绍以“教育+IP”的创意服务应用于全球云端大课堂的实践案例，分享用服务设计方法推动在线教育新文创，实现用户创新体验的开拓模式。

对于孩子来说，学习是枯燥的、漫长的探索过程，尤其青少儿在线1对1的英语学习模式，因用户群体的低龄化及远隔重洋的师生在线互动方式，对个性化学习服务及产品体验的要求更高。如何为孩子们提供有趣、能持续吸引他们的优质内容？如何依托产品功能牵引孩子养成良好的在线学习习惯？如何能让家长觉得我们的品牌是专业的、可靠的、有温度的？如何连接大洋彼岸差异文化下授课老师们的情感纽带？这些问题是我们持续面对的服务挑战。作为设计中台来说，在保障高品质的内容生产外，我们需要不断去洞察用户诉求的变化，在全流程的触点中去寻求机会点，探索创新体验的服务落地。

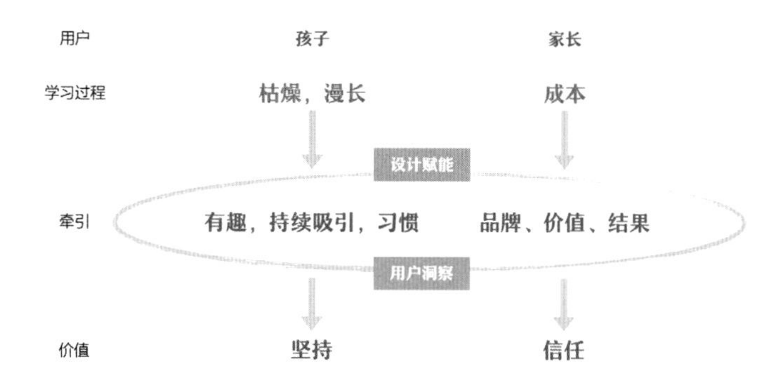

1. 运用体系化的工具和流程，进行服务决策

1）为什么由Dino去建立情感联系

2014年初，创始人和我说：“我们需要一个吉祥物，让孩子能一直感受到我们的温度，通过它去产生更远的情感联结”。彼时，我们设计了几种形象，给当时的几十位用户去做测试，看哪种更能带给孩子安全感、信赖感和陪伴感，最后孩子们几乎一致地选择了一只黄色的小恐龙，它的角色前身其实是一只霸王龙。

那时我们分析为什么大多数孩子都会喜欢恐龙这个形象，我们如何去加工这个形象和特质，让它更匹配在线学习时的各种功能诉求呢？首先，我们发现，孩子们喜欢这个形象源于它满足了自己在探索新事物时，内心从不安到安全感的自我满足：孩子在现实的世界里是渺小的，他们的力量和行动力是受阻碍的，但是孩子都有丰富的想象力，渴望有强大的能力去实现自己的那些小小心愿。恐龙作为曾经真实存在于地球上的生物，可以在很多科普演绎中看到它的身影，这个形象不陌生又具备力量感。当我们弱化其攻击性的外形特征，定稿了第一版手绘风的Dino后，孩子们感觉这个有点呆萌的恐龙和在计算机前的自己一样，对这个网络世界茫然又充满好奇地在探索。当Dino从课前预习、课中学习到课后练习一直陪伴孩子时，这份最初的不安感在逐渐消失，慢慢转为温暖的陪伴。

2）功能场景对Dino迭代的决策

我们确立Dino的使命是“陪伴孩子更快乐地学习”， Dino的愿景是要“打造全球孩子最喜爱的IP学习伙伴”。那么我们要做的是教育产品，不是丰富的玩具，如果不清楚定位，很容易迷失在盲目扩展品类的过程中。

为此，在Dino形象的进化历程中，每一次升级都是为了更好地服务品牌传播、教学流程、课程形态以及产品功能。例如，2014年涂鸦的手绘风是为突出品牌美式风格的定调；2016年矢量扁平化的风格是为提高多级别课程开发的生产效率；2017年的3D形象是为了尝试开发其相关的实物衍生产品，并运用3D动画丰富课中互动形式；2018年新文创项目正式成立的这年，我们开启Dino人格化的全面部署，确保IP生态网能覆盖到更多功能和场景。

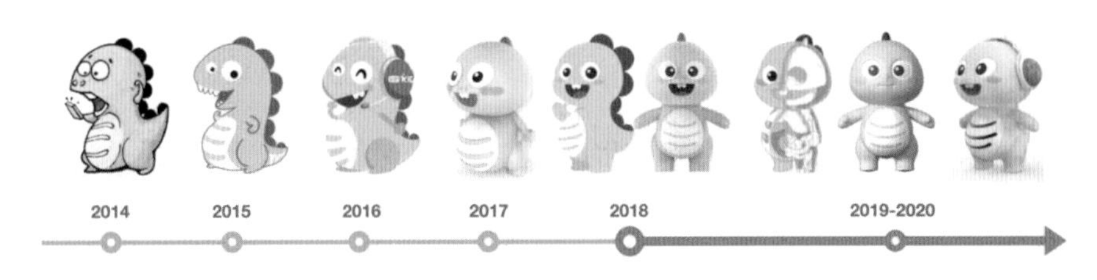

Dino形象的进化史

3）运用系统化方法，高效切入体验流程

我们是如何思考并运用体系化的方法做整体部署呢?

首先，要分析用户的行为特征。孩子及家长从获取信息、上课、接受班主任服务、课后练习、分享给周围朋友的整个旅程图是什么样的，分析用户的体验曲线，观察波峰、波谷的特征及原因。基于此，圈出可能改善用户体验的几大机会点，设计用户与衍生发生触碰时的改善曲线，例如改善痛点、拔高爽点，或者延长兴奋期等。

然后，围绕用户的基本心智模型，研究他们学习及决策的主要行为特征，根据吸引、共识、共鸣、共情的推进关系，聚焦于当前阶段可以更高效、更显性化传达给用户的机会点，进行决策的第二次收拢，同时要思考这些触点中，是否能够传达IP的品牌文化，是否能完成我们的使命和愿景，这其中的每一次重要决策环节都需要用户的真实测试与验证反馈。

最后，我们需要确定这些环节由哪些部门进行服务，我们从中协同推进的策略是什么，确保寻找到双方的共赢指标保障落地。这样的系统化部署，有助于我们不会在庞杂的共创流程中迷失自己。

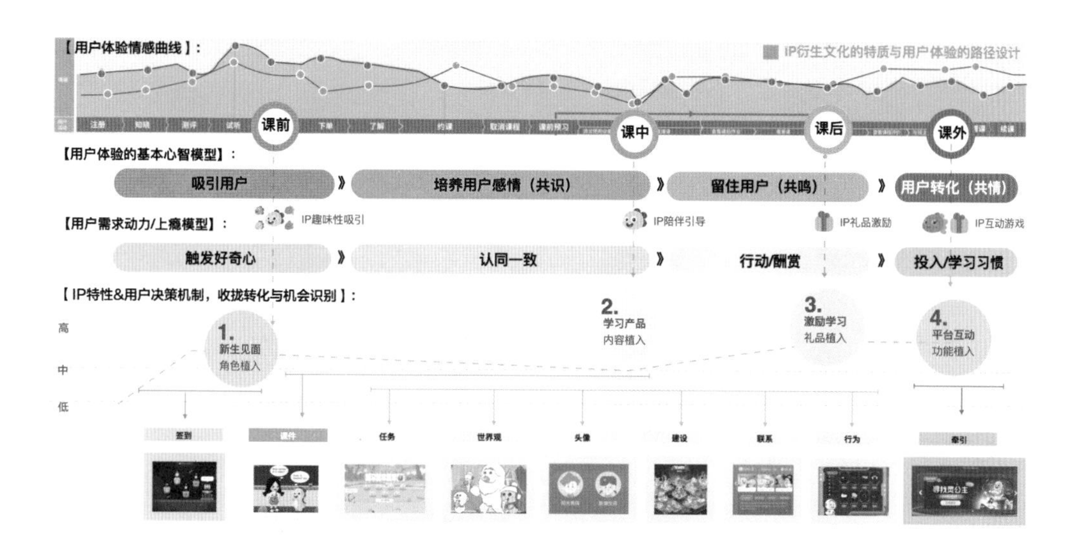

2. 以灵活的工具方法，形成高度整合性的产出

1）从用户洞察到机会识别

每天有大量的关于用户的反馈信息围绕着我们，用户在发表意见时，都带着自己的知识、利益和动机，如何对这些信息进行充分的理解和洞察，如何从中挖掘用户诉求，定义提升用户体验的机会点呢？我们的方法是从“用户洞察”到“机会识别”的筛选流程。

首先，“创造触点”和“整合痛点”，概括来说就是要剥离哪些是用户发生的“客观事实”，哪些是用户的“陈述观点”，之所以需要这样做是因为很多用户是不自知他们言不由衷的。例如，疫情后，家庭成了教育的主阵地，我们探索用户在特殊时期的体验转变，发现低龄家长会在调查问卷中一致勾选“高度认同父母的伴学有积极影响”“期待课中有亲子互动的功能产品”等，这些是家长想要的或期待的“陈述观点”。但是，事实情况却是，家长依然忙于远程办公，很少陪伴课中、课后环节。如果我们依托用户大量反馈的观点去改善产品，非常有可能迭代出一款深度低龄亲子互动型产品，那么不难想象，此款产品一经上线，使用时长和活跃度将极低，非常有可能成为一款被用户忽视或者嫌弃的产品。因此，我们需要从用户提供的大量观点中，分析家长想要的真实诉求，进而 “拆解提炼”，找到驱动因素，判断从IP的哪些维度，可以设计场景设计服务，寻求解决方案，在这过程中“聚焦机会点”。

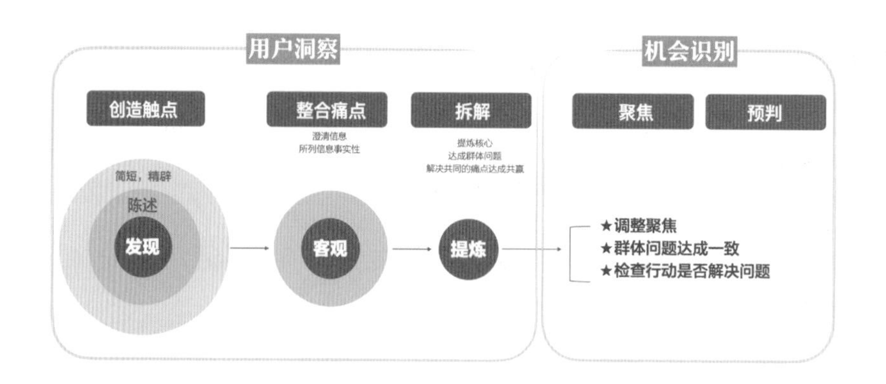

2）方向策略大于设计本身

基于推导出的机会点，决策人要有清晰明确的优先级判断能力，用户处于哪个阶段，我们要和哪些关键团队的核心目标绑定，然后根据用户需求标准高低和发生频率对场景进行分类，从而锁定服务周期内几个显性环节去设置策略。

例如，“品牌策略”是在新生入学时，标配寄送一只Dino玩偶，让用户与这个形象建立熟悉感，与云端课堂的品牌建立实体连接；“课程策略”是孩子从进入学生中心开始，Dino以动画学习伙伴的角色出现，从熟悉流程的功能引导，到预习动画、课中多媒体互动，不断与孩子交流，增进对虚拟人设的感情；“服务策略”是开设积分商城，孩子可以用课时所得的积分兑换与学习或课程内容相关的虚拟产品及实物产品；“营销策略”是让孩子可以依托IP的社交属性展示自己学习成果的运营模式。

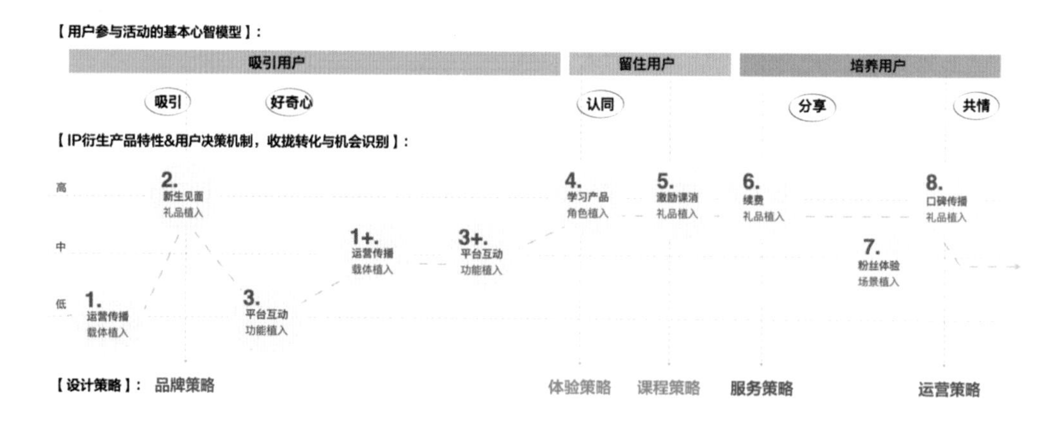

以“Dino西游记手办文具套装”为例，我们将产品拍摄成定格动画，升级为英文配音产品，让孩子在熟悉中国古典文学的同时，秀出自己的地道发音。孩子们见Dino扮演的四个人物角色萌趣可爱，参与互动时兴致勃勃；父母们则在朋友圈不断地分享着孩子的配音，通过获赞入选榜单。在这样的传播下，产品被更多潜在用户看到，他们一边注册参与配音活动，一边又四处寻找购买文具产品的渠道，该套产品也成为商城最受欢迎的系列产品之一。因此，决策者可以在用户体验的波谷中，找到设计增值峰口，进而思考服务与运营如何设计。

3. 迭代强压下的新流程，塑造共享的观念与行为

在实际推动落地的过程中，内部组织协同是最为艰难的过程。迭代多部门、多端口已有的标准和流程是相当艰难的一件事。因此，作为决策者和推动者，心中是否有把“尚方宝剑”，知道自己和团队在干什么非常重要。这把“尚方宝剑”在我看来就是：谁能从用户视角做系统化、全局性的呈现，描摹完整的服务流程，谁更容易在这其中找到机会点、更快洞察到用户的诉求变化、更快锁定协同的痛点、更有话语权、更能坚持不懈地寻求解决方案。

当然我们需要借助一些工具，让不同角色的人从共识达到共鸣。例如，我们曾以年度为周期，按月为模块，观察不同部门对自己所服务的角色（学生、家长、商务伙伴、外教、员工）体验周期内的理解和期待。这些共创过程，让大家觉得轻松有趣，同时又能快速理解上下游团队所需要的支持是什么。像一线团队的高聚焦值都在2月和8月，因为他们需要在每年3月和9月开学前的一个月加强服务深度。这时，如果有更匹配孩子场景转换的激励产品，例如高使用率或高消耗的学习文具寄送出去，不但能减轻家长购买文具的成本，更有利于孩子与品牌建立联系。所以，当孩子在开学时，背着Dino星际减压书包，或者背着我们与故宫文具联合开发的《海错图》传统文化主题的书包上学时，我们的朋友圈总会有很多炫酷的晒娃分享。

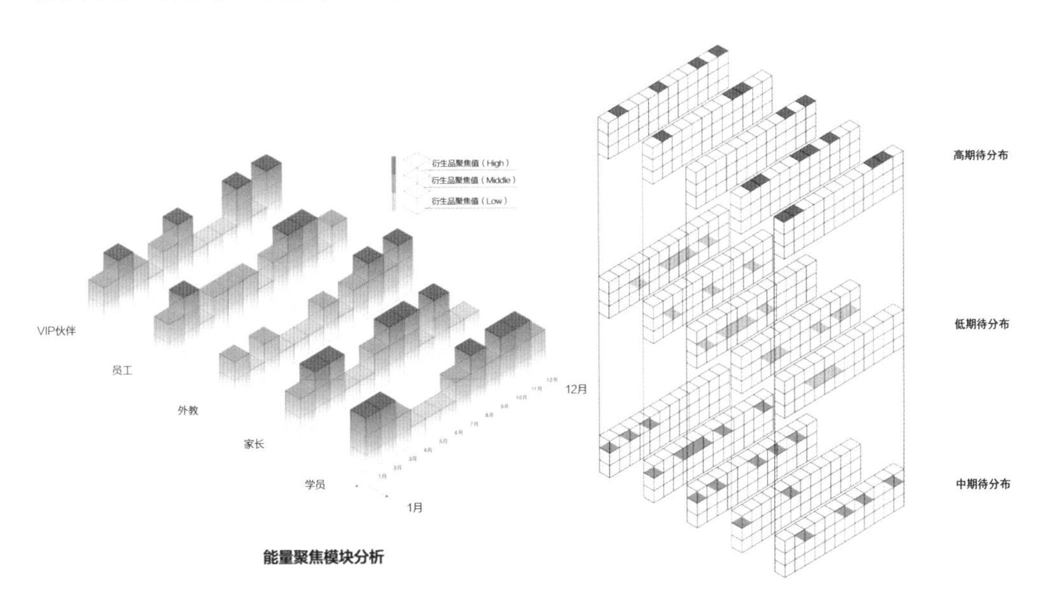

能量聚焦模块分析

我们也会从用户服务路径中的活跃度及互动率，绘制关联度的俯视图，观察用户兴奋面

积的辐射值与聚焦高度，确保在不同阶段做品牌活动的运营服务时，投入的设计和资源体量能精准输出到定向人群。像北美老师在25分钟的课堂上，非常善于用道具和肢体语言来吸引孩子们的注意力，在他们与品牌活动的关联度中，我们会在不同节点提供给北美老师与课程内容相关的衍生服务。例如，课中师生互动时，老师可以用各种手偶来增加与孩子的互动形式，开启课堂“脸萌”的IP装扮，以增加课中趣味性等。这样的分析工具需要不断地迭代，才能保证用最小的资源成本，实现最大的用户价值。

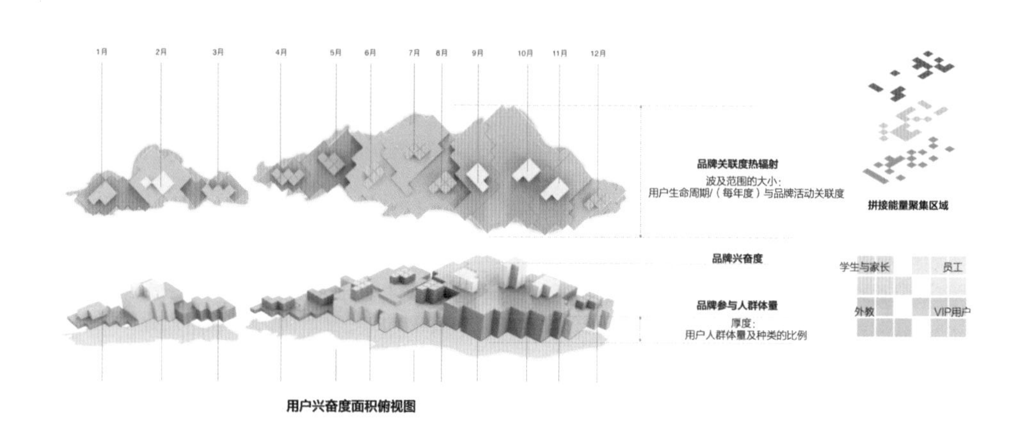

用户兴奋度面积俯视图

4. 联结主张，实现跨域协同中的持续势能

在新文创探索发展的过程中，运用服务设计的方法形成高度整合性的产出，使共创者的思维发生转变，从“把我们擅长的提供给用户”，到“如何调整业务去满足用户的诉求”。研发教育产品，本身是实现用户价值的长期工程，我们既要“尊重教育的慢”，也要“匹配互联网的快”。从设计者的角度诠释：“慢”体现在我们要遵从孩子们的成长认知特征匹配个性化的服务体验，同时，在世界大课堂去弘扬中国传统文化；“快”体现在我们洞察不同决策者的不同痛点需求，借助互联网的强互动和快迭代去找寻找解决问题的可能性。

VIPKID设计的核心是创造体验，我们要去创造场景、优化场景，让用户在我们提供的服务中学得开心，总有连续不断的满足感和惊喜感，想要长期在这里学习成长。要创造场景，就必须理解我们的用户场景，站在用户端的视角去共创，让他们进入我们设置的“场域”，体验我们设计的生活。

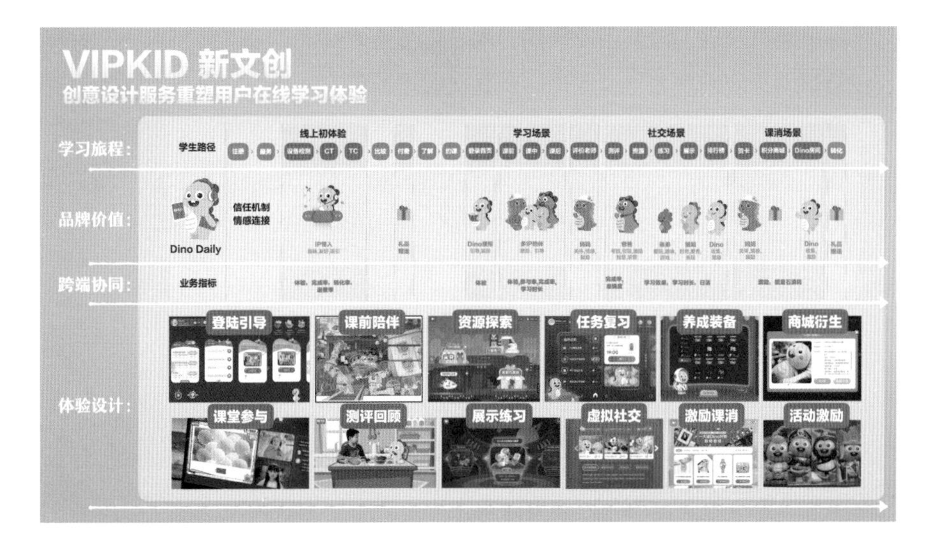

从中台内部看，各设计专业持续通力将IP机会点反哺业务。例如，衍生设计师们构建切合教育产品的世界观并打磨精彩的周边产品；视觉设计师们善于在营销环节创建和用户共情的场景；产品设计师们把控各类功能中IP与用户的交互触点，确保IP不会喧宾夺主影响学习体验；动画师们不断完善角色的骨骼和特征，确保动画中的丰富效果……大家最终的目的都是将机会点在工作流程中与跨端兄弟部门共建，辐射业务更好地为用户服务，从而不断提升或者重塑用户体验。

从阶段结果看，孩子们的开口时长和参与度都有了显著提高。在创新领域，从零打造的IP新文创结合线上与线下的深度结合模式，已成为企业渗透率最高、全球用户覆盖度最广的自有文化产业之一。其中，虚拟IP激励体系的搭建，更是树立了在线教育领域里激励孩子坚持学习，控制激励成本的一套良好方法论。现在Dino的粉丝遍及全球，结合中国传统文化自发打造的“Dino瑞兽套装”“Dino故宫《海错图》系列”“Dino艺术名画套装”“Dino花木兰套装”等文具礼盒更是成为用户喜爱的畅销品，北美老师对它的喜爱更是远超我们的预期，也拓展了IP价值的国际影响力。

没有哪种产品可以永远得到用户青睐，也没有哪种增长模式可以得到永恒的保障。设计思维在商业目标中的应用需要持续迭代，从洞察诉求、创造触点、挖掘痛点、共识拆解、聚焦峰值的工具方法，到企业内部组织效力以系统化的方式共创和迭代，一切都是为了实现用户价值。因此，“教育+IP”无论是覆盖于云端大课堂数字化、智能化的教育产品，还是丰富于线下趣味化的益智周边，一切动作都是为提供给家长和孩子们更适合的学习服务。

我们作为在线教育生态服务设计的开拓者，赋能新文创模式的驱动者，需要从内容质量、服务创新、组织效能上依托科学的服务体系和研究沉淀，构筑用户体验的壁垒。非常开心“教育+IP”生态可以去连接用户，陪伴孩子更快乐地学习，也期待更多设计人的专业力量共同推动在线教育创新模式的发展，一起捍卫孩子们的世界大课堂。

田园

VIPKID　高级设计总监

田园任VIPKID设计团队负责人，高级设计总监。她从0到1构建了集团的设计生态服务体系，搭建横跨11个专业的设计中台，以服务设计驱动在线教育的内容生产与创新体验。田园所带领的设计团队拥有授权知识产权200多项，设计荣获IF奖、红点奖等。田园享有“新中国成立70周年，用户体验设计70人”国家级荣誉称号，IXDC 2020国际体验设计大会“最佳主讲人”认证。

03 新形态医疗场所设计：从看病、治愈到更好的生活

◎ 郑健恒

我是EICO SPACE空间体验设计公司的负责人。简单来说，“空间体验设计”就是一个把“空间”和“体验”融合起来形成化学作用的工作。10年前，我是一名专门设计超高层建筑的建筑设计师。在过去5年，我转向设计较小的空间。今天我主要想和大家分享一下我在医疗空间，包括医院与诊所的空间和体验设计上的小经验。

在工作上，有很多来面试的朋友经常说，希望做一些看起来很“酷”的设计。我倒觉得，能看得见摸得着的设计，做起来是最容易的。而无形的“功能”和“体验”，才是设计上的学问所在。

1. 什么是“空间体验设计”

在设计上，我认为最难的一个环节是“发现问题”。

很多人把“设计”解释成一种“解决问题”的艺术。当我们把设计作为解决问题的工具时，我们经常会遇到服务设计方、使用方和运营方：服务设计方就是我们所理解的体验设计师；使用方就是设计的潜在使用者；而运营方就是所谓的甲方。

首先，服务设计方会对未来的使用方进行一系列的用户调研，发现问题所在。然后再把结果编成任务书，给到运营方。当“需要解决的问题”都写在任务书时，运营方就可以开始寻找“提供问题解决方案”的空间设计师。

“设计 = 解决问题”：

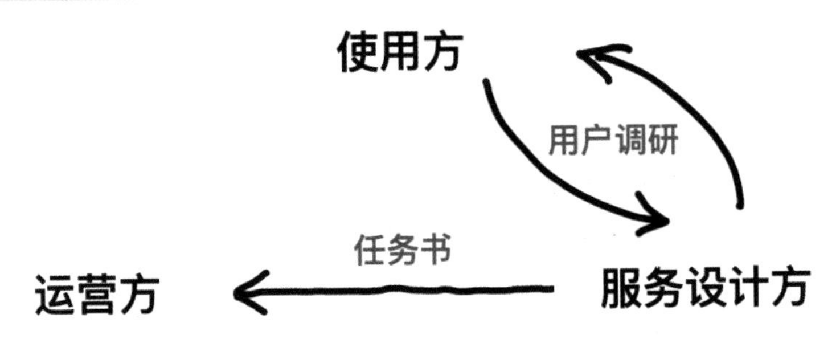

在上述的工作模式中，当空间设计师开始参与设计时，“为什么要这样设计”已经被解决；“如何设计”也几乎被安排好了。当我们已经不太需要考虑设计上的Why和How，空间设计上的价值就只剩下最终负责呈现效果的What了。

这是一种相对传统的建筑与空间设计方法。在使用过程中，我们发现了一个看似很小却很致命的漏洞：在缺少空间设计思维中寻找的Why，也许并不是空间设计范畴能解决的。

为了让设计工作更有效，我们提出了一种让空间设计方也一起参与“发现问题”的工作模式，如下图所示。

“设计 = 发现问题”：

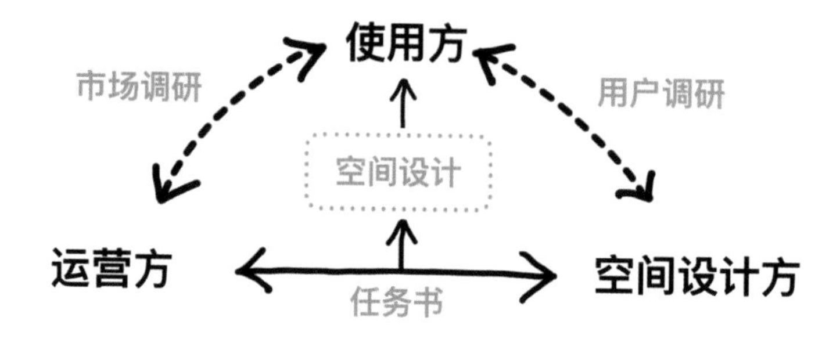

在上述的框架下，空间设计方必须具备服务设计思维，与运营方一起进行各种用户及市场调研，从而发现使用方的真实需求，并达成一本更有效的设计任务书。

在各自专业的分工下，工作变得更有效、更轻松。运营方与设计方处在一种“平起平坐”的关系，共同寻找根本问题，然后合力把正确、有效的答案呈现给市场及使用方。

2. 从看病到治愈的“诊所 3.0”

在讨论“诊所3.0”前，我们先简单说一下“诊所1.0”和“诊所2.0”。

“诊所1.0”最直白的翻译就是“看病的场所”。生病、看医生、打针、吃药，这一系列行为让人很自然地联想到疾病与身体不适的体验空间。而“诊所2.0”所关注的是“健康关怀”。当我们不小心感冒了，去看医生吃个药再休息一下，病就好了。

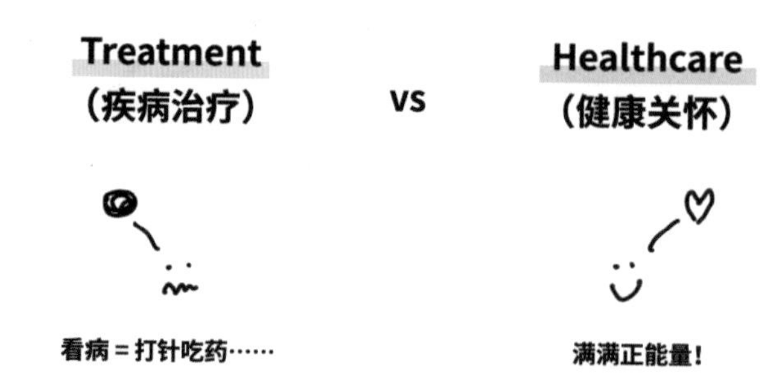

简单一句：“健康是常态，生病是偶然”，这就是“诊所2.0”所传达的理念。更直白一点的形容就是：走到“诊所1.0”的门口，一万个不愿意进去；诊室的门永远开着，更别提病人隐私了；小孩在里面打针哭得喉咙都破了，外面的阿姨还跑进来一直向医生问长问短……一片混乱中，没病也会憋出病。这就是“诊所1.0”的场景。

而在“诊所2.0”中，虽然小孩也会因为要打针而大哭大喊，但打完至少会有一颗糖，希望他能破涕为笑。优质一点的医疗服务空间里，会多一点温馨、多一点正能量。

我们在设计“诊所2.0”时，经常会提到“差异化”和“标准化”。差异化，就是寻求与众不同；而标准化，就是以设计为手段，达到快速复制。

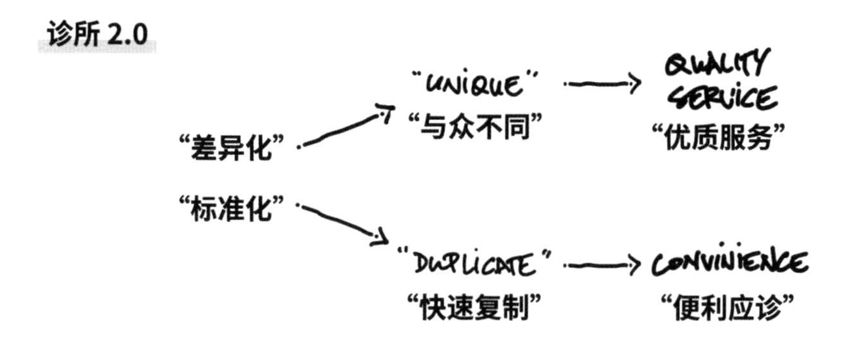

而“诊所3.0”的目标，是提升美好生活质量。举几个涵盖的功能类别：医美、整容、体重管理、儿童身高管理等。“诊所3.0”的重点是“差异化”，这与互联网思维很类似，都是关于“品牌化”“产品化”。“诊所3.0”的空间越来越不像我们所想到的诊所，例如，我们会把儿童身高管理诊所设计成一个小游乐场，鼓励儿童动起来，可以爬上一个平台后往下看，感受一种大人高度的视觉体验。

同时我想介绍一下医疗空间里的导视系统设计。在大型医院里，哪怕不是病人，也很容易会迷路。我们经常会形容导视系统为“空间里的交互设计”。如果设计得当，你会有一种“这医院真懂我”的贴心感觉。但可惜在生活中，我们经常遇到的导视系统都比较不友善，或者设计成“反正我提供了，你爱看不看”的态度。这种设计态度，不以方便别人为初衷。

导视系统：
“空间里的交互设计”

回到空间设计里，我们经常会想："看医生"是不是必须要面对面地"看"呢？

虽然当下已经出现了很多"视频应诊"的服务，但我主观认为，视频对话永远取代不了人与人面对面交流的直接与真诚。尤其我们平时进行的视频通话，都是看着脸，而很少能注意到对方整个身体所发出的信号。"身体语言"是包括整个身体所传达的态度，而不是单靠上半身的动作和嘴上说的语言。

尤其在"看医生"这种以获得高度准确信息为大前提的交流上，过程越简单直接，舒适度和信任度就越高。我们经常听到医生说，病人的心态是痊愈的最大要素。所以，"看医生"最有效的还是面对面地看。

3. 体验场景的变化

我们经常会发现身边的体验场景一直在变，其实是由市场和使用者的需求变化而造成的。但在体验空间的设计目标上，对我们来说是永远不会变的。我们会使用不同的方法论进行体验空间的设计，但目标永远只有一个："找到人与人之间，最舒适的距离。"这听起来很简单，但却是一门很深的学问。距离太远了，你会觉得我不关心你；但走得太近，也许会让人觉得窒息。

4. 案例分享

以下是我过往的一些医疗项目，想与大家分享，同时解读一下设计背后的Why。

例如，在这个颈椎科诊所的接待厅里，我们设置了几个白色的懒人沙发。懒人沙发的设计有个问题，就是坐下去时很舒服，但站起来时会有点费劲。所以，我们做了一个20 cm高的台子，把懒人沙发放在上面，解决了人站起来时的困难，还避免了懒人沙发直接放在地上所带来的不洁感。

这一设计也同时为医生与客人的第一次接触建立了一个"握手"的契机。当医生到等候区迎接顾客的时候，他会伸手拉顾客一把，顾客站起来的同时也会与医生握手、打招呼。

借着这个小小的设计，医生与颈椎不适的顾客就形成了一种暖暖的交互机会。

另外在丁香园的丁香诊所里，我们在儿童等候区设计了一面墙。在设计时，我们只想小孩会在那儿玩躲猫猫。但最终使用后，我们发现小孩都喜欢从墙上这个细缝爬过去。有些家长会比较头疼，怕小孩爬过去会磕到头，所以之后我们在这条细缝的上下加了软包边。

作为家长，最开心的莫过于看到不舒服的小朋友在诊所居然变得上蹿下跳，一下子就放心多了。其实很多时候，小孩子的“不舒服”，并不是身体上的不舒服。另外，我们在这面墙的下方，铺了一条细细的绿色地毯。因为不同材质会有地域的分区界限，所以当大家走过的时候很自然也不会踩在这条绿色地毯上。而恰恰儿童天生就喜欢坐在地上，家长也就能放心让小孩坐在地上的这片区域玩耍了。

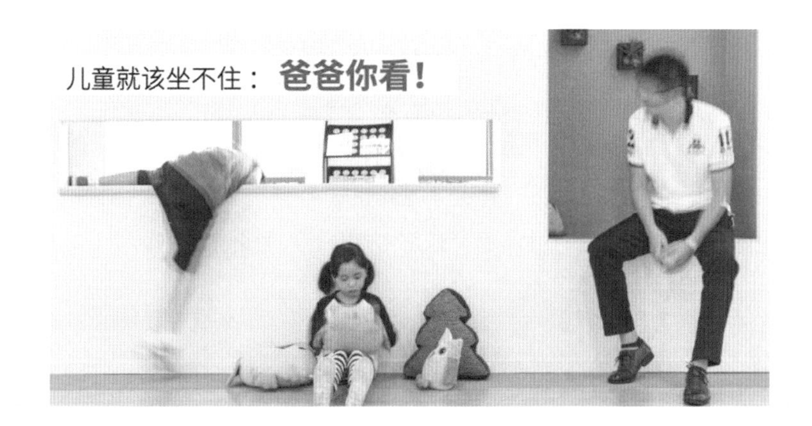

IxDC 2020

在第一次与丁香园合作后，我们又在他们的下一家诊所里，更大胆地在等候区设计了一个“测谎机”。

当小孩说自己不舒服，一般家长都会很紧张。但很多时候也许是小孩不想上课，或者有其他原因。作为医生，哪怕检查出来小孩完全没生病，若不开点药，家长也会不放心。在这种现实情况下，小滑梯便发挥测谎的作用了。

IxDC 2020

如果说当前的新冠疫情让我们学到了什么，那就是一切都会在瞬间改变。今天至关重要的东西，可能明天就完全被废弃了。作为空间体验设计师，我们虽然未能像医疗从业人员一样在前线为社会服务，但我们希望能以设计为媒介，让大家能感受到“健康是常态，生病是偶然”这一生活态度。

郑健恒

EICO SPACE　创始人兼首席创意总监

曾服务于顶级建筑设计事务所 Gensler 及 HOK，并在 33 岁时以主持设计师身份负责北京中轴线旁、两栋各 150 米高的奥体南区双子塔项目。一年后，他与 EICO 的两位创始人共同创立了 EICO SPACE。对于设计，他的理念很简单：Why Design？创作过程中，必须先寻找 Why，后续的 How（如何设计）和 What（设计什么）才有存在价值。郑先生曾服务的客户包括加拿大联邦政府、加拿大公共卫生局、加拿大丰业银行、诺基亚、微软、惠普等。游走于建筑、空间、交互、体验等不同设计范畴，郑先生把它们归纳成“生活艺术”。故在 EICO SPACE 的设计作品中，总能发现种种人与时空对话的契机。

04 用数字体验设计激活空间

© Rainer Wessler

我是Rainer，在Gensler的数字体验设计领域工作。Gensler拥有5000多名创意人员，活跃在不同的实践领域，其中室内设计非常著名。在Gensler，我的职责是将数字体验带入空间的制作设计过程。

现在是建筑环境的数字化转型时代，数字技术是一个非常活跃的创新领域，很多客户也感觉应该将数字化应用到生产中。

利用数据带来的机遇，促进空间的多样性

我年轻的时候，当人们说“我建造了一个持久的场所”时，他们都很自豪。所以在某种程度上，持久性和物质性，是我直至今日所认定的东西。

今天，经验丰富的设计师思考空间时，会认为空间是体验的集合，而体验的集合比局部的总和更大。所以，用户旅程设计、品牌体验设计是非常重要的设计驱动力，今天大家会更多地关注空间的参与性。

空间的概念在不断变化，企业的需求也在不断变化，消费者一直在寻找新鲜感，寻找具有冲击性的体验。所以，建筑也要不断发展，能够提供流动和变化的体验，这是一个日益突出的原则。

空间分析和机器学习对于智能体验的项目来说，是非常必要的技能。所以，当谈到建筑环境的数字化改造时，不言而喻，理论上是会有一堆数据要处理。现在的建筑会收集很多数据，特别是当它们配备了空间分析设备的时候。很多客户对此非常兴奋，但也没有完全意识到如何利用数据，如何将其转化为好的设计。

设计师为了提出一个表现良好、击中痛点的设计，需要了解是什么在激励用户。而今天获得的很多空间数据都是描述性的。例如，人们早上花很多时间停留在某个地点，但你永远无法真正理解为什么会这样。那里可能是一个阳光直射、美丽而温暖的地方，也可能有很棒的WiFi。为了得出正确的设计结论，需要理解是什么驱动了这些行为，是什么激发了这些行为。

因此，仅靠观测数据，通常不足以让设计师做出正确的选择。Gensler开发了一个框架，这个框架能更专注于理解人们的动机，它就是“Gensler体验指数”。它用五种简单的形状代表任务/目标、发现、社交、娱乐、抱负五种不同的动机。

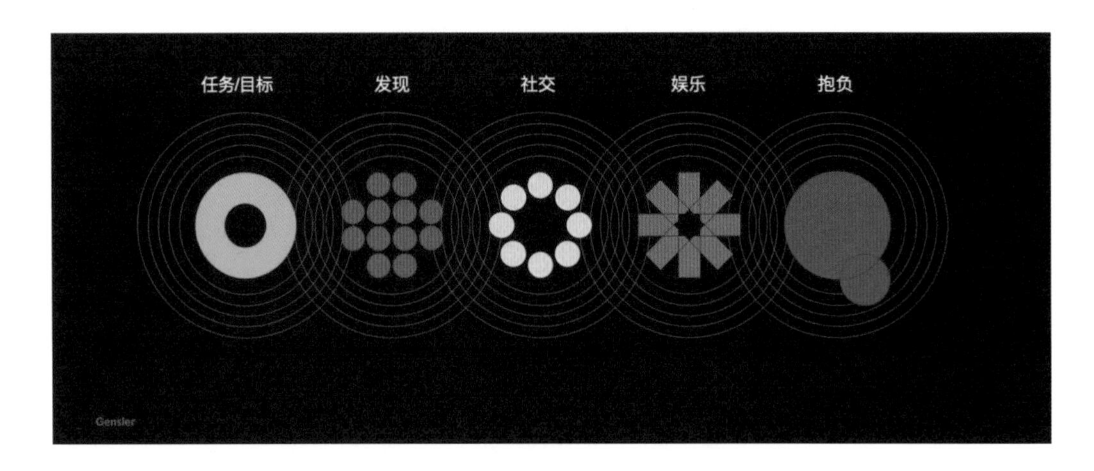

这五种模式的确很简单，但这就是力量所在。对于变化很大的行业，需要简单的语言，它能保障战略家、工程师、室内设计师、建筑师以跨学科的方式一起工作，在一个文化非常多元的环境中做这些事情。简单的语言和简单的模式，实际上非常有助于确保所有人朝着同一个目标努力。

实际上我们也观察到，最近这些模式开始切换得越来越快，主要是因为移动计算的出现，人们的工作、消遣和娱乐可以结合起来，放到空间中可以称之为空间的多模态性质。由此，我们可以发现一个零售场所可以支持更多的模式，而一个工作场所这样设计，相信也会得到员工更多的偏爱。

一个地方所支持的模式多样性，和它在很多情况下的表现之间存在着特定关系。当你设计空间时，仅仅考虑这些模式，实际上就有很长的路要走。回顾过去，很多标志性的项目都在多模式体验的理念上做得很好。

这种多模态空间的想法代表了思维方式的改变。同一个词汇可以有多种含义，思维模式也可以增加更多的灵活性，提供更多的回旋余地，让空间变得更流畅。

在工作场所充分利用科技，而不是盲目利用

许多公司尤其是跨国公司，会允许员工更灵活地安排他们的工作时间。研究发现，大多数人在家工作之后，都想回到办公室。但他们也说，可能一周有两三天，也很喜欢在家工作。所以今天是一个技术、人、地点结合在一起创造互联工作场所的时代。

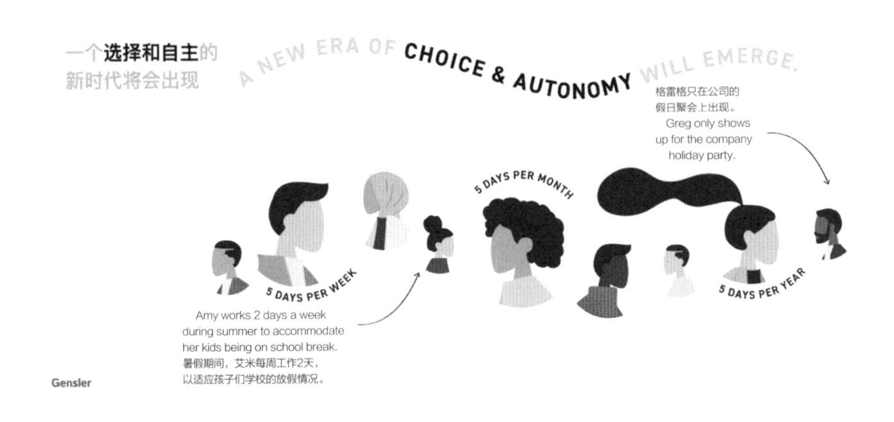

从家开始，要真正理解家庭就是工作场所。在家的工作模式发生了怎样的变化？人们的时间实际上有了更多的交叉，例如工作穿插着照顾孩子、做家务、锻炼身体，工作变得更加分散。技术需要适应这一点，我们仍然有机会真正认识和实现如何将家庭作为工作场所。

从家里开始。

—

工作场所文化是每个人都谈论的话题。无论团队位于何处或选择如何工作，这都是将团队捆绑在一起的黏合剂。未来的工作场所将赋予所有工作模式以代理权和公平性，从而提供新的方法来个性化您的最佳工作环境。

通过数字孪生进行合作

艺术家在住宅平面中的作品

办公室

家里

一体式办公室工具箱

保持联系并了解办公室中发生的事情

Gensler

尽管远程工作实现了许多目标，但有一件事是无法战胜办公场所的，那就是创造一种使命感，一种归属感。如果你曾经尝试过在网上招聘一名新员工，你会觉得很难让他了解公司的使命。共享的实体空间，仍然是创造归属感的最佳解决方案之一。

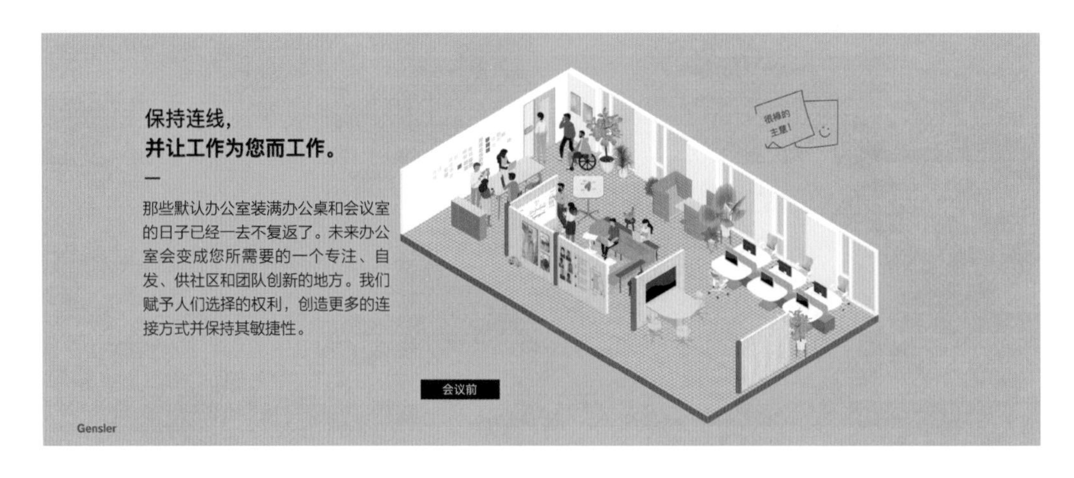

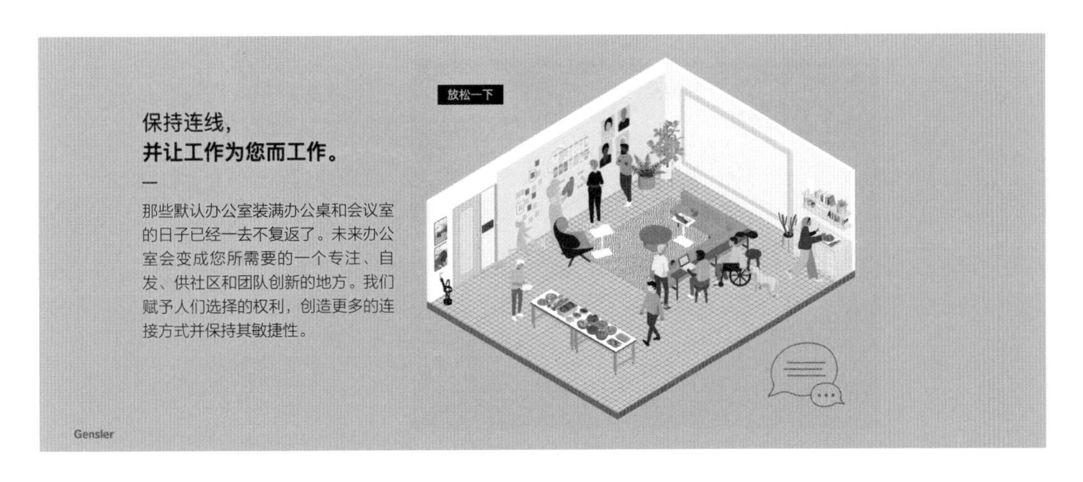

职场发展的另一个重要要求是灵活性，这对可配置性和流动性有很高的要求。还有合作仍然代表着一个巨大的设计挑战，无论是在数字上还是在实体上。如果你曾经开过头脑风暴会议，就知道它是很混乱的。我认为技术还没有完全解决这个问题。

还可以在研究中看到，在家工作的总体情绪会更好，会比工作日受到的限制更少。但讽刺的是，很多人说他们觉得在家里工作太累了。因此，在这个新的混合分布式环境中，如何实现共同的幸福感，是一个非常艰巨的设计挑战。

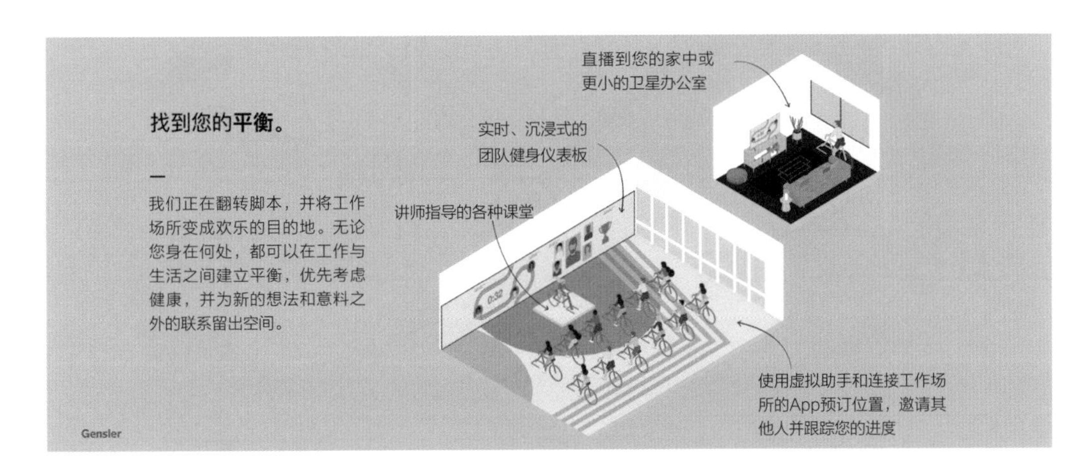

作为设计师，需要理解人与人之间的情感

客户带来了完全不同的需求，以及对领导力的渴望。各类项目的显著发展，让设计未来的工作场所成为可能，每个公司都需要自己的解决方案。

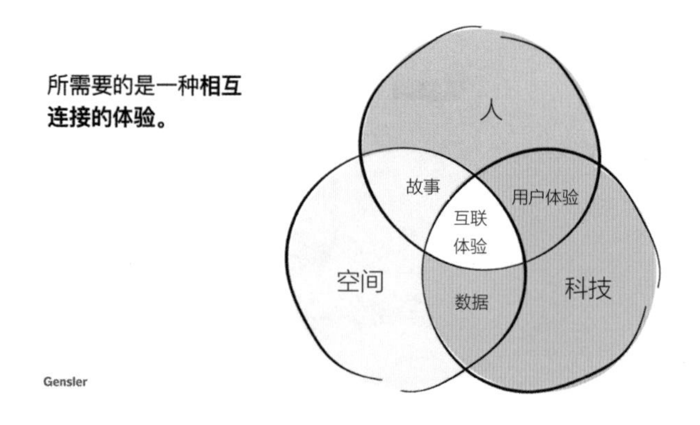

我相信很多读者在国际环境中与跨国公司的客户合作，需要各种传感技术，也有大量的数据被收集，连接设备对体验也会产生很多影响。因此，我们需要改变工作的方式。我是跨学科工作模式的强烈支持者，在这种模式中，会将建筑研究和设计、数据科学、客户体验以及社区管理和营销能力等结合在一起，形成综合性的体验。但是，如果你让这些人都单独工作，也许就不能把事情做好。为了充分释放建筑环境数字化转型带来的价值，重新考虑工作的方式。这很简单，也是我想留给你们的建议。

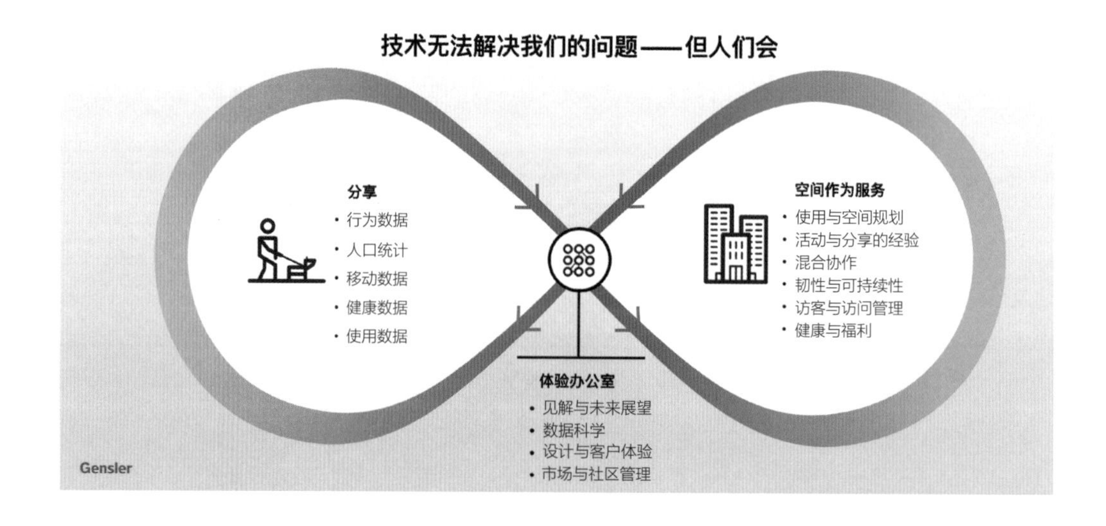

Rainer Wessler

前Gensler（晋思建筑） 数字化体验设计大中华区负责人

Rainer的愿景是创造一种以共生方式融合数字和空间的设计，设计真正有影响力、美感、新奇的体验。他认为，空间和数字体验不仅应和谐共存，还应被融合，并且让人们喜闻乐见地接受。作为大中华区数字体验设计负责人，Rainer及其团队植根中国，将数字化设计技能带入了Gensler的设计过程中，旨在创造沉浸式、互联和智能化的体验。他遵循“以人为中心、以体验为主导”的设计方法，同时确保数字化投资符合既定的商业目标。

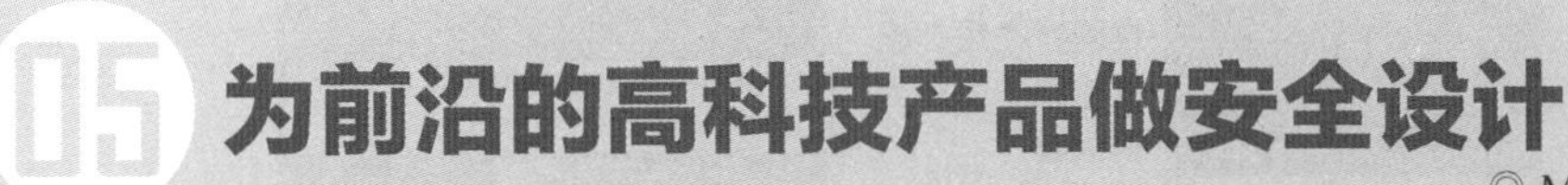

05 为前沿的高科技产品做安全设计

◎ Michelle Cortese

我是来自于Facebook的一名设计负责人，我所在的团队专注于创造社交虚拟现实体验。本文谈谈Facebook是怎么把安全性、平等性和包容性融合到社交虚拟现实体验中的。我们会深入思考如何能让设备去感受和表现，使它更像人类，更加具有人性。

社交虚拟现实的本质与问题

什么是社交虚拟现实？它本质上是大规模的多人游戏，在其中人们可以一起玩、一起社交、一起创造，就好像重生在另一个世界里一样。我们在社交虚拟现实领域的最新项目是Facebook Horizon。它于2020年夏天刚刚进入测试阶段。在那里你可以结交新的朋友，建立自己的互动世界。

与世界上的所有事物一样， 虚拟现实也是不完美的，它有一个一直待解决的问题——骚扰问题，具体来说是性骚扰问题。在虚拟现实里，性别歧视的挑衅行为已经越来越严重，这听起来可能有些陌生和抽象，所以我想用角色扮演的方式让大家先感受一下。想象你第一次进入虚拟世界，很快选好了一个化身，根据性别（假设你是女性）选择女性角色，然后选了一件符合你品位的衣服。选好之后点确认键，准备好参与全新的体验，你就会落到一个新的空间。

来源：Facebook Spaces Avatar Creation

你不知道自己在哪，身边又有谁，当你准备开展新的旅程时，其他角色则会看着你，并且意识到你是新来的，他们会靠近你指手画脚，很不礼貌地问你在真实生活当中的长相，甚至没有经得你同意就摸你、亲你。你试着阻止他们，却不知道如何在界面中操作，然后就开始恐慌，摘掉你的头戴设备。这段陈述实际上来自于过去几年多个被骚扰的女性用户的亲身经历。

虚拟现实的安全是头等大事

许多资料显示，女性参与虚拟现实活动时，都曾遭受过一次虚拟的性骚扰。所以，我们决定联手写一份综合研究报告，详细阐述虚拟空间性骚扰的危险性，并指导读者如何利用身体主权意识，从根本上设计更安全的虚拟空间。

为什么要对虚拟现实中的骚扰采取行动？因为当你在虚拟空间中和别人互动时，感觉确实是很真实的，把虚拟的身体当作自己的身体来体验的那种感觉，就叫作虚拟体验。

有一个橡胶手错觉实验，在这个实验中，一个看得见的橡胶手被放在测试者的前面，当通过感觉引导测试对象，相信那只假手就是他们自己的手时，他们真的就会觉得自己多了一只手。这样的实验在虚拟现实当中得到了重现，而且产生了非常相似的结果。

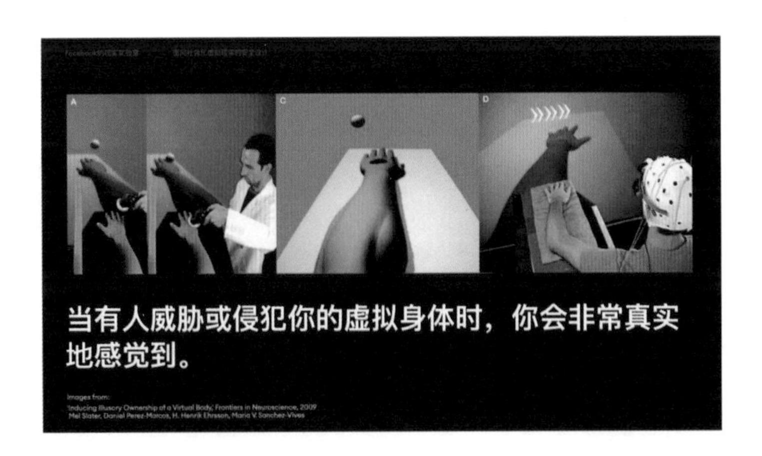

所以，当有人威胁、刺激或者是侵犯你的虚拟身体的时候，你的大脑会感知到这种感觉，它也是非常真实的，这是很令人担忧的一件事情。从20世纪90年代聊天室里面挑衅的帖子，到今天社交网络的跟踪等，每当新的网络平台建立，暴力也会随之而来。

作为设计师，我的责任就是要建立有空间控制感的基础设施，让每个虚拟现实用户可以定制体验，感到安全。所有人都应该对自己的身体和将要发生在他们身体上的事情拥有互动权，我们也将其作为互动设计的原则，用来确保安全、包容的社交虚拟现实环境。

建立和设计虚拟社交的尊重，这听上去非常容易，但怎么样能做到呢？实际上，我们可以通过研究现实世界中统一的工具来开发虚拟工具，然后设计虚拟空间的对等行为来达到这个目的，并为之制定行为准则。

让用户随时随地拥有控制感和安全感

我们参照人类学家的相关研究，运用身体的距离来区分不同的社交体验。在真实的世界，每一种身体距离都有既定的行为准则，即什么样的行为是可以被接受的。这些区域作为空间尺度，可以用来划分虚拟空间区域，然后在每个区域内再研究如何建立安全性和社交的舒适感。

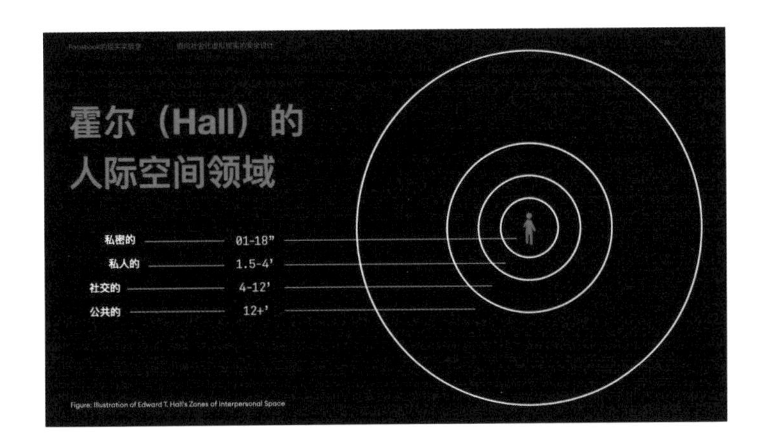

例如，私密空间指的是手臂活动的范围。在虚拟空间中，建议任何用户在私密互动开始之前就建立起细化的控制，列出所有可以想象到的私密行为，然后将它们分为喜欢的事情，永远不想做的事情，以及不太确定的事情。这是一个之后可能会发生事情的框架。在这个框架里，所有的事情都是受控制的。

让人们在体验中拥有控制感是至关重要的。所以，在他们登录的时候，可以让每一个人

去定制不同的场景，然后再进入，这是对新用户而言最简单、最快速的一种提示。

设计Facebook Horizon的主要目的，还有确保人们对于周边环境时刻感觉到安全。为了给人们在任何需要快速行动的时候提供便捷的访问路径，我们设计了安全区一键式按钮，让用户在任何情况下都能快速撤离。用户只需要触摸一个按钮，就能建立一个私人空间，在那里你可以阻止行为、开启静音或是报告周围异常，也可以只是休息一下。

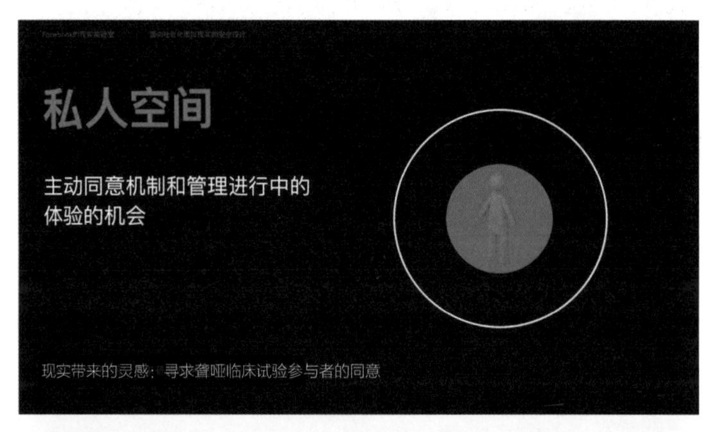

而对于社交空间，大概就像我们真实生活当中的职场或者校园一样，它也需要更安全。参考大学校园中为了防止攻击行为而建立的准则，设计师可以在虚拟现实空间中引入当地的

行为准则，建立针对这些空间的活动规定。而每一个Facebook Horizon 的用户都被要求遵守这些行为准则。我们在所有的社交区域和登录页面都放了行为友好的标志，这使得第一批用户的体验能够为社区定下一个基调，激发互相尊重的行为。

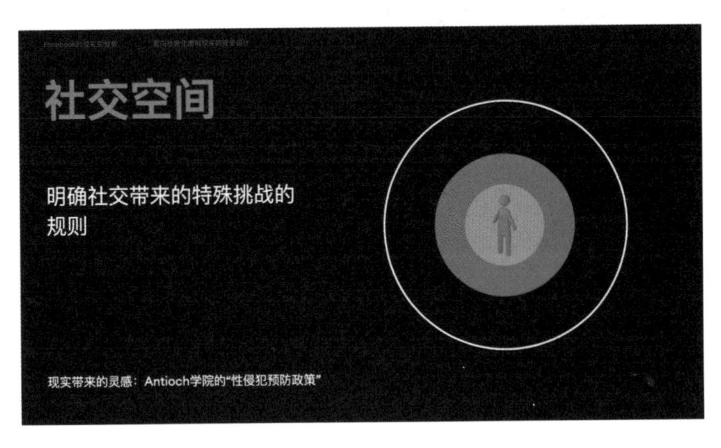

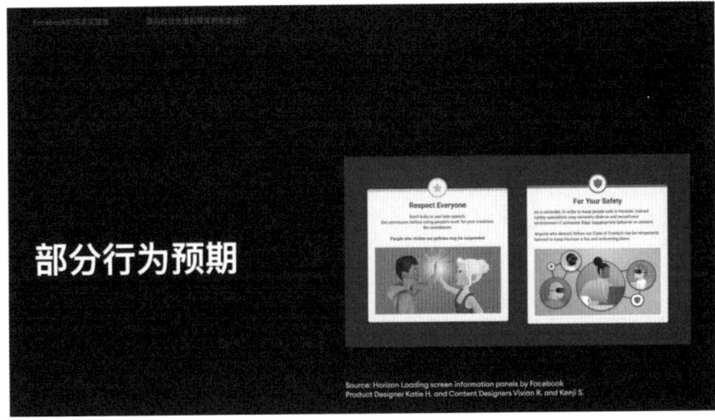

最后是关于公共空间。在真实世界当中，很好的例子就是公园，甚至是整个城市，这基本上就是一个你能碰见形形色色人的地方，公共空间要保证有足够的包容性。虚拟的公共空间，也可以从真实世界的法律系统当中找到启发。我们应该考虑对虚拟违法和骚扰设立普遍的规则。

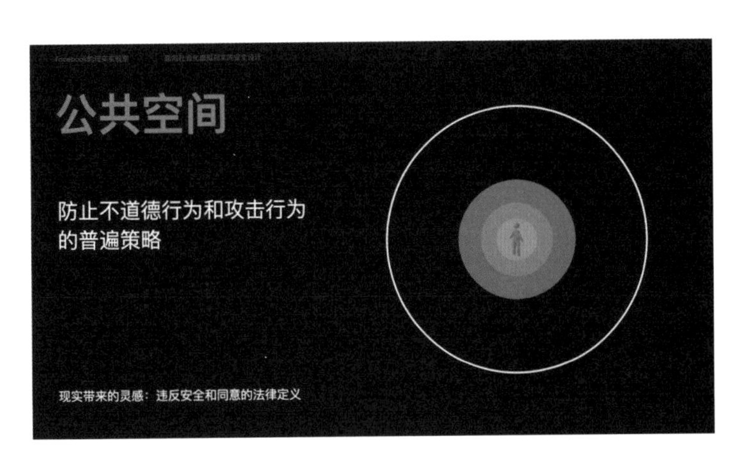

实际上，这些举措也可以在可见的平台层面上执行，这是一个安全系统的关键。所以，我们通过与系统层面的整合来实现屏蔽和举报，这些都是基于我们对真实世界中社交互动的理解。

在虚拟现实领域之外，你也可以将道德伦理和共情包容与你自己所研究的技术相结合。一个安全的未来虚拟世界，就掌握在我们自己的手中。

Michelle Cortese
Facebook VR产品设计部负责人

Michelle Cortese是一位虚拟现实设计师、艺术家和未来学家，目前是Facebook的虚拟现实设计负责人，主要为Oculus设计虚拟现实体验。她之前曾任职Refinery29的设计技术专家，对产品的外观、感觉和功能等设计有多年经验，工作涉及创作工具、音乐界面、自定义字体等。她拥有专业的UX/UI设计背景和新兴交互技术硕士学位，是一个精致的视觉传达者和熟练的程序员。

06 通过生命周期精细化增值服务设计助力产品营收

◎ 邹惠斌

工具型产品无非是三种商业模式：第一种是直接售卖模式，代表的产品有路由器、螺丝刀、某些软件授权等，这些工具都是通过直接售卖来获取商业价值。第二种是免费+增值服务方式，典型的产品有QQ，使用QQ是免费的，但是你可以购买QQ会员获得增值服务。第三种是流量变线型商业模式，典型的产品是抖音，通过运营用户流量促进广告、电商收益。

今天我们主要来看增值服务设计如何做，首先我们定义了增值服务的冰山模型。

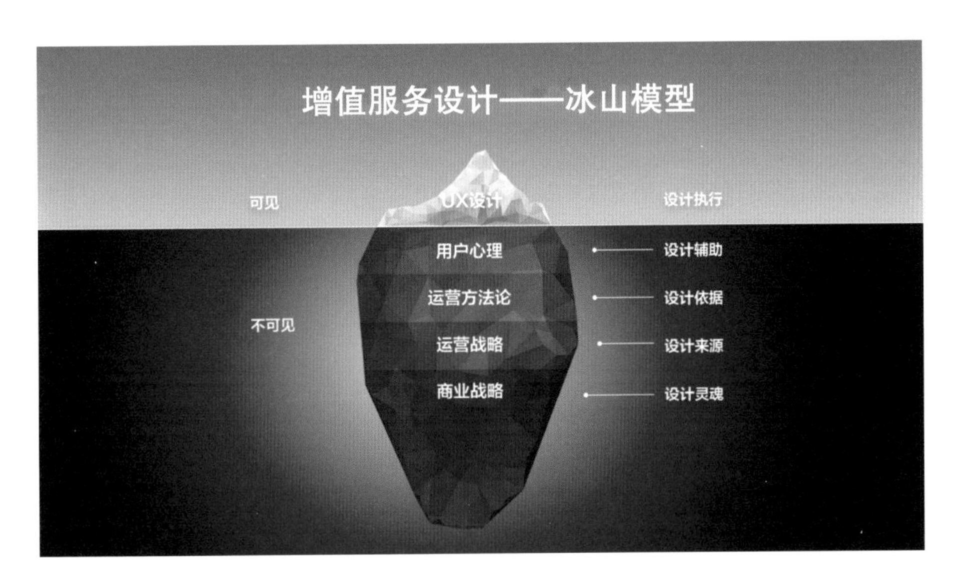

我们通常可见的是前端页面的体验流程，从使用产品到完成付费的整个过程背后其实是有一系列的策略支撑的。而不可见的是非常关键的，主要有：

商业战略：产品的商业目标、策略以及所要切入的市场，比如说某产品今年的产品目标是完成5亿元的收入，策略是通过增值服务来达成收入，主要面向有视频消费需求的用户。这个是我们设计的灵魂。

运营战略：我们围绕着我们的战略来对产品进行运营，运营战略有防御战、进攻战以及侧翼战，如果你的产品在某个领域已经占领了大部分市场，那么你的运营战略可能更偏向防御战，在熟悉的领域中做护城河的巩固。运营战略是根据不同的发展阶段来制定的，相应的产品、设计、研发都要围绕着这一战略来执行，这个是我们设计的来源。

运营方法论：常用的运营模型是AIDMA，这个模型多运用在传统行业中，互联网行业兴起后，专门做了优化，体现在后面三步（搜索、行动、分享），所以这里更多讲的是AISAS这个运营方法论。运营方法论是设计的依据，运营这个方法论我们可以一步一步来实现我们的收入转化。后面我们会结合案例一起来告诉大家怎么运用这个方法论。

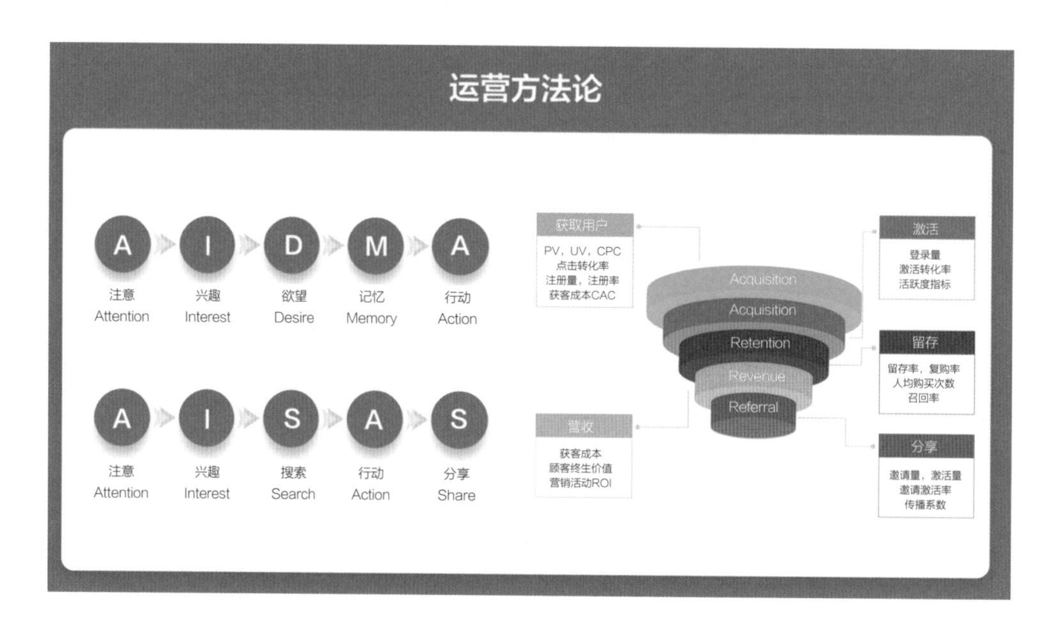

用户心理：在大量的运营策略中，我们运用用户心理学对我们的设计做了支撑，常用的用户心理行为有锚点效应、攀比心理、权威心理、目标趋近心理、互惠心理、中间项心理等。结合这些用户心理模型，我们能更容易让用户决策，更高效地完成任务并达到目标。这是使我们的设计更有说服力的技巧。

UX用户体验设计：通过商业战略、运营战略、方法论、心理学等依据，我们需要做前端的体验设计执行，这些体验设计必须是依托于我们冰山模型中不可见的要素来执行，它是可见的。

增值服务的冰山模型能够帮助我们清晰地梳理问题，指引我们对目标进行设计，并能够在关键环节起到意想不到的效果。

接下来我们结合实际案例来告诉大家如何设计工具型产品的增值服务。下图是迅雷会员的现状，2009—2012年是会员的高速增长期，靠的是离线空间和加速功能，那个时候只要把这两个功能做好，用户就会通过这两个功能点进行付费。到2016年，我们发现会员用户增长是比较难的，基本到了一个比较大的瓶颈期。这是由市场环境决定的。那么，这个阶段我们就要去做精细化运营了，而且只有做精细化运营，我们才能保持会员数的持续增长。

迅雷会员的发展及现状

2009年 迅雷会员系统正式发布
2010年 迅雷付费会员数突破100万
2012年 付费会员数突破300万
2016年 迅雷付费会员数突破400万
至今 迅雷付费会员数大盘稳定在450万左右

会员类型及价格：

权益与价格	会员类型			
	白金会员♥	超级会员♥	快鸟会员	网游加速会员
核心权益	下载加速 离线空间 升级加速 安全保障	白金所有特权 网游加速 快鸟宽带提速 福利特权	带宽提升3~5倍 高速通道加速	光纤节点加速 会员成长特权 热门游戏网吧奖励 热门游戏高速下载
价格/（元/月）	15	30	15	15

那么如何做精细化运营呢？我们看下图常用的精细化运营设计有哪些。

本章节我们主要讲生命周期精细化，即从用户拉新到活跃到流失的运营设计过程，我们整理了一个用户生命周期精细化运营设计体系，看下图。

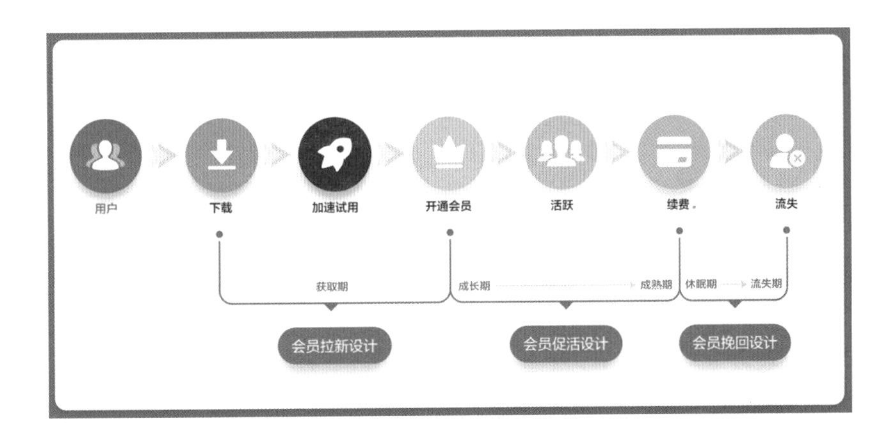

实现生命周期精细化设计，首先我们要做会员的拉新，因为拉新用户才能让产品永葆活力。

迅雷会员的拉新主要是将加速试用功能作为非会员的核心路径，通过以下挂条的形式触达给用户，每天可使用3次。

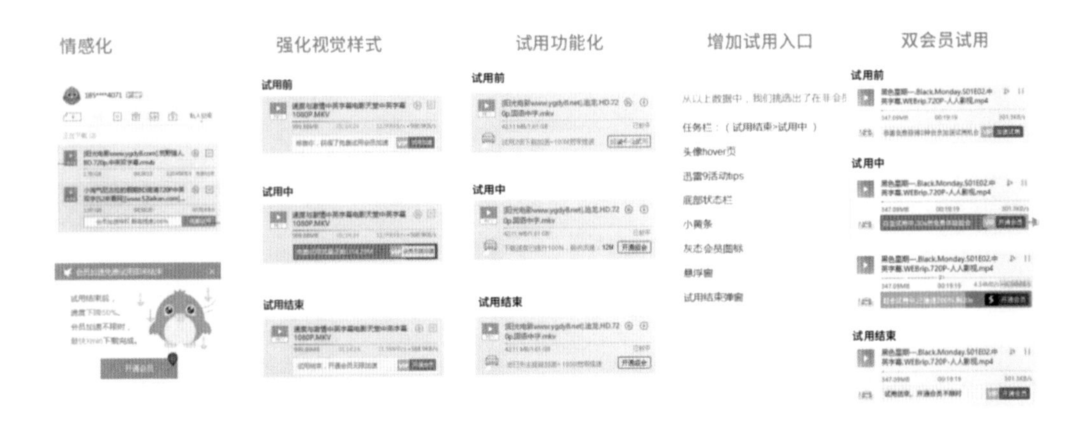

确定拉新策略后，我们需要对用户进行分析，分析用户属性和行为才能更好地帮助我们去做设计。

核心需求

稳定的会员加速度
会员活动希望能有排名，在意等级排名

痛点&愿景

- 没感觉到自己是超级会员，和白金有什么差异
- 不希望做任务或活动送成长值，愿意花钱买
- 更多会员关怀，喜欢生日小礼物，如会员周边

行为习惯

- 经济较宽裕，付费能力强，多家平台会员。
- 在线消费为主，下载需求较少，迅雷下载作为补充，有固定的找资源网站。
- 使用迅雷下载频率较低，会尝试新版本，对版本要求没有很高。
- 迅雷使用问题集中在去广告、启动慢、占用内存过高。
- 第一次开通会员是为了获得更快的下载速度，续费是因为习惯了下载加速。
- 关注等级/排名，会为了更高的等级付费。
- 参与活动主要为了追求成就感，不太在意一些小优惠，宁愿花钱买。

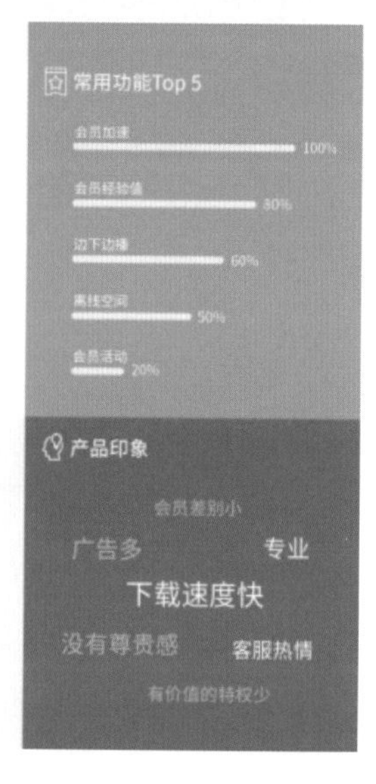

核心需求

稳定的会员加速度
会员活动触达更及时，玩法更简单、折扣更优惠

痛点&愿景

- 比较烦恼客户端卡死和下载到99%无法解决的问题
- 资源没有百度云多，找资源不是很方便
- 充值后看到会员活动，会感觉遗憾没参加
- 希望获得实质性的会员特权或福利

行为习惯

- 目标性强，注重性价比，有强烈需求才会付费，消费习惯偏理性。
- 习惯下载看，下高清电影、大型单机游戏和工作文件等。
- 追求观影体验，较少在线看，要付费、清晰度低、不流畅。
- 使用迅雷下载频率较高，习惯用旧版本，一般不主动升级甚至会退回旧版本，对客户端版本要求高。
- 迅雷使用问题集中在找资源难、版权资源无法下载、启动慢、卡电脑。
- 第一次开通会员是为了下载加速，到期后有下载需求才考虑续费，偶尔会因活动折扣力度大提前续费，升级过超会，但感觉和白金没差别，就返回了白金。
- 会员活动参与过一两次就不再参加，玩法单一，没有吸引力。

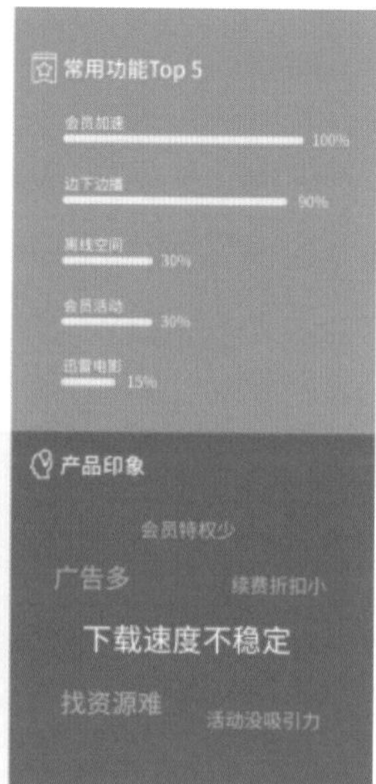

通过对用户访谈我们获得了用户的使用感受，从而确定了设计需要解决用户试用过程中面临的问题，针对这些问题我们做出了解决方案。通过下图可以看出我们的目标和用户的感受是有偏差的。

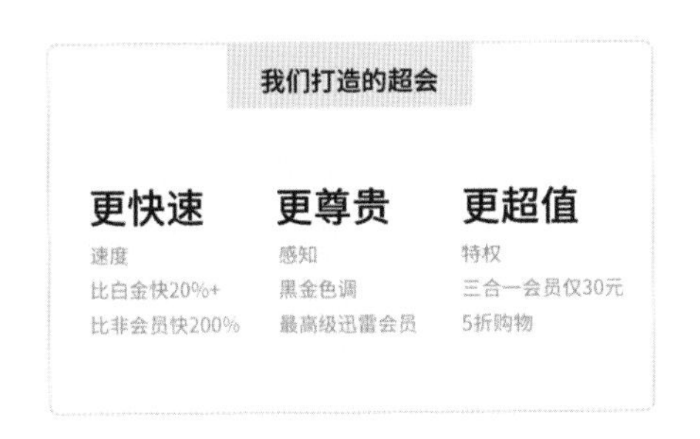

VS

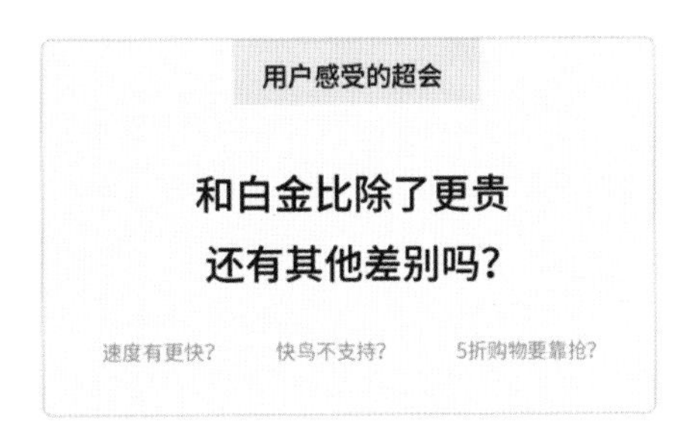

数据显示，下载作为手机迅雷的核心功能，占据了迅雷用户80%的使用时长，但是不同身份的差异，仅表现在背景色不同和list位置总速度后是否有加速值。由此导致的问题为：

（1）超级会员和白金会员的价值感知差异小。

（2）非会员使用时对会员价值感知弱。

（3）加速值不醒目，用户感知加速效果弱。

（4）超级会员未感知到超级会员的尊贵感。

非会员下载中

白金会员下载中

超级会员下载中

那么我们如何让用户感知到超级会员更快速、更尊贵、更超值呢，大家觉得以下哪个代入感极强的形象能快速激起用户对超会的认知？

结合迅雷的用户属性，我们再看下图，哪个代入感极强的形象能快速激起用户对超级会员的认知？经过对我们的用户特征的研究，最后得出“超级跑车”这个关键词，我们依据这个关键词来做超级会员的试用感知设计，为我们的拉新提供了很强的助力。

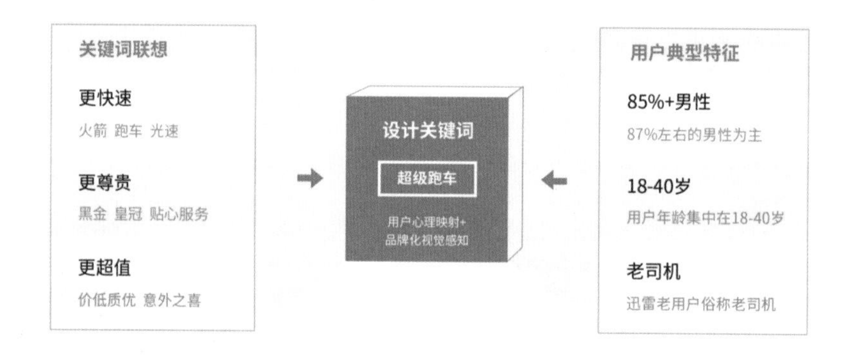

超级会员更快速+更尊贵的感知：

（1）非下载状态：显示车位+相应的提示，在视觉上给用户以尊贵奢华之感；

（2）开始下载：车尾动画推进为仪表盘，强调当前下载速度和会员加速，突出会员加速的价值，下载中微动效模拟开车场景，营造趣味性。

会员价值感知：

（1）试用前告知速度差异，试用中试用进度条和流量倒数营造紧迫的氛围，试用结束告知用户加速效果，全流程引导用户转化。

（2）交互感知，从颜色、动效、速度、品牌感知等多维度强化非会员和会员的下载差异。

非会员使用超级会员加速感知：

（1）超级会员感知弹窗，仅在用户生命周期的前2次使用进行触达，在用户接触使用的第一次，以直观的数字给用户树立超会更快的第一印象。

（2）下载list超会速度感知，通过顶部超会专属超跑+进度条光波和小火箭+文字告知提速XX%，合理营造超会更快的感知。

（3）引导会员弹窗，仅在用户生命周期的前2次使用进行触达，避免对用户造成干扰，强调使用速度比，引导用户开通会员。

经过会员试用感知的优化后，我们来看看设计效果，超会试用付费人数提升17%，超会试用付费金额提升28%，总付费转化率提升14%。

小结：没有不愿意贡献价值的用户，只有不愿意尝试的产品。

上面我们讲了最重要的拉新部分，接下来我们要来说说如何促进会员的活跃度。日久生情，往往人们只关注在“日”字上，其实重点在“久”字。如何让会员经常来试用产品，是我们现在需要去设计的内容。通过下图可以看出，我们构建了会员等级的成长体系。

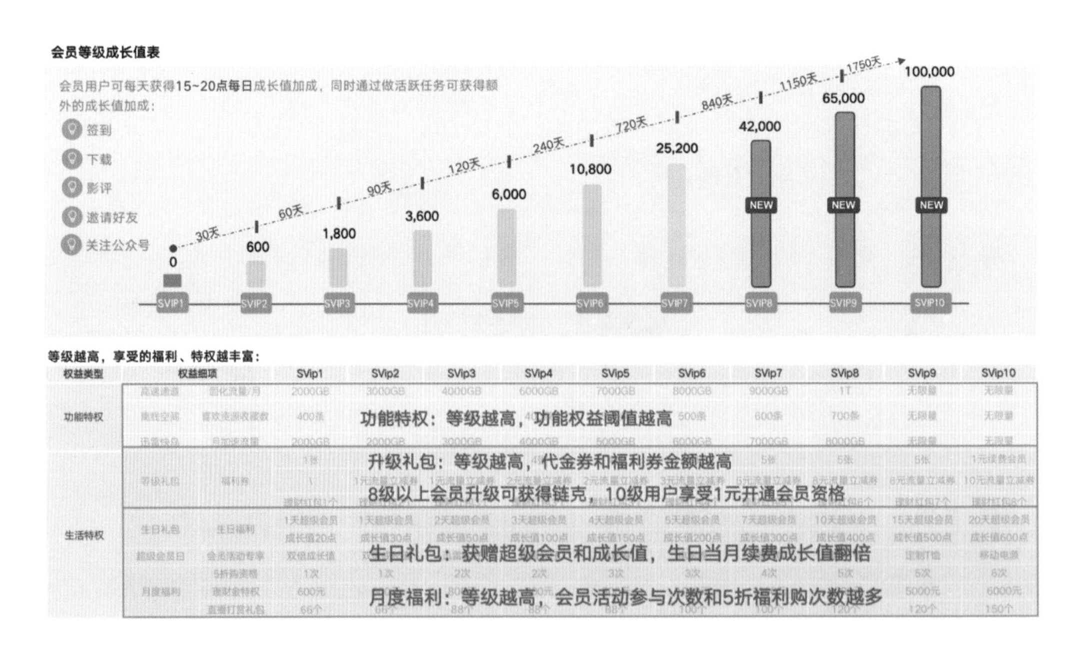

通过构建成长等级体系，我们可以很有效地针对不同等级的会员用户做不同的激励策略，我们主要用了以下的设计思路来激励会员活跃：

（1）更强的互动性玩法，每天用户可以通过页面对高等级用户点赞获得相应的成长值。

（2）更高的曝光渠道，将页面与任务体系打通，给予强曝光入口。

（3）更尊贵的视觉感知，通过类游戏化场景设计，提升页面沉浸感，营造王者之风的尊贵视觉感受。

（4）提升金币任务参与率，首屏外漏吸引用户注意力，一屏展示6个，提升用户操作效率。

（5）更多金币玩法，金币抽奖和金币兑换红包，使喜欢以小博大的用户积分城垛的用户有赚积分的动力。

（6）运营闭环，免费兑换和超级星期三，给价格敏感的用户提供低价购买会员的入口。

小结：我通过建立用户的等级体系和给用户增加更多有趣的玩法来促进会员用户的活跃，使到用户在活跃过程中对我们的产品有一定的依赖程度，从而不断地贡献价值。

完成了拉新和促活，接下来就是生命周期中的挽回策略设计，每个产品都有生命周期，也都有用户流失的情况，那么针对流失的用户我们做了哪些策略来让用户回流？

首先我们对即将流失或者已经流失的用户做精细化分层策略，下面我们分了4个层级：

（1）潜在流失会员：会员剩余时长31天—16天。

（2）预流失会员：会员剩余时长15天—0天。

（3）流失会员：会员过期1天—15天。

（4）流失久会员：会员过期大于或等于16天。

针对上叙流失用户的分层策略，我们做了不同的挽回策略，请看下图：

并且会员中心通过用户分层策略，展示不同的内容，通过积分和等级体系来提升单UV价值。

在支付的过程中，我们也运用了用户心理学，通过锚定效应和对比效应来设定价格。

消费者其实并不是真的为商品的成本付费，是为商品的价值感付费，价格锚点的逻辑就是让消费者有一个对比的价格感知。

小结：用户想要的不是便宜，而是占到便宜的感觉，这是核心思想，同时也运用了用户心理学，比如损失心理，主要利用限时流失促销和权益损失促使用户去回流转化。

总结：我们通过运营方法论结合生命周期精细化运营策略设计帮助工具做增值服务，从而实现产品商业价值和用户价值。

邹惠斌

统信UOS　高级用户体验总监

统信UOS高级用户体验总监，前猎豹移动产品总监、迅雷设计总监，10年+管理经验和设计经验，全国网络科技与智能媒体设计委员会专家委员，《设计力–迅雷商业化设计中的方法论与最佳实践》专业书籍出版人，腾讯CDC夜校讲师。有丰富的产品设计团队管理和体验设计经验，一直研究如何高效为多个海量用户平台提供产品设计，通过设计为业务提升用户价值和商业价值。

个人设计理念：致力于为产品提供优秀的产品体验和打造优秀的产品设计团队。

超越理性与功能：品牌、故事和工艺技术

◎ Gadi Amit

New Deal Design是旧金山的一家技术设计公司，我是加迪·阿米特，是这里的负责人。我们做过很多有趣的设计，包括为许多科技巨头公司做的大型项目。在过去几年里，我们把注意力集中在数字和物理、硬件和软件的结合上。

在New Deal，我们有四个不同的设计方向：战略设计、工业设计、体验设计以及产品开发设计。我们做了很多事情把这些不同的方向结合到一个整体的设计中，我们相信设计要大胆而富有智慧，这样才能丰富客户的体验。

1. 超越功能与理性

“形式追随功能”的口号已经喊了很多年了，随之而来的是功能主义和理性主义。随着设计思维的兴起，这一理念被进一步扩大，在过去的15到20年里，设计思维非常成功，它真正把商业思维和设计结合了起来。从本质上说，设计就是一种思维方式，是为了解决问题而存在的。所以当你考虑解决问题时，设计思维更多还是理性的分析工作。

许多伟大的设计师制作的精美艺术品，总是有除了功能、理性之外的其他东西，无论是大众甲壳虫这样经久不衰的设计，还是一个古老的、漂亮的中国花瓶，或者是一些新的东西，例如抖音。设计师要明白的是，我们不仅仅要关注功能，设计也是一种共同经历。当我们谈论共同经历时，谈论的是一个有社会意义的故事或一段叙事。

现在我设计的很多科技产品和数字化应用，在20年前根本不存在，例如为城市里运送货物而制造的机器人。这些设计的问题在于，它们是由理性、分析、功能驱动的，形式遵循了功能。而在数字技术的设计中，我们必须考虑的同样不仅仅是功能和理性。

例如，我们为一家做机器人运输的公司Postmate做设计，这些机器人在洛杉矶、旧金山还有美国其他城市里运送很多快递。这些机器人看起来很友好，和人有很多交流，会发声音、发光。我们的设计关键是要让机器人和人（所有它经过的人，包括行人、司机、最终客户等）产生连接，关系型的机器人也意味着它可以非常有效地与其他公司合作。所以我们工作的一部分就是弄清楚机器人如何在不同的情况下与人互动，我们需要为机器人赋予真实的性格。

例如，创造机会让机器人出现在电视访谈节目中，可以试图向客户解释我们的观点。除此之外，我们实际上使用了类似电影《机器人瓦力》中的两个角色：一个像伊娃，不带感情，但更为简朴和实用；另一个像瓦力，可能很难看，但它很可爱、很有人情味，我们可以看到它如何表现，如何与环境互动。

2. 创建标志性设计及品牌

Postmate的服务和它的外观标志性设计有很大关联，如今购物车的标志也成了电子商务的标志，一旦我们做了标志性设计，就可以围绕Postmate创立一个品牌。创建标志性设计是为打造品牌，打造品牌是为公司建立股权。

分析我们整体的工作量，可以说大概只有25%是关于构建组件，另外75%的工作是寻找可讲述的故事以及思考品牌价值。所以就设计而言，在很多情况下品牌是重于功能的。在这种情况下，你可以在设计功能上少花一点工夫，而多强调打造一个好的故事。

从2007年开始，这十几年来我们一直在定义可穿戴设备，智能手环Fitbit不断成长，并成为一个主导品牌。当我们打造第一款Fitbit时，我们只想创建一个简单的产品，它有非常安静的用户界面和友好的手势，它不会发送太多通知，只有你想看的时候它才会显示出来。这些年来，我们已经做了很多运动腕表，对我来说最值得一提的是这个设计：一个小小的运动腕表被安装在手镯里，它更像是一件珠宝，而不是一件科技产品。

这让我想到另一个非常重要的问题，关于数字技术及其设计。我们过去常称它们为“智能”，智能设备显然有传感器和机器学习技术，以应用程序呈现，同时基于云计算产生了大量的通知，还有很多图形用户界面或语言交互。

我们想做的，是实现更人性化的互动方式，传感器和机器学习技术还会存在，但也许不需要应用程序。除了云计算以外，也可以使用另一种叫作边缘计算的局部计算。然后使用最小的用户界面，它可以有不同的模式，有时是可变的，有时靠触摸，有时靠微小的震动。我们正在努力创造非常微妙的互动，不会每天困扰用户。

当产品有了很漂亮的外观，也有了非常出色的互动，就为品牌的塑造奠定了基础。

3. 重新设计生态系统

可以想象我们现在所做的一切都是生态系统的一部分。十年前，我们为BetterPlace做过一个项目，那是一个快充系统，可以帮助用户在不同的地方用不同的方式给车充电，并通过移动应用程序及其他方式，包括充电站上非常小的用户界面，与用户互动反馈。

现在，我们正在重新思考有关生活的设计。不管是租的房屋还是你在家里吃的食物等，我们的经济大部分都是围绕着住房和生活开支展开。我们与Veev公司合作，设计了名为ADU的住宅附属单元，它大约有40平方米，包含了一切必备的家具、太阳能设备和其他环保技术，还包括很多家居服务。这是一种看待生活的新方式，住房需要的所有消费支出被合并成一个服务，这是一个创新。随着数字经济的发展，我们正在寻找服务、产品、体验三者的结合体。从本质上说，Veev正试图领导这场生活革命，希望能创造更好、更实惠的智能家居方式。

希望服务设计可以得到更多的关注，为大家增添更美好的生活体验。

主讲人：加迪 · 阿米特

NewDealDesign LLC，总裁兼首席设计师

Gadi Amit

NewDealDesign LLC　总裁兼首席设计师

Gadi Amit是一名旧金山的技术设计师，其背后是过去二十年来创造的一些最具创新性和市场领先的产品。他是技术设计工作室NewDealDesign的创始人，领导着一支跨学科的团队，将人，文化和技术融为一体，为世界顶级品牌和颠覆者提供愉悦的体验。特定客户包括Fitbit，Microsoft，Google，Herman Miller，Postmates，Comcast，AT&T&Verizon等全球创新者。

Gadi和他的团队赢得了一百多个国际设计大奖，其中包括Fast Company的最具创新性设计公司和Surface杂志的“Power 100”。2013年，米歇尔·奥巴马（Michelle Obama）在白宫为Gadi颁发了美国国家设计奖（National Design Award），表彰他不屈不挠地致力于为日常科技产品打造令人愉悦的设计。

Gadi也经常为顶级媒体出版物做出贡献，并在包括旧金山的彭博社，伦敦的Wired，悉尼的Vivid Ideas，印度的Kyoorius Designyatra和新加坡的Fortune Brainstorm Design在内的全球会议上发表演讲。

第3章 方法实践

01 敏捷设计思维方法：数字化时代的安全体验设计思考

◎ 周洪凯

万物互联的时代背景下，公共与个人都面临各种各样的数字化安全风险与挑战，“安全”体验越来越引起大众重视，并影响社会发展的方方面面。如何将数据的安全价值赋能数字生活，驱动人机的协作融合，从而让大众享受更安全、更美好的数字化体验，成为数字化安全体验设计中需要面临的共同基础课题。

另一面，设计行业日新月异，专业化程度越来越高，分工越来越细……体验设计面临的挑战和压力越来越大……体验设计师需要掌握多少种技能？设计师会被工具化和AI取代吗？设计思维如何适应新的发展趋势？这些问题也成为大家共同关注的焦点。所有的这些都启示我们尝试新的设计思维流程及方法，以满足数字化时代的发展要求，让体验设计更加轻量、扁平、敏捷。

1. 新趋势下的体验诉求

市场需求上，用户对产品的体验越来越关注，从单一效益转向复合效益。智慧办公领域正面临这样的转变，从最初的单个可远程沟通的会议工具软件，逐步转变为企业期望建立一个支持员工可随时随地接入系统的平台生态型办公。新OA体验表面上是从过去以ERP、CRM为核心，逐步转变为以轻量化的办公平台加微服务为核心的产品形态的转变，实质上是人的协作模式的转变，从过去金字塔式的部门制管理，转变为分布式的破壁型班组化敏捷团队的建立。

技术层面，正在从信息化到数字化转变，其中最核心的是通过技术的紧密连接，帮助用

户从关注文档、流程到关注人本身。

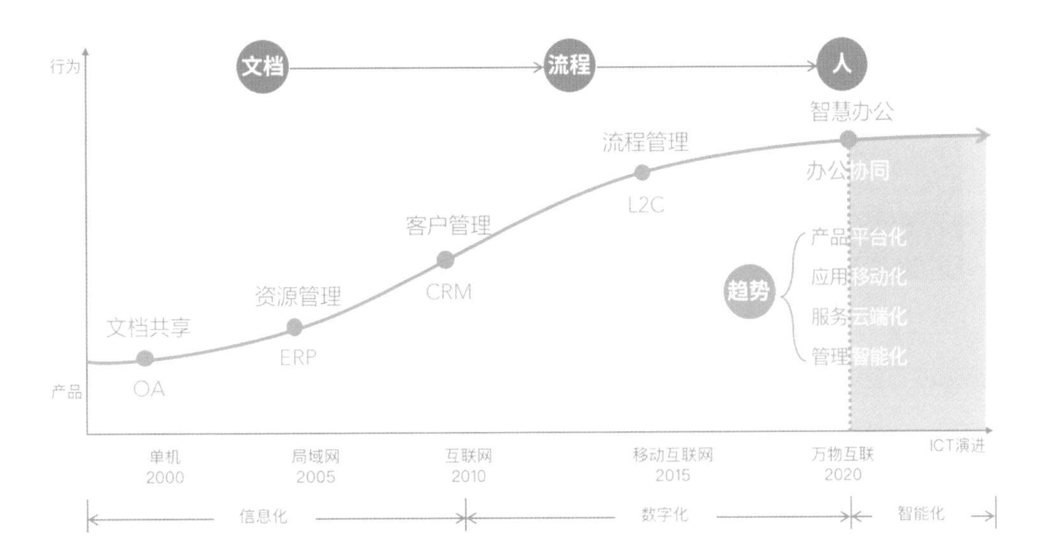

体验层面，需要解决的核心体验痛点是解决信息不足到信息爆炸。10多年前，大量的软件产品是烟囱式的，彼此的信息互不关联，用户需要在不同的系统中反复传递有限的信息，例如一个文档用邮件、IM（Instant Messenger，即时通信系统）还有业务系统反复关联，多次上传下载；到现在，用户接触的产品和信息是急剧爆炸的，用户行为逐步从交互简单不足，转变为交互过度。

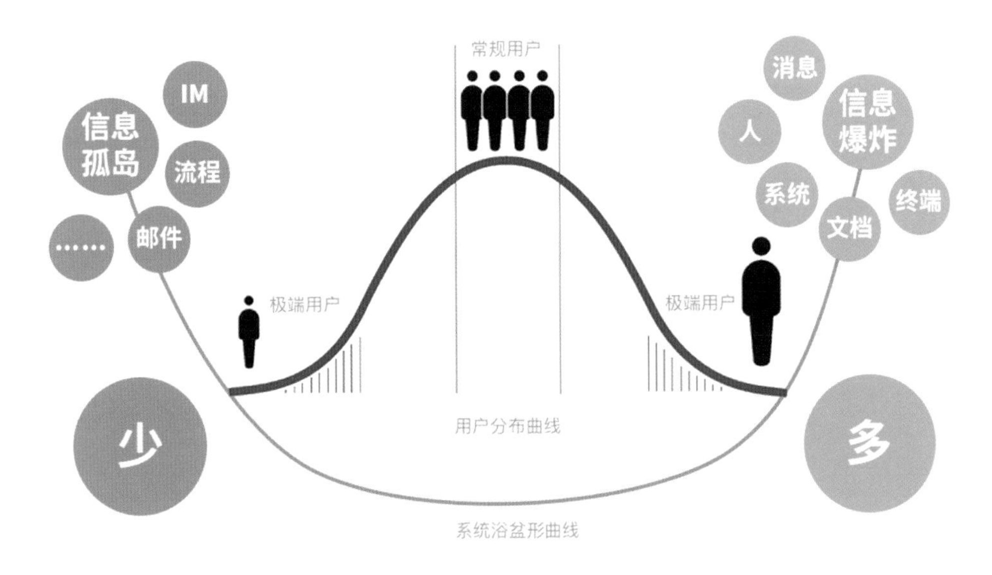

在这样的发展趋势下，过去那种瀑布式的体验，已经越来越不能满足业务的要求。过去需要2个月能完成的事情，现在业务团队可能希望在2个星期甚至更短的时间内就能完成。

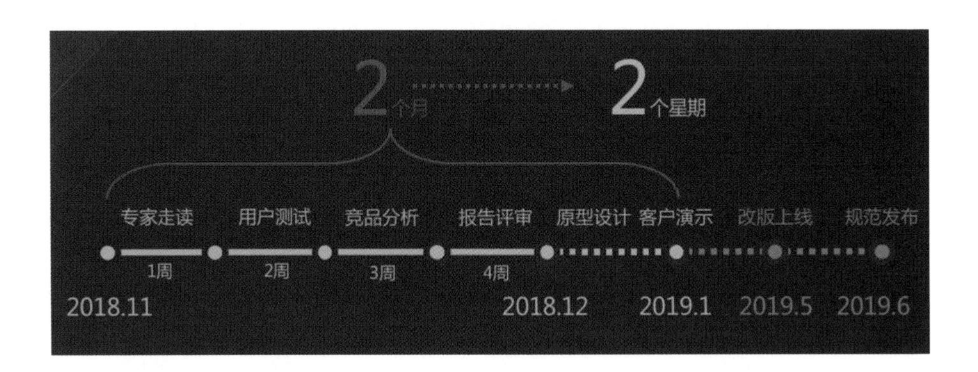

另一方面，随着To C体验设计逐步向To B体验转型，设计师普遍反馈To B体验设计比To C难做，主要是在三个方面有难度：用户信息获取难、行业竞品查找难、设计结果验证难。这三个问题的共同点都在于信息获取，在To B领域设计师难以获取信息，体验设计容易陷入闭门造车的境地。这有点类似大数据行业，一些产品难以成长，最基本的一个问题就是缺乏数据支持，好比无源之水。如果说To C体验设计面临的问题是信息爆炸，那么To B体验设计就刚好相反，信息匮乏、信息孤岛的问题很严重，这是一个让设计师们感到十分尴尬，又非常现实的问题。

2. 对设计及其思维方法的反思

设计思维原本是一个帮助设计师进行思考的方法论，从斯坦福大学到IBM、SAP、埃森哲、英国设计师协会……大家都在不断地完善和扩展设计思维的体系。

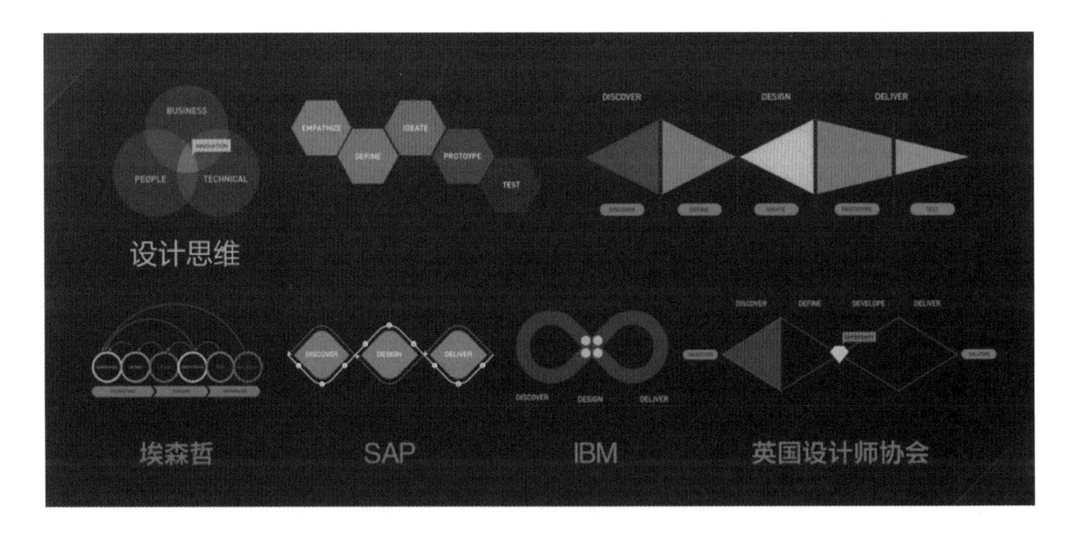

与此同时，相关的研究和设计方法也层出不穷，相关的工具也越来越多，一个设计师很难单独去掌握这些海量的方法和设计工具。

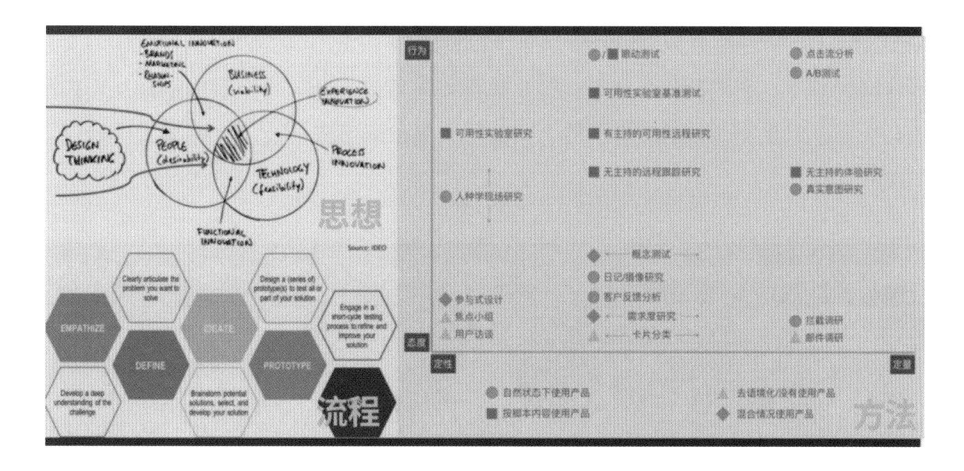

体验行业分工不断演进，正在形成一种熵增的设计“内卷效应”，这对体验设计的发展是极其不利的。在新的趋势下，设计师迫切需要完成一次转型。

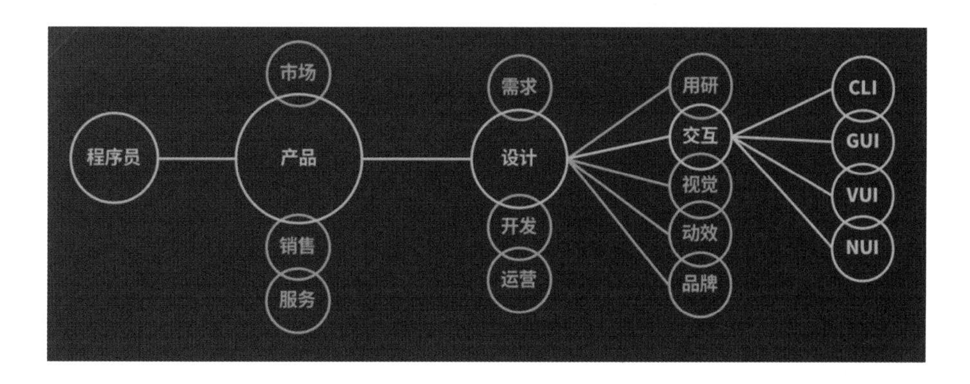

3. 敏捷设计思维与方法实践

敏捷设计思维是一种能够快速、简单、高效开展设计创新的方法，它综合了设计思维、敏捷思维和数据思维三方面的思维。敏捷就是高效沟通，在信息时代，每个人都是一个数据库，敏捷工作坊可以快速帮助设计师挖掘产品、用户、客户这些不同维度“数据库”的信息。

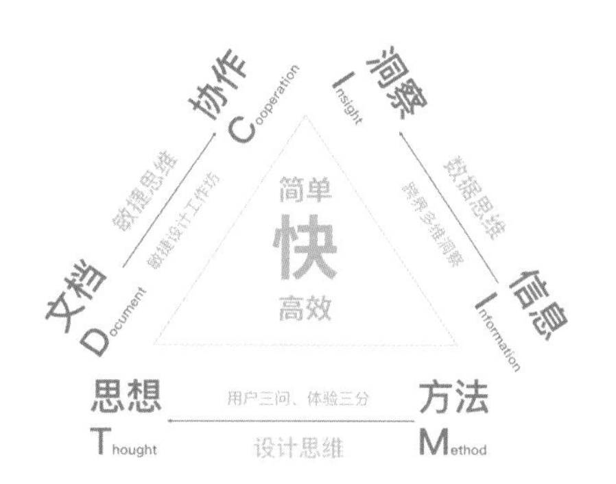

数据思维，强调遵循大数据DIKW模型（Data-to-Information-to-Knowledge-to-Wisdom Model），通过跨界，快速构建从信息到洞察的转化。设计思维则是从用户角度出发，将用户体验从需求结构和角色场景上分成三个简单的要素，让相关干系人快速理清需求和开展设计。

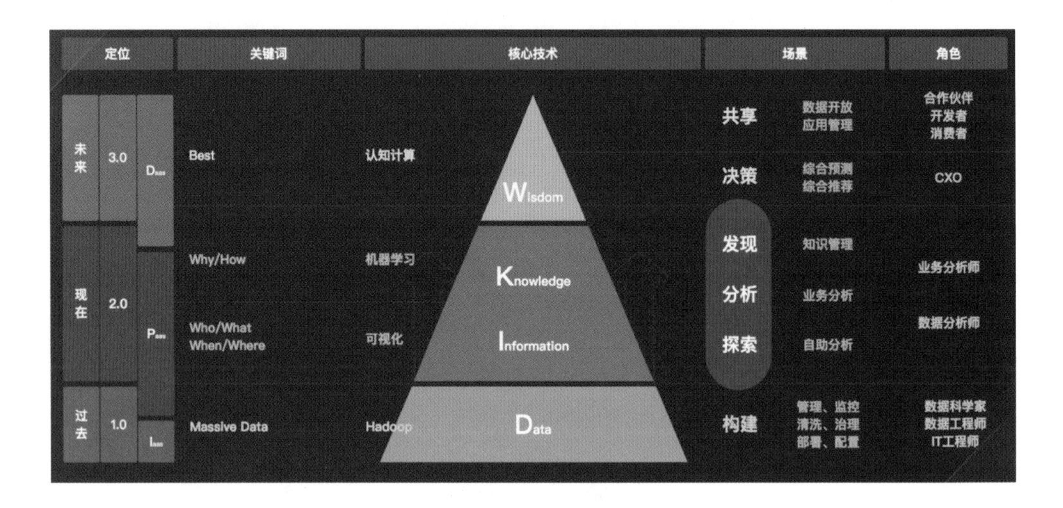

在360用户体验中心，我们主要使用的是敏捷设计思维方法，相对于一般的设计方法（例如体验三分：看、用、思；用户三问：谁、如何、为何；用户时空轨迹流等），它们具有简单、高效、易于沟通理解的特点，这比较符合数字化时代产品的快速迭代和更新速度。

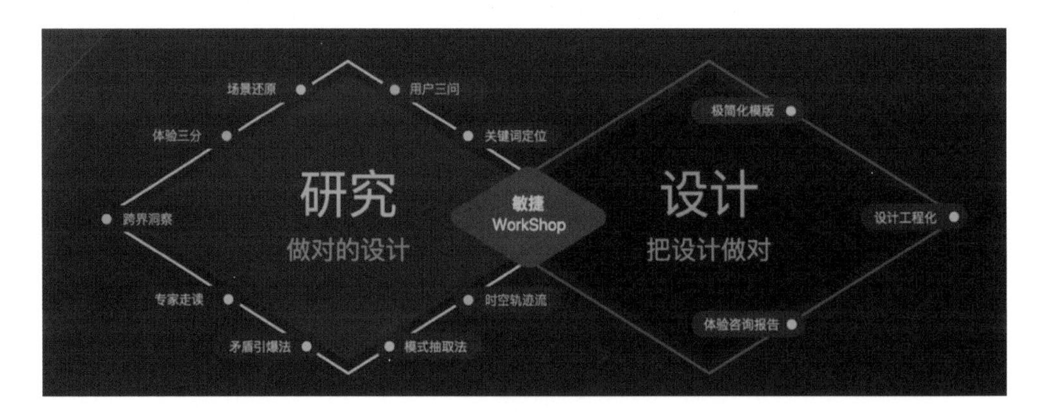

例如上面说到的时空轨迹流，汇总之后，其实就能成为一张大数据可视化地图。从这张可视化地图上可以直观地看到不同竞品和我们自己产品在各个步骤环节的交互成本，以及某个具体交互节点的用户体验优缺点……

它实际上就是一种人工化的数字化设计思维，历史上也有大量这样人工制作大数据图谱的思维方法，例如印加文明通过结绳记事，将一个朝代所有数据信息记录在棋谱上；约翰·斯洛通过打点，将所有的霍乱病例描绘在伦敦地图上……这些方法可以让参与设计的人，一眼就看清设计研究后的数据价值，非常适合自动化分析相对落后的To B体验设计。

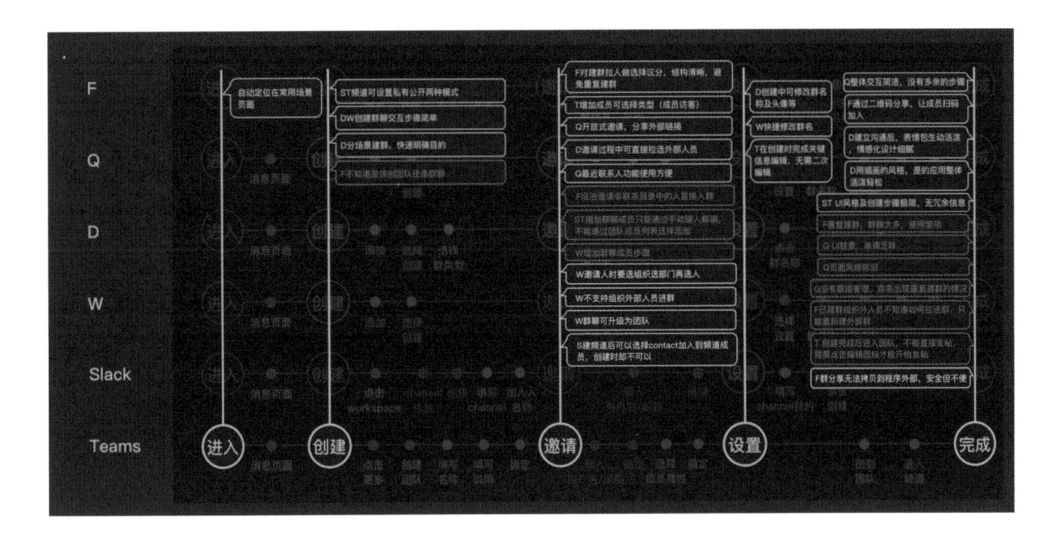

具体实践上体验设计需要做减法，让参与项目的人都能直接理解和感受设计的价值。首先，笔者会将用户体验简单划分为看、用、思三层结构，就是好不好看、好不好用、对用户有哪些特别的价值，它们分别对应诺曼所说的本能、行为、反思三个层面。

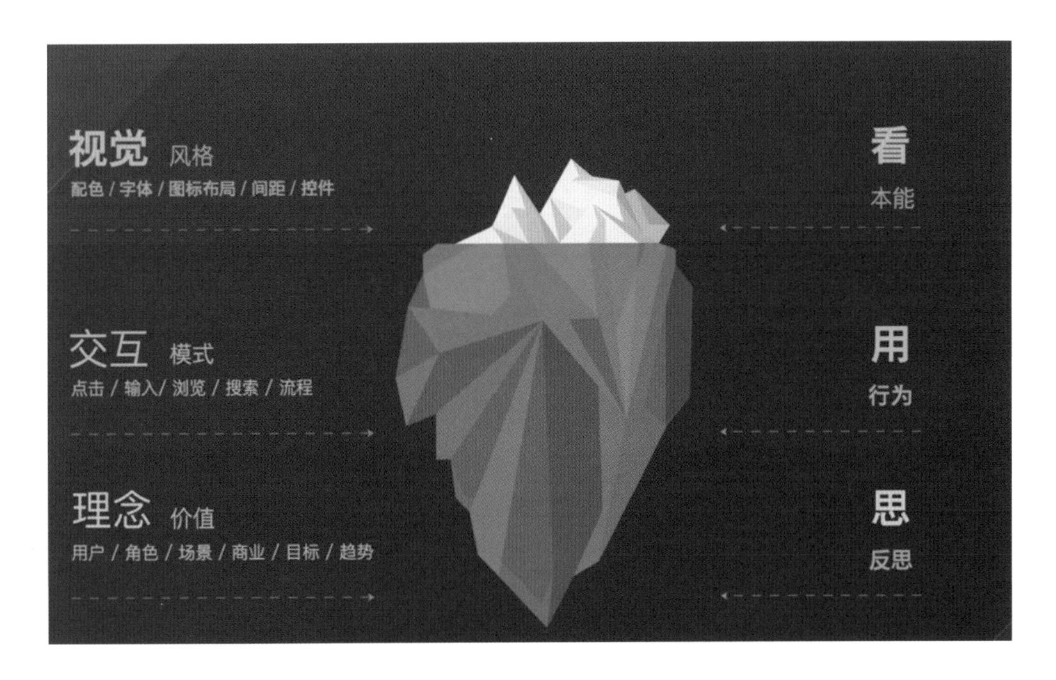

因为很难接触到用户，我们通常会问客户、产品、开发，还有我们自己三个简单的问题：谁？如何？为何？即谁是我们的用户？用户是如何使用我们的产品的？用户为什么要用我们的产品？例如面对“用户如何使用产品”这个问题，业界通常的方法有用户旅程地图，还有用户页面行为路径分析，我们会使用一种更加简单直观的方式，就是将用户的一个典型任务过程的页面从头到尾排列起来，然后标记出典型的交互位置点，再将这些点按照先后顺序连接成一条时空轨迹流。

如果要做得更深入一些，我们可以将竞品也做成类似的时空轨迹流，然后将所有的竞品和我们自己产品的时空轨迹流还原成用户旅程步骤，再将这些步骤汇集在一张大图上，并且用红、黄、绿标记出每个节点不好的、有争议的、好的地方。然后做定量的用户页面数、点击数、跳转数的统计，以及定性地对各个流程节点的优缺点进行比较。

对于大家所说的竞品资料，我们通常会通过Gartner、G2 Growd这样比较权威的软件行业智库和软件评价市场来寻找。

我相信好的方法大多是简单易行的，如果一个研究设计方法切实可行，那么它就会比较容易传递给所有关心体验设计的人；如果不可行，我们就需要不断在实践中将方法完善到足够简单，让人一看就懂。

周洪凯
360UXC　用户体验专家

360UXC用户体验专家，To B类产品体验设计负责人，曾就职于华为UCD中心。2018年加入360UXC，倡导通过敏捷设计思维及方法，为To B领域产品打造高性价比的产品体验设计，拥有15项国内外设计发明专利。他的设计理念：有之以为利，无之以为器；设计首先需要洞悉"无"的深层需求，进而创造"有"的表现形式。

组件化思维：适应并推动业务及产品变革的设计案例

◎ 杨雪松

目前你在使用的主力工具是什么？Sketch、Adobe XD 还是 Figma？之所以问这个问题，是因为笔者摸爬滚打多年，也算经历过这些工具的变迁历程。

2011—2012年，初入行的我眼中的“组件”只是开发人员口中的一种“偷懒”名词。

2014年，“效率”与“规范”成为高频词，但对“组件提高效率”这个意识并不敏感。

2015—2016年，基于 Sketch 建成了第一套 PC 与M站组件库。

2017年，基于 Sketch 建成第一套客户端 App 组件库。

2019年至今，基于 Figma 建成了高度实用化的组件库。

每一次的工具或者流程迭代，都伴随着工作角色的转变。基于 Figma 所构建的组件库，多人协作可快速构建页面，并且可对构建出的新页面进行主题拓展。

1. 为什么要做组件化

起初，我们希望在常规协作流程中让设计师之前的协作变得更加顺畅。在研究中发现，影响组件化协作的几个关键问题在于“慢”“乱”“差”“窄”。

“慢”指投入产出失衡，效率低下，就像每人一次只能搬一块砖，我们希望每个同事在花费同等力气的情况下，能多搬几块砖。

“乱”指视觉语言繁复。

“差”指设计还原度没保障。

“窄”指产品拓展性差，大家都在各自为战，产品功能之间缺乏联系性，拓展性差。

在“以效率为第一目标”的前提下，我们完成了组件化思维转变，有针对性地解决这些问题：针对“慢”，我们建立组件的协作系统；针对“乱”，我们进行了设计语言规范化整理；针对“差”，我们解除了与开发人员之间的沟通协作隔阂；针对“窄”，我们通过实质性的生产力解放来拓展设计思维，提升设计价值。

2. 组件库的构建要素

通常设计师会认为组件库就是个包揽所有组件的库，但往往这个出发点就产生了本质问题，组件库其实并不只是一个库，而是多个库的集合，它们互相承接各自所应有的功能。例如：Token 属于产品的 DNA；Assets 决定了产品的风格与基调；Components 是页面构成的主要结构；而 Tips / illustration / Style 则可以提升设计“搬砖”的幸福指数。

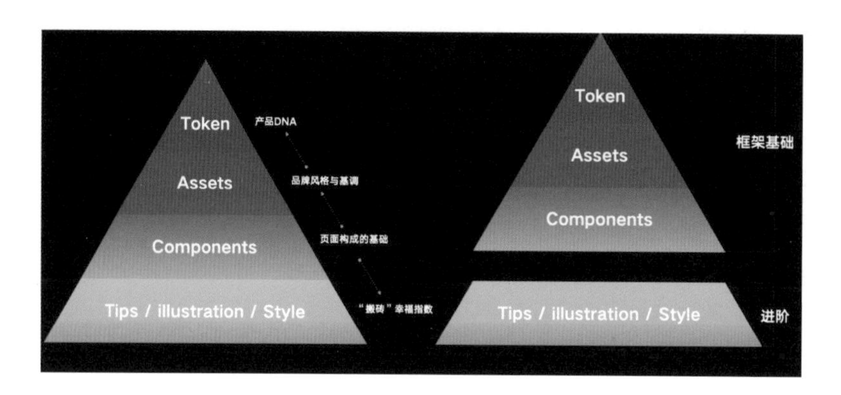

1）Token

Design Token 是构建和维护设计系统所需的参数和代号，包含间距、颜色、版式、字体样式、动画参数等。

如下图所示，将颜色先赋予一个 Global Token，再对 Global Token 的属性进行别称命名，例如加上前缀 Primary，代表此颜色被定义为主色，以此类推。

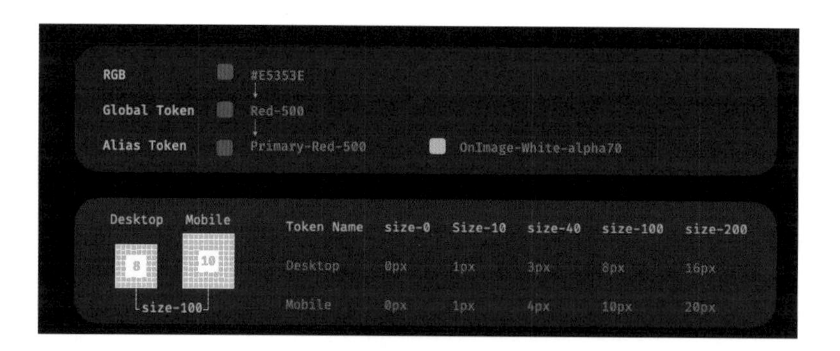

间距通常用 Size 的概念，将一个值设置为相对单位。例如，当 Size-100 被设置为8时，那么 Size-50 等于4；当 Size-100 被设置为10时，那么 Size-50 等于5。以此类推，这样就可以保证全局的间距都是对等且拥有最大的拓展性。

2）Assets

Assets 是构建和维护设计系统所需的各项素材的资源库，包含图标、标签、线、图片、遮罩等。因为是素材库，所以可以根据开发者的使用习惯，使用列表式布局的方式来进行设计资源的工程化管理、常用元素的快捷调取。

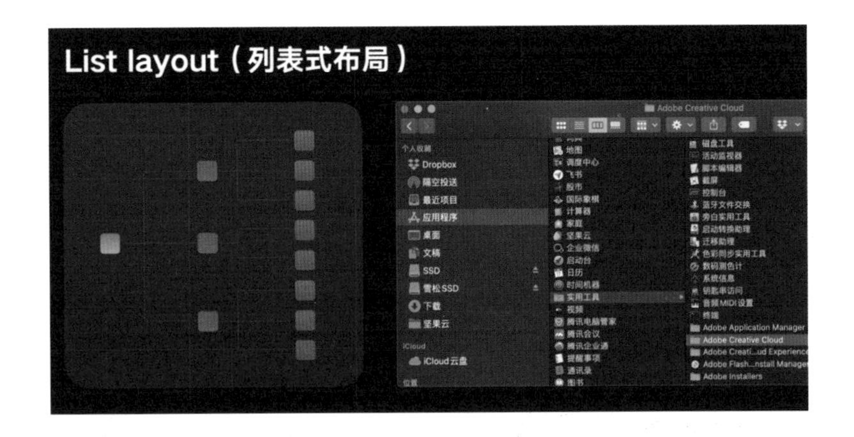

Assets 目前的使用效果是通过单个元素即可拓展其他内容，具有超全面的覆盖性、调用素材的便捷性，以及工程化作为基点。在此库中，所有元素的命名均需要与前端保持一致，或使用标签标注清晰。

3）Components

Components 是所有组件的集合，是整个组件系统的核心部分。此库中的所有组件都是通过 Atoms 构建完成，组件的构建结构也需要与前端的构建概念保持一致，这是优质组件库所应遵循的基本准则。

除了上述库以外，Tips 库可以为一些特殊标注和设计说明提供快捷样式，保证设计稿的整洁性，拯救强迫症；Illustration 库可以将产品中的插画素材进行整合，方便效果调试和插画统一；Style 库包含了通用的设计规范，让不便在组件中表现的无形规则得到落地，方便与设计上下游（产品与研发）沟通。

不同的库都有各自的职责所在，但同时也拥有一个共同特点——工程化，这也是使用Figma作为设计工具的组件库比较有优势的一点。而且如果合理运用插件，也会让整个组件系统在与前端的合作上更加流畅。下图为各个库所承载的部分内容。

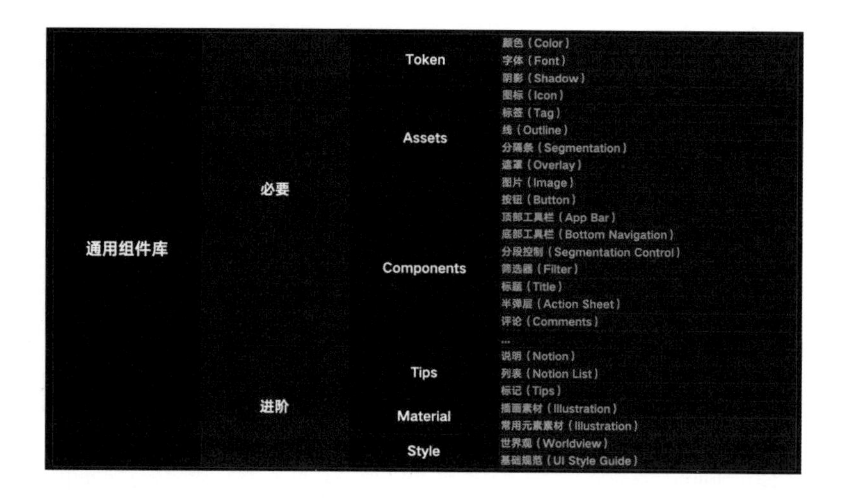

因为组件库的全面覆盖以及在项目中的落实，设计工作流程也发生了本质变化，各个环节的效率得到了数倍提升。

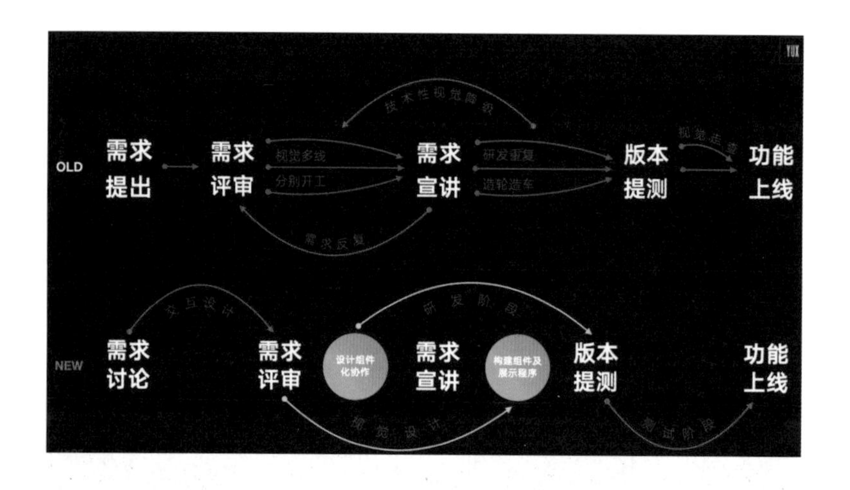

3. 什么是组件化思维

1）构成组件的判断标准

当设计师接到产品需求时，首先要对需求内的不同样式进行评估。针对每一个新出现的设计结构，我们需要进行至少以下三步思考。

（1）敏感性：保持敏感性，要想到这个样式是可以被定义为组件的。

（2）复用性：当一个样式被重复使用后，它才拥有被设计为组件的意义。

（3）拓展性：思考该组件是否具备可重复利用并拓展的能力。

经过这些思考，就可以确定当前的样式是否应该做成组件并输入库中。其实到了这一步，还有一个重要的考虑：保证设计统一性，约束设计师的发散性思维。

2）组件分类与命名

在构建组件的过程中，针对不同的组件，如何进行分类和命名也需要考虑。首先，要能分清不同的组件是属于什么类别，通过团队内部的整理归纳，我们将组件大致分为四个小类：

（1）原生组件：系统本身自带的组件类型，例如按钮、导航、弹窗等。

（2）扩展组件：在原生组件基础上进行功能扩展，例如在导航栏上加下拉操作，在弹窗中加操作项等。

（3）自定义组件：系统中没有，根据产品特点创造出来的特有组件。

（4）封装组件：对产品中重复出现的模块或者一系列类型页面进行组合封装的组件。例如图片查看器、打赏系统内的动画组件、自定义表情包等都是封装组件。

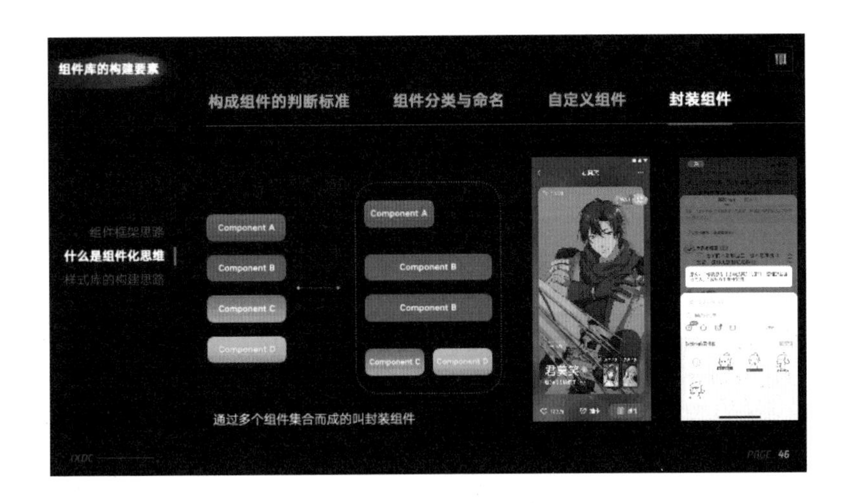

如果从产品功能出发，其实还可以将四个小类划分为两个大类：原生组件和扩展组件可以归为基础组件，因为这类是大部分App都拥有的组件；自定义组件和封装组件可以归为业务组件，这类是带有强烈产品特点的组件，当某个组件与产品业务相关，且仅在当前产品中拥有一定的复用性时，即可归为业务组件。

组件的 Atoms 命名一直是困扰着设计师的难题，我们通过实践寻找到了比较符合使用习惯的命名方式：尽量不用具体的功能进行命名，多用例如位置、状态、形状、颜色、数目、情感等非功能特点去命名，尽量保证命名的中立性。例如在导航栏组件中，针对不同 Atoms 的命名方式，可以让我们快速定位想要的设计样式。

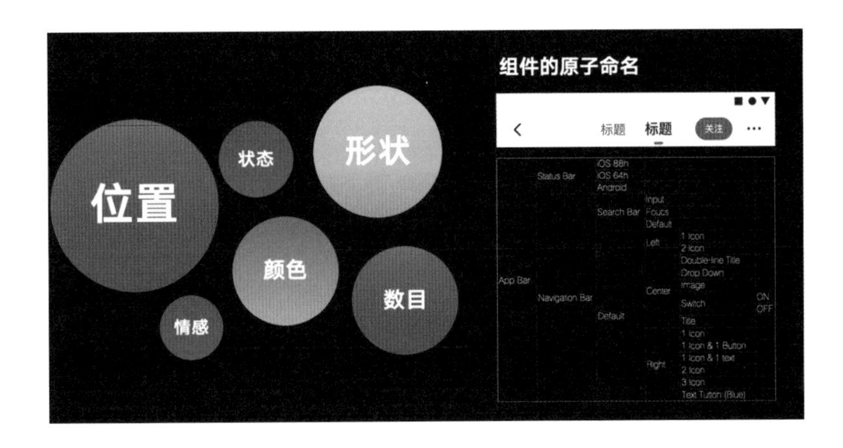

4. Token库的构建思路

以上给大家介绍了组件的框架和组件化思维，下面重点介绍一下 Token 库的构建思路。

1）使用标签分类法进行颜色命名

所谓标签分类法就是将颜色的主标签通过特定概念进行类别划分。例如：“品牌类”是针对产品特性的，影响产品品牌的；“场景类”是影响整个产品大的场景特点的；“元素类”是针对特定元素的。

在构建Token 的时候不仅仅要考虑当前默认主题下的使用，还要考虑在黑暗模式以及不同主题下的拓展。我们对不同标签下的颜色映射关系又进行了重新划分，可以分为以下三类。

（1）有映射：在不同场景下拥有固定映射关系的颜色（即黑暗模式一种映射，深色主题、浅色主题下具有固定映射关系）。

（2）无映射：无论主题发生何种变化都不会产生映射的颜色标签。

（3）自定义：可通过下发颜色RGB值改变主题风格的颜色标签。

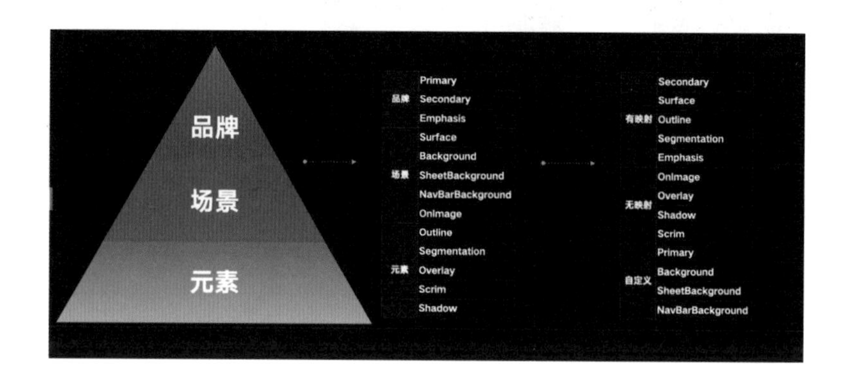

2）栅格系统的实际运用

栅格系统的运用也是组件环节里不可或缺的一部分。很少有产品能够完全按照固定的栅格系统进行设计，尤其是对于复杂产品来说，就更难去统一完整的栅格系统了。因此我们所说的栅格系统需要精简，至于精简到什么地步就看各自产品的复杂程度了。但是不管如何运用，还是需要坚持以下几个原则。

（1）一致性：界面内容遵循统一的网格、间距、逻辑进行布局。

（2）效率：通过有规律可循的布局，减少设计决策时间、沟通成本及学习成本。

（3）跨平台：为跨平台的响应式构建基础逻辑。

通过栅格化构建的组件库，既可以在当前产品内达到内循环，也可以将集团内部的多个产品进行规范整合，达到跨产品线统一，同时也能够快速孵化新产品。

3）标准间距原则

在使用数字（间距、字号等）时，在间距上使用2、4、8、12、16等标准间距，同时在字体的布局上也使用这一概念。

例如，在设计 Text View 时，设计师关注的往往是两个文字间的物理间距，而在前端的概念里，Text View 是有自己的默认高度的，这个默认高度并不等于字号的大小，因此如果只定义字体大小，而不去定义 Text View 的高度，就会出现研发实现效果与设计效果偏差过大的情况。

为了解决这一问题，我们与研发人员进行深度讨论合作，制定一条规则：文本框高度=[(字号+4/8/12)×行数]，通过规范化处理后的 Text View 在设计稿上的表现，对前端来说就是所见即所得了。

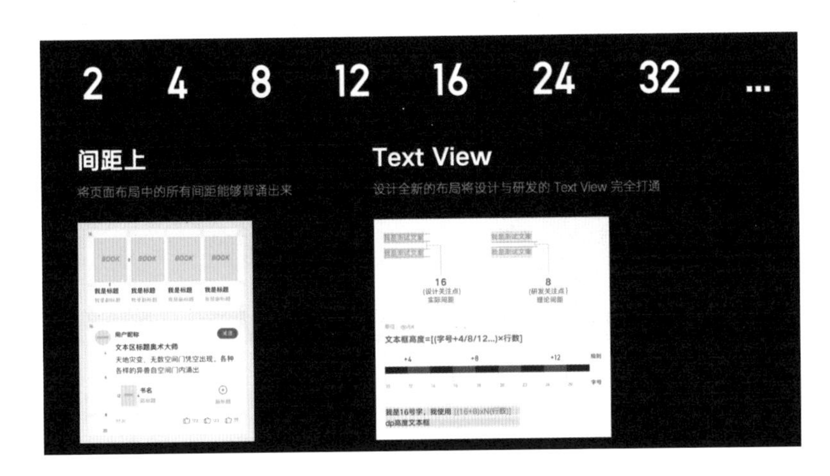

5. 组件化思维的业务转变

1）展示程序的构建思路

将设计组件库通过代码表现出来，这是我们起初的想法。随着这个想法的加深，我们将可使用、可操作、可查看兼具拓展性与原本的构建思路结合，就产生了现在的“QD展示程序”这个组件展示平台。

这个组件展示平台不仅支持安卓系统端、iOS系统端，后期的拓展中还包含了Web端，因为在起点读书上存在着大量的H5页面，因此Web端的组件也被我们纳入了构建范围。

组件展示项目由设计师发起并推动落地，也因为这个项目设计师的影响力得到了很大的提升，与各个部门的协作也更加顺畅。

2）展示程序的功能

这个平台既可以进行组件的展示与构建，还可以用作技术测试，以及组件的直接调用。技术测试的流程大致如下：当设计师在日常项目中有了设计创新，就可以加入到展示程序中进行技术测试，测试完成后封装落入到库中，然后跟随产品迭代运用到产品功能之中。

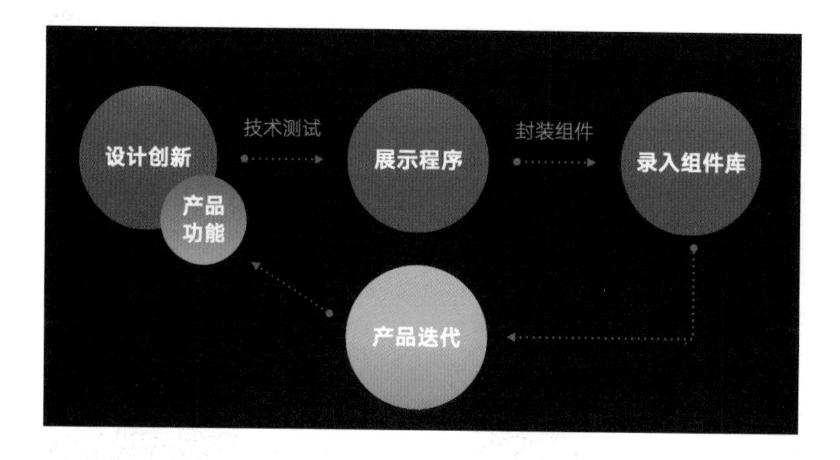

而对于设计主导的创新，如果想落地到产品中，也可以通过此平台进行技术测试，再进行设计验证，并在公司内部进行测试，最终拿到验证数据后再“推销”到产品线中。

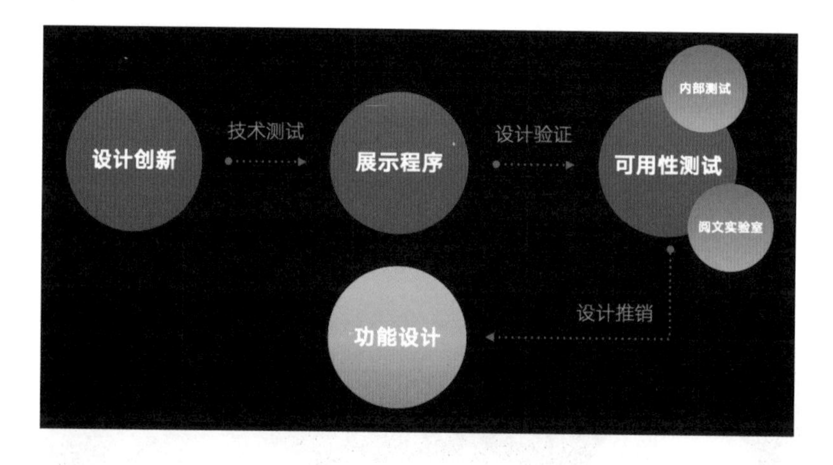

当然这个平台的本质还是一个组件展示平台，那么组件的调用也是必不可少的功能。对于大部分的自定义组件和原生组件来说，直接调用到客户端即可，而对于需要进行拼装、组合的组件，就需要进行逻辑封装、样式组合等步骤，完成组件的最终构建再调用到客户端内。

3）展示程序的能力拓展

通过这一系列的改变，设计团队的影响力得到了提升。设计师的专业能力是一个大圆，但是项目可能只需要设计师设计能力的70%，在工作中，不是每个人都有百分之百发挥自己能力的机会，但是拥有一些其他横向的技能，可以助力设计师在项目中赢得尊重和话语权。

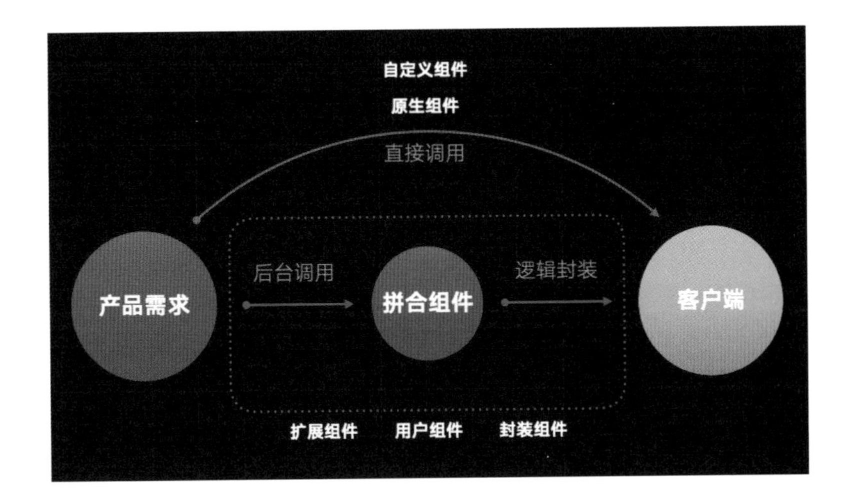

（1）策划能力：完成基于体验方面的设计需求，为用户思考，例如在黑暗模式的设计中展示出的设计规划能力。

（2）数据分析能力：基于数据维度做出设计探索，例如在产品的打赏体系下，更多地基于玩法和数据维度做思考。

（3）横向专业能力：横向专业能力的运用，能给产品体验带来更多新奇的设计体验，例如在产品中引入3D概念。

起点读书的黑暗模式项目是设计师主导推动的，项目的周期跨度有近一年的时间，设计师在这其中，从概念设计、成本评估、方案测试都使用到了“QD 展示程序”，通过它完成了大量证明项目可行性的工作。最终项目得以落地完成，这套系统起到了关键性作用。

本文分享了设计师从组件作为切入点，一点点改变产品现状，影响团队变化，不断提升设计影响力的过程，主要有以下几个重点。

（1）组件库的构建要素：以实际项目为基础，构建高效、通用的组件库。

（2）组件化思维导向设计：通过工具以及组件化思维提升设计团队人效。

（3）组件化思维的业务转变：以组件化思维为基础，以业务产品为载体，提升设计价值。

杨雪松
腾讯阅文集团　视觉设计专家

现任腾讯阅文集团YUX体验设计团队视觉设计专家，主要负责集团旗下起点读书产品的设计相关内容，主导了多项设计优化工程。在团队中提出的视觉工作流优化方案以及多项设计观点，沉淀在集团内部得到广泛推广和使用，作为集团内部讲师组织过多次分享，也参加过多次企业间的交流会。曾任职上海群硕软件担任视觉设计师，拥有Yuewen-Font字体专利、起点读书印章Logo设计专利。设计理念：设计工具影响设计效率，设计方法改变设计流程；提升设计价值就是不断优化效率、方法，以创造更多可能性。

03 智慧零售轻实践：苏宁小店体验设计心得

◎ 李月奎

数字化产品业已渗透工作生活的方方面面。从“+互联网”到“互联网+”的过程是社会数字化能力迅猛迭代的进程。AI、物联网、大数据、AR等技术的加持，让人的信息获得和生产效率变得更加高效，但也造成了人的群体属性的减弱，人类赖以维系的社区关系逐渐丢失。苏宁小店立足社区，以社区为载体，基于社群化属性，充分利用数字化能力，达成一个既有社区温度又充分便利的社区零售新物种。

1. 过往经历皆宝贵

苏宁易购7.0多端改版，既是一次用户侧体验感受的焕然一新，更是用户体验专业性撬动决策的一次尝试。改版对于任何一款数字端产品而言，从UED侧似乎最容易映射的就是换张皮，或许其他工种亦可如此理解。然而过往成功与失败的经验，清晰定义了改版必须是立体式推进、全工种协同，自下而上且自上而下，并且具备高可视化的评估手段。通过拉通用户体验、技术、产品、业务各部门对体验问题的评估与建议，从而直接得到决策层的坚定响应，为建立共识的体验策略打下基础。

改版过程中，体验设计师作为核心助推器衔接业务策略、产品策略、体验策略落地、体验度量，也不断地影响着集团体验部门设计师体验意识的觉醒，同时改版的成功直接带来决策的话语权和协同组织的信任，为接下来更广泛的合作协同，更深层次的触达夯实基本功。

苏宁易购产品生态体验升级

2. 疫情之下，为民生而战

2019年底爆发的新冠疫情，猝不及防，全国乃至全球陷入恐慌，苏宁本着强烈的社会责任感，火速响应民生问题，全场景、全客群、全速升级迭代，尤其是民生领域快消品首当其冲。

或许是苏宁易购多次改版产生的影响力，笔者被安排驰援苏宁小店、家乐福融合项目，面对时间短、组织体系陌生、新业务场景、远程办公等问题，导致来不及有太多的思考与全局的调研部署，只能凭借以往对苏宁产品线的理解和快速体验走查，找出影响C端用户体验的核心问题，快速建立专项小组攻克。

此次因“易购”改版在前，其他产品线或多或少都在借鉴，但最棘手的难题并不在于执行，而在于全员对用户体验策略的理解和分析。举个可感知的案例，大家对设计语言的态度各持己见，更多认为太务虚。也因此在从“业务策略制定”到“用户体验设计策略”的转译过程中发生了重大的形变。故本次改版体验提升的核心出发点——“设计语言”如何被透出、理解、执行，如“近场服务”的目标如何被有效理解和执行，成为重要议题。

苏宁小店是基于社区物理场景，依托社群文化，以苏宁零售技术加持的一种社区便利新物种，近场服务的设计目标首先从C端用户感知角度就得体现近场心智，即近在身边；商品为社群熟知且信赖；服务人员为邻里所熟知；服务方式充分本地化。苏宁小店在4月份完成重要迭代，不但完成了指标任务，还直接影响决策顶层对用户体验设计人认识的本质改变。

苏宁小店C端设计语言和设计目标

3. 汇报方式是体验策略落地的介质能力

不管是何种职业，抑或是各工种的能力图谱，沟通是最基础且必须具备的能力。但纵观用户体验设计行业，能做到全量人群沟通的少之又少，能触动顶层决策的更是凤毛麟角。即使有社交不俗之人，大多也流于个人社交便利，很难将饱满的体验策略清晰传达给核心干系方，并深度影响其落地。关于设计沟通力，基本策略即从顶层思考、从底层着手，具体有如下几点。

（1）大场合说策略，小场合谈战术。

（2）汇报时间有限，只说核心，保留想象空间。

（3）大量备课，了解顶层关注的核心问题。

（4）以专业视角切入，保持平民口吻。

（5）带出解决方案，引导正向决策。

利用有限时间，说具体的核心策略，每次意犹未尽的汇报，必将迎来更高规格的重视。

体验设计方案推进现场

4. 服务设计运用之伟力

在苏宁小店移动端完成改造后，数字端的核心参数是提升了，但用户满意度的提升并不理想。用户抱怨缺货、履约时效等问题，服务人员抱怨收货终端不高效等问题。这些问题显然已经超出C端改造升级的边界，如何将不同端侧的用户零碎问题有效甄别，并提出各方都能接受的解决方案呢？

在解决苏宁小店全场景全链路问题时，服务设计恰如其分地彰显其伟力所在，智慧零售体验的好坏优劣涉及环节、阶段、角色等众多，而服务设计核心方法论是基于体验链路触达的不同角色、不同阶段的经历及任务和应该具备的能力如何达成的综合型方法论。

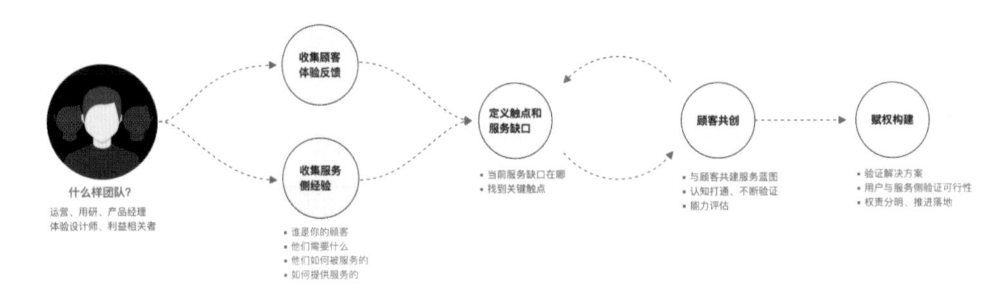

服务设计宏观方法论

从定义不难看出，运用好服务设计方法论，能够切实有效地帮助企业或组织达成目标，但真正去落地显然是一项非常巨大的工程，前文所讲的“汇报方式的重要性”也是为此而做的基础能力储备。推进过程虽是艰辛的，但这一过程也是个人与团队乃至整个企业成长上升的必然蜕变路径。

有些企业是通过外力杠杆来达成自上而下的推动，但容易犯“唯上”的错误，从而走上务虚的方向，容易陷入叫好不叫座的尴尬境地，最终让服务设计难以在企业生根发芽。如何推进才是得当呢？我们须充分考虑输入的方式方法合理性以及推进者的个人专业影响力和落地执行力。虽然不易也无须气馁，只要我们在推进过程始终坚持服务设计的五大原则，就不会偏离核心。服务设计的五大原则如下。

原则1：坚持以用户为中心，服务必须以顾客（用户）的体验为中心。

原则2：共同创造，相关利害干系人都应加入服务设计共建中。

原则3：按顺序执行，服务必须是一连串彼此相关的具体动作。

原则4：实体化的物和证据，无形的服务以实体化物品作为触点。

原则5：保持整体性，服务设计的过程必须充分考虑服务流程的整体性。

5. 蹲守社区的价值

服务设计的重要一环是收集顾客侧与服务提供方真实的故事与感受。我们必须要搞清楚苏宁小店的顾客是谁？他们真实的需求是什么？他们是怎样提供服务的？应该如何服务？门店、物流、客服、品控、采销、供应商是如何提供服务的？

前文已经讲过苏宁小店的社区型商业定位，所以蹲守社区是了解各端用户实际体验的最好切入方法。通过近一周典型的深度调研，发现非常多的有价值的体验问题，包含各智能端、不同用户、不同服务提供者、不同阶段的效率问题，以及服务盲点、服务断点等问题，甚至触达商业定位与策略执行间的偏差。

举个例子，一位带小孩的老奶奶在收银台以现金结账，总计10元，但只带了3元，答应下午过来支付尾款，这样的情况，从POS系统角度，系统是不能结账的。当时我正好在体验收银的工作流，试图去引导老奶奶用手机支付，但老人家根本不用智能手机，旁边的小孙子一直在盯着奶奶手里待付款的玩具哭闹，这时边上的服务人员过来说：“这位奶奶天天来我们店里，很熟悉的，都是左邻右舍的，不用担心。”这位服务人员私下告诉我：这是社区店，都是熟人圈，不要程式对待。显然下午老奶奶把尾款支付完，还额外加购了很多商品。通过这个案例，让我体会到苏宁小店的定位——社区的连接器，它不仅需要零售场景的数字化，更需要的是社区邻里特有的信任与温度。

蹲守社区近一周，做了一些社区调研方法分享给大家，相信可以给智慧零售场景的伙伴一些启发。

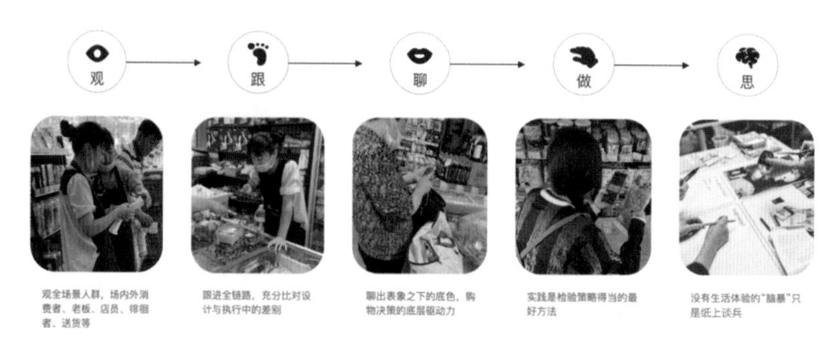

社区调研方法

6. 贯通全局的服务蓝图

服务蓝图可以详细描述服务系统与服务实施地图之间的关系，过程中可清晰得知在不同场景、不同阶段，服务提供方是如何提供服务，以及被服务方对此的反馈，为服务的升级提供整体性、针对性的解决方案，是服务设计环节中重要的蓝本。

苏宁小店提货链路-服务蓝图

服务蓝图的设计要遵循以下原则：

1）一次集体性体验问题的集中表达

服务蓝图是基于全场景、全客群、全渠道体验问题的梳理和表达，一张蓝图就是各干系方共同输入、共同执行的平台，囊括了所有干系人经历的所有阶段，以及所输出的服务事件。

2）一次对全场景体验问题的系统性看待

服务蓝图以用户为中心，贯穿全流程的始末，穿透服务提供方的所有角色和经历的场景与阶段，布点十分充分，事件彼此是相互咬合关联的。所以针对过程中某一事件，切不可以单一视角对待，应该以系统视角去看待各个触点的问题。

3）一次具体问题的对焦

不同的任务节点对应着不同的工种角色以及该行业的标准，但在服务设计方法中，每一节点的标准必须契合整体的服务标准，每一个问题都要以系统视角具体的方法对待。

4）一次利益的重新谈判

通过服务蓝图表达体验的事件，不仅在于体验层面，更在于向决策层传达体验之下的工作资源的投入，这样有助于资源以目标为导向的合理分配。

7. 近场服务的思考

基于全场景的调研，笔者对近场服务的理解更加具象深刻，LBS（Location Based Service，基于位置服务）的近场、业主群家园讨论、邻里间有温度的互信，这些因子组成了近场环境，在运用服务设计时，必须充分贯彻产品心智。笔者对苏宁小店物种的思考分三个阶段：开业前、开业时、经营中。在全场景彻底融入产品心智也有三个原则：省心、省力、省时。

开业前，也称为蓄水期。核心目标是让社区用户知晓新物种即将诞生，并且直接感受到店主人的“热情”，具体有以下策略。

（1）对目标用户聚焦点和路径实施引导（如社区广场、装修幕墙）。

（2）开展与社区文化匹配的营销活动，让用户先得到大部分红利，保持开业时兑现的冲动感。

（3）保证线上线下信息的充分对等，服务衔接，诚实忠信。

（4）凸显私域化印记，减弱物理店的属性，强化店主服务性心智。

（5）对后端管理系统做可显性化提醒，开业时准备足够数量的商品，并给予掌柜强烈的自信心（拉新可视化）。

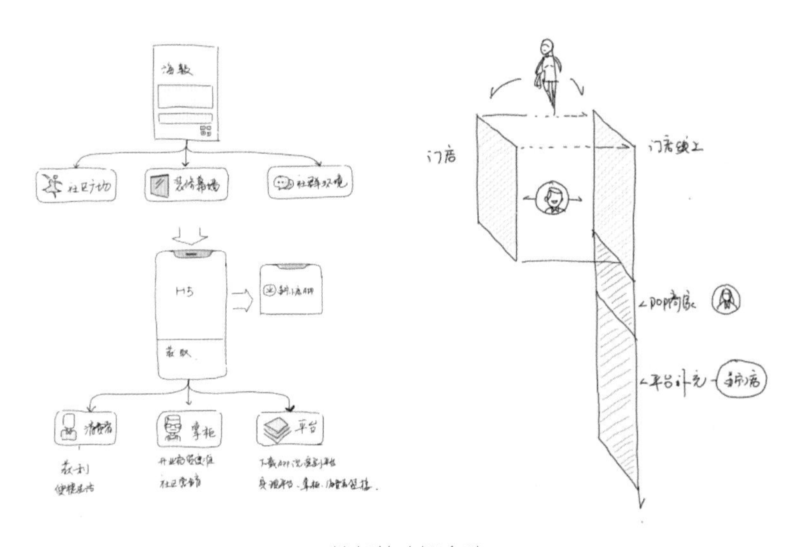

拉新策略概念稿

开业时，也称转化期。核心考验门店对预期会员履约能力和自然流量的在店转化，总结有以下几个点需要关注：

（1）服务承诺必须有效兑现，便利店是高频多选择性的场景，一次伤害就可以造成永久流失。

（2）充分利用店内外空间和设备承接服务，提升效率。

（3）有效利用POS、广播、海报、口传等方式将门店心智触达用户，尽可能让周围用户知道你的门店特点，形成印象认知。

（4）重视对商品力的运营，与社区居民文化形成共振。

（5）传达线上云店是线下物理门店的无限延展，以门店为窗口开启线上的商品销路。

传达心智

经营中，也称活跃期，这个阶段是最具挑战的。所谓“开店容易守店难”，在漫长的经营周期中，需要时刻把握用户的需求变化，平台应给予更自主的经营权限，朝着共生的私域发展。具体有以下策略。

（1）灵活掌握经营手段，赋权更多经营权限。

（2）扩大门店经营范围，丰富商品种类。

（3）平台沉淀全场景会员，基于社区场景精算，反哺门店灵活的运营策略和商品采购。

（4）到店模式和到家模式相互促进加强，促进到店场景的转化，以及对用户需求的感知。

（5）通过对私域的运营和近场服务能力的支持，让社区用户沉淀到App中，最终养成以App为新型社区生活方式的连接器。

在此，传统的体验设计师基本完成晋级，丰富的业态驱使着体验设计师职业能力的边界延展。想要成就更好的自己，势必要读懂商业模式，理解模型之下的用户价值，对服务侧能力提炼出核心问题，并可供干系方快速反应到问题点和解决思路，这样的结论更容易被决策层接受和组织承接落地，这样的体验设计师也势必更出色。

8. 不能落地的方案皆空谈

C端首页掌柜运营阵地

回顾过往主导的改版项目，无不充斥着各种杂音：领导说重视，但没下文可依；产品生怕动了他的奶酪；研发总是坚持简单点最好；业务人员不懂你，也不表态……这些杂音必须被摒除，否则，美如画的方案势必做成一地鸡毛，诚然我们推进落地成功了，但是很艰辛，所以非常有必要把落地过程的小经验分享给大家。

1）体验设计暖场

首先要把相关干系方一个不落地拉到一起，做好专业性的准备，给大家来场专业且愉快的宣讲。这里的专业性极为重要，不要以为别人听不懂你的专业术语就不知道有没有真货。其次，不要以为一场专业性的宣讲，就能让所有人对你的主张心悦诚服,这是不太可能的事情，会议的核心目标是落实每个人共同的价值和目标，保证各维度体验策略层的信息对齐。

2）设计语言&规范宣讲

首先本次的全场景迭代是以用户体验部门作为核心驱动和串联，所以保持对自己团队的信任，让他们充满自信的表达。其次，趁着刚结束的暖场余温，将设计语言宣讲进行到底，但务必将干系人拉到现场，最好将决策层拉入进来，自上而下永远是最省力的。最后，所有的细节工作务必分配到人，确定节点时间，设计质量也要纳入完整的项目管控，才能被正式地流程化对待。

3）体系之间的利益共鸣

首先，设计语言要真实、被理解、被遵循，这使得体验策略能够得以落地，在此驱动下的技术革新，带来的是非凡的驱动力。其次，新的体验策略，必须带来新的组织协同框架彼此间的联动，互相咬合，呈现健康的协作态势，为更长远的合作打下基石。最后，经营指标、体验指标的达成，带来用户体验设计口碑的提升，是一次对体验部门集体的慰藉和信任，是一次对体验部门深度劳作的荣耀印记，将带来专业线久远的自信。

设计对技术层的总结

9. 合理的商业模式是企业生存的关键

从一个人一天的生活轨迹来看：晨跑时，需要一份合理的、热乎的早餐及时送达。

上班路上，听到天气预报将降温，需要网购外套；会议后经过激烈的思维碰撞，需要到自助贩卖机取一份果茶；午餐时，需要到楼下餐厅补充能量，但排队人多，需提前线上下单；昏沉的下午，无法集中注意力，需要一杯及时配送的咖啡；晚上回家路上，希望慰藉一下自己和家人，在线点了丰盛的海鲜食材……

从这个过程看出，一个人在不同的时间、空间、场景下的对商品的需求是变化的，如何应对用户复杂多变的场景化需求？

OMO商业平台型模式，是苏宁面对新需求、新场景的解决之道。传统的零售商业以X、Y轴为面型，为用户提供基于固定场所、固定商品类目的履约方案，来解决用户的商品需求。然而当下的用户需求具备明显的场景、时效、空间不确定性，他希望商品或服务在他最想要的场景下得到满足，例如希望及时到手的咖啡、隔日到货的外套等。

以OMO为商业模式的苏宁智慧零售，实现“三维一体”的矩阵发展策略，适应用户不同场景下，基于不同时间段对商品的新需求变量，即用z轴作为不同场景需求的时效性维度，y轴作为需求的商品维度，x轴作为承接商品的场景，即与用户之间的履约介质，从而实现以任意x、y、z轴形成的立方体作为一个独立零售解决方案。

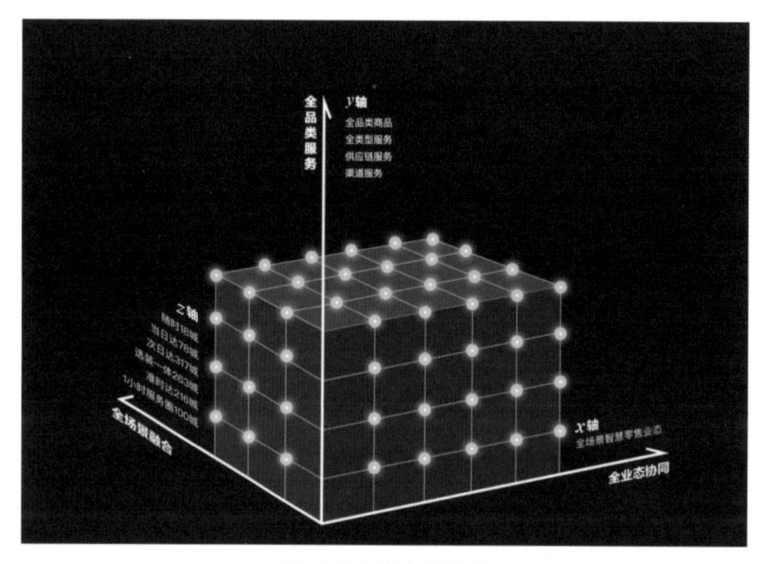

OMO行业平台型模式

10. 智慧零售体验评估体系应运而生

首先，苏宁小店作为智慧零售新物种，融合了线上线下全量消费场景，涉及全场景角色，集成了大量前沿的互联网、物联网模式。如此纷繁庞杂的系统，如不能以系统的方法管理，各触点不能被科学的定义标准，各参与角色不能有效践行任务，那么智慧零售体将无法健康运转。

其次，智慧零售的核心因素是人、货、场，而人的核心主体是消费者。商品零售体系的核心目标是能否满足用户需求，实现经营提升，所以要度量智慧零售体系的健康指数，必须坚持以用户为中心的原则去定义用户触达的场景和服务标准，从而优化全场景触点、场景、角色等过程。

最后，传统零售已形成规范化标准，而电子商务发展的十多年，用户已经形成了一套成熟的购物体验评价标准，所以用户会对线下服务体验提出新的要求，因此全场景融合的智慧零售需要重塑用户体验标准来满足用户对多元化场景的需求。

构建智慧零售体验评估体系是一项浩大的工程，涉及不同服务行业对应的产业标准以及实际的践行情况，基于曾经对电商产品的体验评估体系的搭建，充分查阅产业规范，走访线下零售商，总结出如下原则，以保证体系构建的合理性和有效性：

（1）坚持以用户为中心去设计。

（2）充分考虑影响用户的场景和环节。

（3）评估维度紧贴经营策略，因果导向。

（4）遵循商业法则，机动灵活。

（5）各个关键节点均与干系方讨论得出。

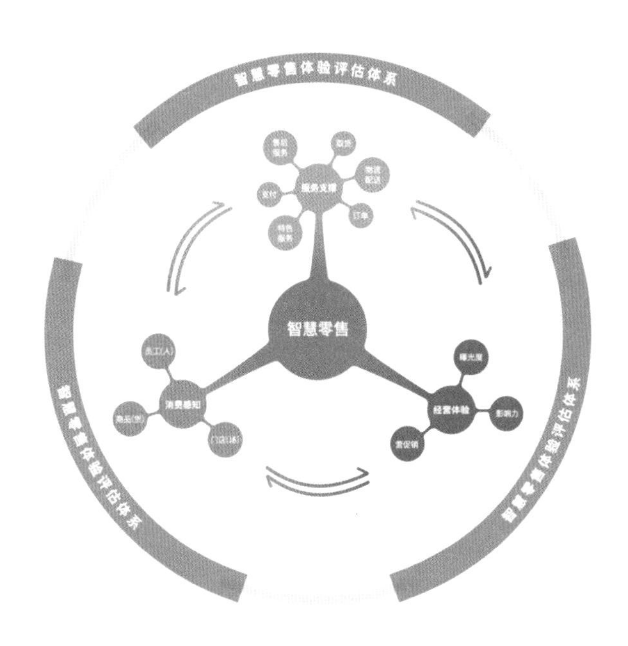

智慧零售体验评估体系对零售行业的价值和意义是什么？

对行业而言，传统零售体验与电商体验的融合，打破传统零售与电商用户体验评估体系各自为政的局面。通过以用户为中心的体系化为切入点，完成全场景应用的互相补足，实现共同繁荣的同时，也满足用户日益增长的变量消费需求。

对经营者而言，为各环节经营者提供系统决策依据，聚合零售全场景的用户体验标准，为经营者提供完备的经营策略。建立系统监测系统，帮助零售主体各环节经营者提供决策依据。

对用户体验从业者而言，服务设计法则的实践，为用户体验从业者提供了宏观方法论，补充服务设计法则在智慧零售体系领域的实践案例。

由于篇幅所限，具体实操环节无法完全展开，但可见服务设计方法在零售行业实践的核心章法，不断实践和思考总结是提升服务设计的不二途径，希望能给零售行业的同仁带来思考与启发，文中若有不缜密之处欢迎提出。

李月奎

苏宁易购　UED总监

现任苏宁易购集团UED总监，负责泛智慧零售UED工作，其间输出超过10项发明和外观专利，负责苏宁易购产品重大迭代和发布会。从事UED行业10余年，经历过OTA、泛娱乐、通信、共享租房、零售等行业，其中移动端通信设计输出发明专利超过15项。第五届苏宁UED大会并作为演讲嘉宾、第二届中国国际服务贸易交易会服务设计板块主讲嘉宾、UXREN组织的服务设计演讲嘉宾。曾于联想集团（上海）智能移动端BU用户体验设计部门担任资深交互设计师。设计理念：不管时代如何变迁，科技的进步都是为了满足人的诉求。

如何利用交互设计提升直播平台用户互动增长率

◎ 叶敏

互联网红利逐渐消散，精细化运营是大势所趋，把“提升用户价值”上升到所有互联网产品的共同目标也不为过。

提升直播产品用户价值的方案众多，其中，笔者认为增加用户互动意愿是一个极为高效的切入点：用户互动意愿增强，就有更多机会创造新的价值点和收益点。

但是，提升用户互动意愿仍是个巨大且长期的目标，若不够聚焦落地，依然难以指导交互设计的日常工作。

以下以B站直播为例，分享我们的每一步思考、尝试和实践，供读者参考。

1. 穿过次元看B站

B站好比爱丽丝梦游仙境的兔子洞，穿过它就好比穿过了次元。

当下直播平台众多，各有强势的主播和内容，为什么用户会偏偏选择上B站？

首先，B站用户中有大量Z世代（在1995—2009年出生的人，又称网络世代、互联网世代），总体来说，他们对玩法难度高、要求具备一定操作能力的“硬核游戏”接受度更高。

据统计，2019年B站用户总共为游戏内容制作了超过1220万小时、352万条内容，其中尤以单机游戏及硬核游戏为多；而2019年票选的“B站用户最喜爱的单机游戏”前五名中，至少有四款是公认的硬核游戏，足以见得他们的喜爱。

B站用户对动漫文化也更为偏爱，直播间活跃着一批Vtuber，即虚拟主播。

虚拟主播作为新一代直播形式，其本质是动漫文化的延续，既能叠加各种“纸片人”

（即动漫人物）属性，如萌妹、傲娇、腹黑、兽耳、白发，又能增加聊天、表演等互动元素，深受二次元直播用户喜爱。B站直播生态为虚拟主播行业的快速发展提供了天然土壤。

值得一提的是，虚拟主播对年轻一代的吸引力，日渐被国内从业者甚至官媒所认可。蔡明老师推出了自己的虚拟形象“菜菜子”，国内首个官媒虚拟主播SMG（Shanghai Media Group Limited，上海东方传媒集团有限公司）的申䒕雅还作为特邀记者参与了第三届中国国际进口博览会的报道工作。

2. 寻找高效切入点

1000个产品，就有1000个精细化运营需求，有千万个提升用户价值的方案。

在2019英雄联盟LPL S9决赛中，有两种截然不同的观赛行为引起了我们的注意：

下图中左边的体验类似看电视，用户对着横屏静静观赏，手边备足“肥仔快乐水”，纵使内心万千激荡，也不在屏幕上打一个字；右边的体验则更像酒吧，用户打开弹幕一起嗨，讨论、打赏、大肆抒发情绪。

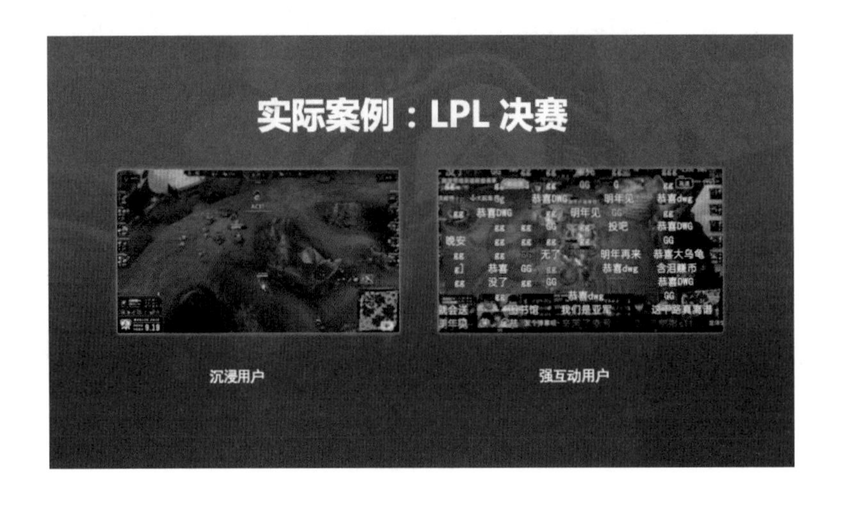

于是，在一切工作开始之前，我们先把用户按活跃程度大致分为三类。

（1）强互动用户，即自身有强意愿并已转化为强互动行为的用户，如上图右边。

（2）限制用户，即内心虽有意愿，但出于某些客观原因无法转换为互动行为的用户。

（3）沉浸用户，即互动意愿较低或互动行为频度低，甚至尚未尝试互动的用户，如上图左边。

我们认为，强互动用户相当于存量市场，当然可以尝试促成他们的更多互动，但挑战不小；限制用户无法互动的原因往往来自交互设计端无法解决的各类客观问题；而沉浸用户好似增量市场，促进他们哪怕是一次或几次的互动转化，都能为平台带来不错的增量价值，使产出更高效。

诚然，用户的互动意愿不会一蹴而就，需要恰当的契机和习惯的养成。而作为交互设计师，我们提升用户价值的目标至此有了落脚点：用交互体验的武器，促成沉浸用户的初次互动尝试。

3. 高光时刻的情绪出口

交互设计的一小步，可能就是平台迈出一大步的开始。

那么，所谓沉浸用户初体验恰当的契机是什么？

进一步分析S9的这场比赛，用户行为在三个重要时刻发生了极大转化，分别是：IG团灭GRF、第一局IG获胜、第二局IG获胜。

这三个时刻都让用户的活跃程度提升了至少180倍，其中一定少不了沉浸用户的贡献。由此假设，这三个时间点更容易引发沉浸用户做出初次互动尝试，我们称之为“高光时刻”。

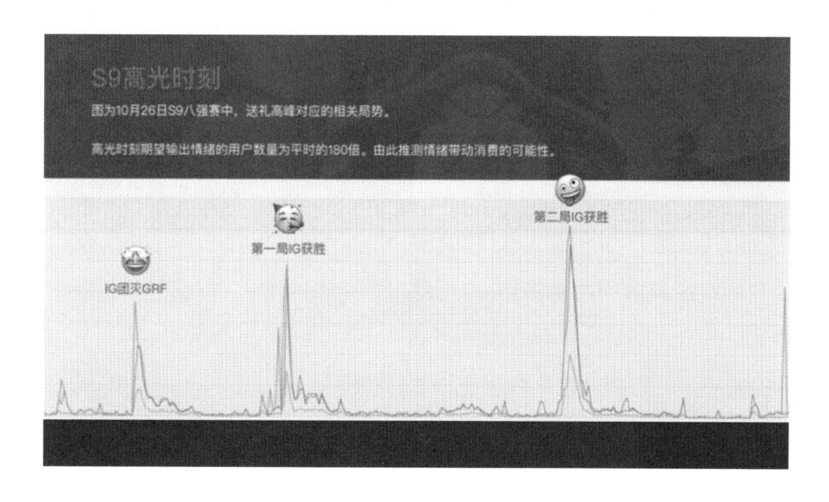

既然高光时刻如此重要，接下来我们面临的新挑战，便是在高光时刻，让沉浸用户毫无阻碍地宣泄情绪，体验初次互动的精彩。

通过对沉浸用户的访谈和调研，我们归纳出目前影响互动行为的两大因素。

（1）步骤烦琐，即用户链路过长。

（2）选项过多，导致用户花费大量无用时间。

就此，我们提出了两大模块、六种解决方案，并加以实践验证。

模块一：针对熟悉直播互动方法，且有过预充值经验的用户，具体为：

（1）便捷互动，减少用户的操作步骤，减少在横屏模式下“投喂”（即打赏）所需步骤。

（2）轻量干预，预估用户可能进行的操作并进行适当辅助。

（3）激励干预，给予高光时刻互动的用户送礼氛围的支持。

模块二：针对未充值的用户，减少其决策成本，具体为：

（1）减少操作步骤，在用户非自发充值时跳过“余额不足”弹窗，让用户直接选择充值金额。

（2）减少决策时间，在用户选择礼物点击发送后，判断该用户选中礼物的最相近充值方案，且仅显示此方案。

（3）预判用户行为，在用户金额不足时，预测可能会进行充值的行为并有针对性地展示。

一年后的2020英雄联盟LPL S10比赛中，B站直播间人气峰值突破3亿，是S9直播峰值的160%；截至决赛当晚，B站S10整体赛事的直播观看人次同比提升300%以上。

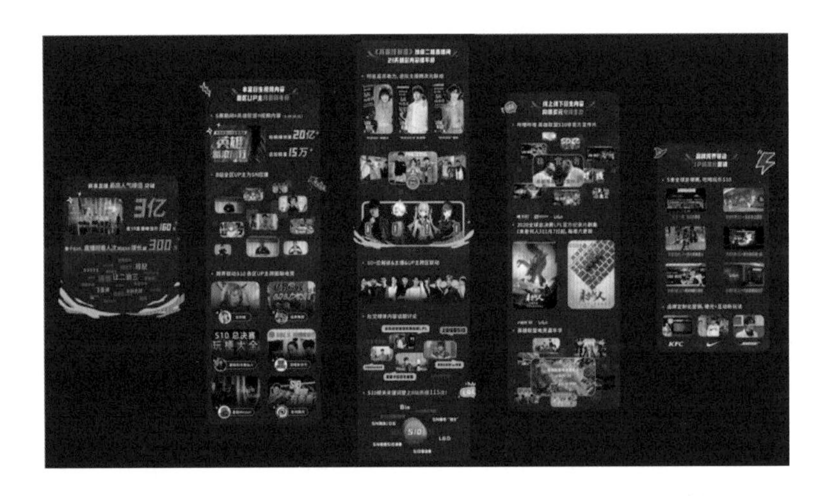

当然，这其中可能只有用户调研和交互体验的一点小功劳，但是我们仍骄傲于为平台做出了自己的贡献。

交互设计的一小步，可能就是平台迈出一大步的开始。

4.《心经》的启示

视觉设计只是手段，形成持久的用户行为改变才是关键。

当沉浸用户获得了一次还不错的互动体验以后，引导其养成强互动习惯就成了我们接下来的小目标。

熟读佛经，笔者从中得到了一些启示。《心经》中有一句：“观自在菩萨，行深般若波罗蜜多时，照见五蕴皆空”。

这里说的五蕴，是指“色、受、想、行、识”，从交互设计的角度可以做如下解释。

色：接收到的外界信息刺激。

受：接收到信息后内心所产生的感受。

想：感受之后与自身情感产生关联的联想。

行：由于正面或负面感受而产生互动行为。

识：上次行为带来的感受最后沉淀成新的记忆。

最后整合称为“蕴”，有积增聚合的意思，就是习惯的累积和养成。

初次接触可能有些难以理解，此处就以《灌篮高手》为例解读。

井上雄彦老师的画风、漫画人物的喜怒哀乐，就是我们收到的外界视觉刺激，即“色”。接着产生了“受、想、行、识”一系列反应：持续想读下去，迫切想了解后面的剧情。晴子最后选了樱木花道还是流川枫？全国大赛湘北到底赢了没？

漫画中樱木花道花30日元买的AJ6运动鞋，穿坏之后老板送的AJ1，还有和流川枫画上等号的AJ5，无不风靡三次元，可谓“识”引发的品牌效应。现在，这部30多年前的作品依旧是80后青春不可缺少的一部分，每每出现相关内容都会引发回忆杀，周边商品必定成为爆款，更有甚者因此对篮球痴迷终生。

由此可见，“色”对行为的改变是递进且深远的。换句话说，从外界刺激着手，引发情感链接，是促成用户习惯养成的捷径之一。

值得注意的是，“色”的组成非常多元。不仅仅来自视觉，文化、环境、色彩、气氛等都能作为外界刺激的来源。

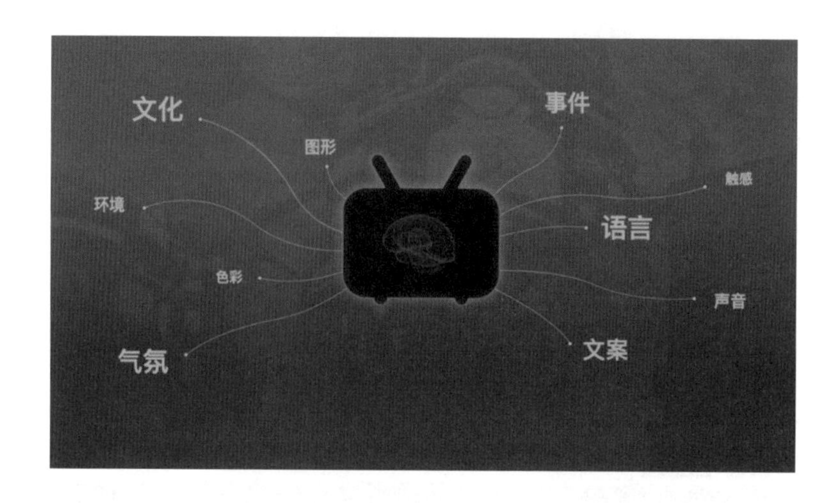

我认为，对新一代交互设计师而言，视觉上美观与否只是手段，如何营造气氛、烘托环境、衍生文化，最终形成持久的用户行为改变，才是必不可缺的自我修养。

5. 从假设到验证

无论多么炫目的视觉呈现，都要经得起数据的考验。

设计的本质，是一个从“未知”到“已知”、从“可能是”到“应该是”的过程，乍一看直接、线性，事实上却是循环往复的过程。

“五蕴”之中，作为交互设计师能直接影响到用户的，就是“色”。

那么，是否有这样一个工具，帮助设计师把抽象的“色”落实到日常工作中，通过高效作用于“色”来提升“五蕴”积累的效率?

对此，我们简化双钻模型，通过不断实践形成了一套更适合B站直播设计团队使用的模型：挖掘、提取、搭建和度量。

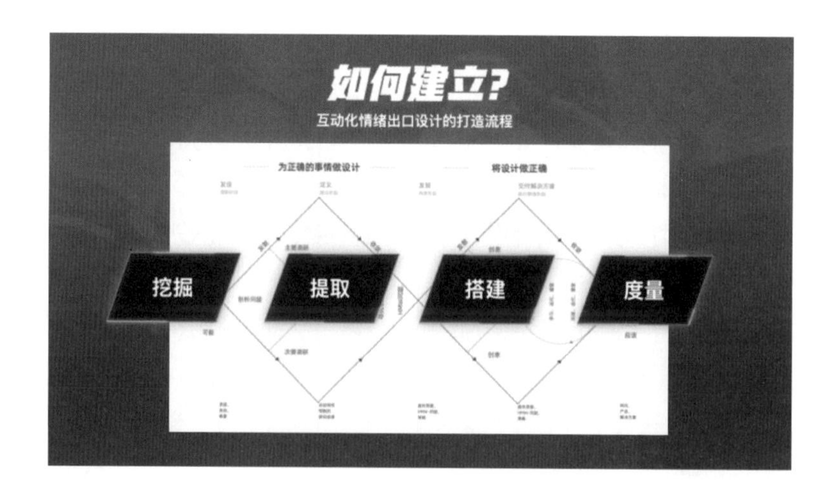

1）挖掘：平台、主播及用户的特征

在访谈B站直播用户时，我们能明显感受到扑面而来的热爱。很多用户都是从最初看剧，到有自己喜欢的UP主，再关注到B站直播。他们愿意为喜欢的UP主或主播做各种应援，小到给视频投个硬币，大到给主播上“大航海”（B站特有的主播粉丝体系）。

除了用户，我们也会访谈主播。一位小众翻唱主播表示，她享受B站的氛围，这里曲风更多变，音乐更有深度。她既是主播，也是用户，在B站，即便再小众的歌曲也有兴趣相投的人一起听、一起唱，这种归属感是其他平台不具备的。

“对B站的感情，是愿意在此成长，在此慢慢变老。”访谈中诸如此类的发言让我们动容，也充分说明，B站用户和主播们除了具备Z世代、年轻人、二次元这些冷冰的标签外，更具备充满温情的属性：社群感。

社群感来源于用户对平台、对主播强烈情感的链接，是我们挖掘出的重要特性。接下来，通过从主播、直播间、用户中寻找具有社群感的典型行为，尝试由面及点，提取引发“色”的关键共性。

2）提取：共性和痛点

访谈中，我们发现绝大部分用户都有在直播间对主播表达支持的意愿，且这种意愿通常通过道具来展现，又可分为两大流派：“氪金派”和“情感派”。

氪金派：主要通过打赏或与金钱相关的道具表达支持。

情感派：更多用情感词汇组成的弹幕和代表爱意、敬意的道具表达支持。

接下来，我们采用情绪定位法分析各个道具。如下图右边所示，横轴的两级是愤怒和喜悦，纵轴的两级是强烈和平静；越靠近坐标轴的边缘位置，情感属性越强烈。

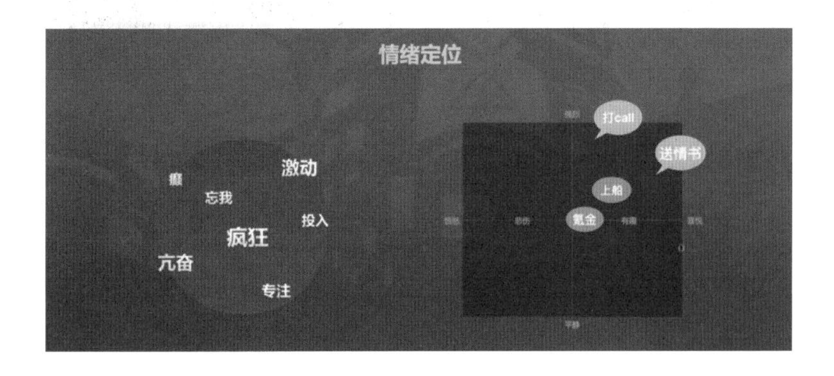

通过分析可知，氪金派的关键道具基本处于较中间的位置，说明情感偏中性；而“打call”“送情书”等情感派的典型表达则偏边缘，情感强烈。

强烈的情感倾向往往对“色”的刺激大，易形成情感关联和共鸣，有助于对“五蕴”施加更为深刻的影响，对促进用户行为的转变和养成更为高效。

换句话说，聚焦情感派用户，有针对性地优化情感属性道具，能获得更高效的产出。我们选择“打call”这个道具着手验证我们的想法。

3）搭建：视觉设计的产出

“打call”来源于日本演唱会应援文化，主要体现现场感及台下整齐划一呐喊的海洋气氛。

第一版的“打call”道具虽具备了这个词给人的初步印象，但始终停留在视觉层面，缺乏情绪传递。第二版尝试加入人群以体现现场氛围，小电视还穿上了日式应援服，但似乎还是差了些现场代入感。于是第三版经过改良，让22娘和小电视的表情更为投入，服装换为更符合中国应援文化的爱心T恤衫，无论是表情还是气氛都愈发强烈。

最终呈现的版本，我们又从物境、情境、意境三个方面进行了升级，注入更多荧光棒、人海、聚光灯质感，和集体有节奏感的挥棒动效，帮助用户毫无保留地释放强烈支持情绪。

4）度量：衡量效果以迭代

无论多么炫目的视觉呈现，都要经得起数据的考验。

一般而言，付费率是10元以内道具的重要指标，而付费曲线大致呈现随单价上升而下降的递减趋势。如果某个道具的付费率超越趋势线，说明对该道具的搭建更为成功。

通过升级，“打call”这个道具从最初的单纯视觉传达，到情绪、环境、氛围、临场感的完美营造，可谓有了质的提升。而这一切努力的最直观度量，无疑就是非一般的付费率数据。

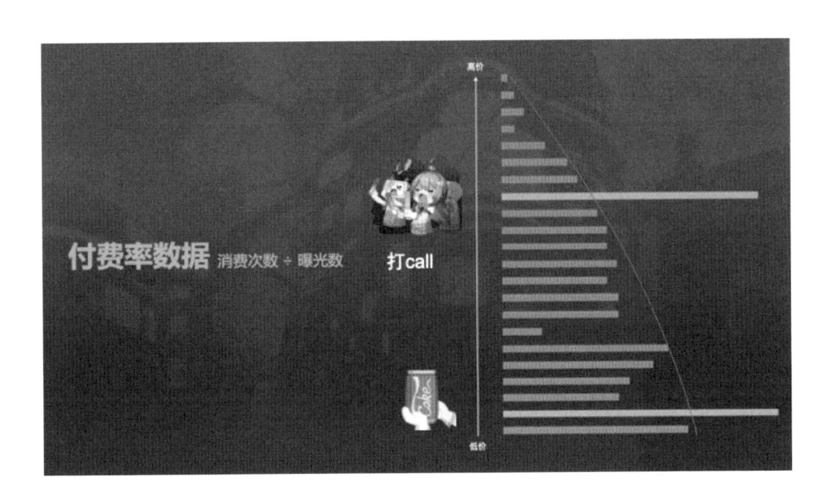

由此，我们完成了一次对情感化道具挖掘、提取、搭建、度量的全过程。

6. 强互动体验的创新

“我就想要一次刻骨铭心的互动。”

“色”影响“五蕴”，促进用户习惯的养成并非一朝一夕，对此我们有充分的心理准备。通过不定期进行用户和主播访谈，我们不断挖掘和提取未被满足的老需求和不断涌现的新需求，以此搭建设计方案、度量效果并加以迭代，持之以恒。

某次访谈中，用户不经意的比喻给了我们灵感：

“在大主播房间里发弹幕，就像丢了个五彩石到池塘，但光线特别明亮，就看不到你的五彩石了。”

另一次调研中，有用户表示只要留言被看到，只要能和主播搭上话，不在乎花多少钱：

“我就想要一次刻骨铭心的互动。”

表达或隐晦或直接，核心需求点再明显不过：希望自己的弹幕被主播关注。

挖掘和提取到此，创新的“醒目留言”搭建就开始了。

我们把“醒目留言”定义为一种全新的礼物打赏方式，融合B站特有的排面炫耀、竞争打榜、留存羁绊等社群文化，按照不同的展示方式、颜色和时长区分不同付费档位，通过悬挂付费弹幕形成对主播的强提醒，达到强互动、强体验的效果。

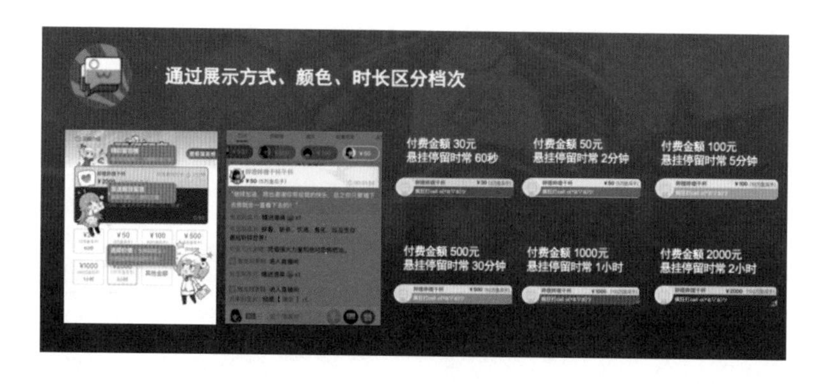

“醒目留言”从2019年9月上线以来，不但没有影响原有直播间内的营收体系，而且在保持自身高速增长的同时带动了其他道具及“大航海”的一定增长，体现了这个新型道具不可估量的发展空间。

7. 结语

市场环境风云变幻，用户的认知、喜好、心智正时刻改变，新生代的交互设计师切忌自恃清高、故步自封。

设计的最终目的永远是为用户、为产品服务。

通过调研挖掘用户细微变化，提取老问题、新需求，创造性地搭建设计方案，最后用数据说话，度量、验证、迭代，强化“五蕴”中的“色”的综合体验，让沉浸用户形成美好的初次互动，直至养成互动行为，提升用户价值，以期为实现持续增长尽最大努力，是以不变应万变之道，也是B站直播设计团队的日常。

叶敏

哔哩哔哩　直播产品中心交互负责人

目前任哔哩哔哩直播产品中心交互负责人。擅长分享自己所长，提升交互团队乃至整个直播产品中心的整体团队战斗力。拥有10年以上互联网产品设计运营经验，多次参与项目的从0到1孵化、从冷启动到商业化，对数据化运营增长体系的理解全面而深刻。曾任恒大金融集团产品部UED总监。他一直秉承设计服务产品的理念，贯彻数据科学和设计美学，力求最优化用户体验，增黏性、升付费、促增长，探索设计和产品完美结合的更多可能性。

05 国际化设计和本地化诉求的平衡

◎ 王继伟

近些年来主动出海的企业占比越来越高，也涌现出不少向国际巨头竖战旗且取得不错战果的明星企业。作为国内OTA（Online Travel Agency,在线旅行社）的龙头，携程国际化的布局也早已启动，独立品牌Trip.com目前已覆盖日本、韩国、泰国、英国、俄罗斯、澳大利亚等数十个国家及我国香港和澳门地区。

近三年来，Trip.com也从最开始的携程英文版，发展为支持20种语言和29种货币的国际OTA，直面Booking.com、Expedia、Agoda等巨头的竞争。伴随着产品的进化，Trip.com设计团队遇到过千奇百怪的源自国际化和本地化的冲突和挑战。面对这些冲突和挑战，本文聚焦在Trip.com设计师如何灵活运用“仔细观察、大胆假设、认真执行、严谨验证”的思维框架，应对和处理各种设计难题，发挥自身价值。

1. 设计出海须知

全球化（Globalization）、国际化（Internationalization）、本地化（Localization）这3个概念已经非常普及，而最早于20世纪80年代晚期，日本经济学家在《哈佛商业评论》发表的文章中也曾提到一个词——全球本土化（Glocalization），意在强调当全球化的产品或服务与当地文化相结合时更有可能取得成功。麦当劳在世界范围扩大时，为了适应当地人们的口味，连锁店的菜单各不相同，成为全球本土化的经典案例。

因此，全球本土化不仅是一种营销策略，也是经济日益全球化和一体化背景下出现的一种新的理论和思潮，是一种可执行、可落地的设计思维。

一般来讲，设计出海产品时，主要从语言、习惯、文化、政策四个维度考虑，包括功能设计、流程设计、页面设计，这些是设计思考的基础，也是和国内产品设计时的主要差异。

设计出海须知

语言	长度 文案/姓名/货币	语序 姓名/符号/货币单位	字体 多语言预设	阅读顺序 RTL/竖向
习惯	行为操作 线上/线下/预定/咨询	接收通知方式 邮件/短信/社媒/电话		
文化	宗教 地域/信仰/偏好	禁忌 & 误解 插画/色彩/用语/符号		
政策	合规 临时政策/本地习俗	订前订后 咨询/投诉/赔偿/退款	用户反馈 渠道/内容/触达	

2. Trip.com如何应对差异

基于这些差异，我们设计Trip.com在App/H5/Web的用户体验时，聚焦在匹配用户差异化的心智和培养习惯上，针对不同市场的用户，遵循“了解用户、留住用户、打造品牌”的逻辑顺序，在不同的阶段采取针对性的方法，达到预期目标。

1）多平台差异化设计

首先是多平台设计。只有60%左右的国际用户使用App预订旅行产品，其中欧洲、澳洲用户使用H5和Web的比例尤其高，因此在设计Trip.com时，不止关注App用户，对于心智类型和预订路径完全不同的H5和Web用户也要非常了解。通过使用不同的设计策略引导用户完成下单，最终将其转化成我们的忠实客户。

- 先学习，后超越

其次是先学习、后超越。Trip.com作为后来者，面对的竞争者除了Booking.com、Agoda、Expedia等大型OTA外，还有当地的比价平台如Google、Naver、Trivago、Hotelscombine以及各国当地OTA，如乐天、Hnatour、Traveloka等，这些竞争对手同时也是我们很好的学习对象。

2）多渠道了解用户

使用高频次的在线调研配合定期的当地调研。与身处异国他乡的用户保持互动，是我们了解用户、挖掘趋势的常用方法。UsabilityHub、UserTesting、SurveyMonkey等平台能给我们提供及时的真实用户反馈，以及和用户在线互动的机会，而一个季度一次的当地调研也为我们更加深入地理解本地用户提供了宝贵经验。

除主动调研外，我们还会持续收集用户反馈和当地市场同事的反馈，使得各个市场的用户形象在我们的脑中逐渐丰满、具象起来。

3）多场景包容/定制

基于和常规场景的差异性进行聚类、分组，扩展常规设计，包容性地处理特殊场景。

一个明显的案例就是非英文姓名转译。中文有多音字和复姓的情况，但是在用作姓氏时，定义会非常明确，如“单（shàn）”“仇（qiú）”“欧阳”，绝大多数国人在购买机票时不会写错自己的英文名（拼音）。

然而国际上有一些语言很特殊，姓名和英文字符并不是一一对应的，而且很多用户不清楚自己的官方英文名到底是什么，因此他们在用Trip.com购买机票时，输入英文名就会经常出错（和护照上的英文名不完全一致），从而导致无法登机，例如韩国和俄国。

韩语和俄语分属两个极端，韩语的一个字符可以对应多种英文字符组合方式，俄语仅存在极少的一个字符对应两种英文字符组合方式。因此，在设计姓名录入的体验时，我们基于常规的英文输入流程，为“极多”和“极少”两种场景进行了扩展设计，用一套设计体系覆盖未来会出现的所有非英文姓名转译场景。

韩语姓氏	韩语对应原始拼写	可以通用的英文拼写
가	Ga	Ka , Kah , Gah
간	Gan	Kan , Khan
갈	Gal	Kal, Garl, Gahl, Karl
감	Gam	Kam, Kahm, Karm
강	Gang	Kang, Kahng, Kwang, Khang
개	Gae	
견	Gyeon	Kyun, Kyeon, Kyen, Kyoun, Kyon, Kwion
경	Gyeong	Kyung, Kyoung, Kyeong, Kyong, Kung
계	Gye	Kye, Kay, Kae, Gae, Keh
고	Go	Ko, Koh, Goh, Kho, Gho, Kor
곡	Gok	Kok
공	Gong	Kong, Kohng, Koung, Goung, Khong
곽	Gwak	Kwak, Kwag, Kwack, Gwag, Koak
구	Gu	Koo, Ku, Goo, Kou, Kuh
국	Guk	Kook, Kuk, Gook, Kug, Gug, Cook

俄文字母 - 对应俄文字母	俄文字母 - 对应俄文字母
а - a	п - p
б - b	р - r
в - v	с - s
г - g	т - t
д - d	у - u
е - e	ф - f
ё - e	х - kh
ж - zh	ц - tc
з - z	ч - ch
и - i	ш - sh
й - i	щ - sh/ch
к - k	ы - y
л - l	э - e
м - m	ю - iu
н - n	я - ia
о - o	

4）多维度保护用户隐私

国际用户非常注重隐私保护，如欧盟的《通用数据保护条例》、日本的《个人信息保护法》等，近年来Google、Amazon、Facebook、Tiktok也相继因触犯用户隐私收到大额罚单，最高甚至上亿欧元。Trip.com在设计时，需要针对不同国家制定不同的设计策略，如姓名不可预填时如何提升用户效率、选择框不可默认勾选时如何提升勾选比例、条款和条件（T&C）不可默认同意时如何降低用户费力度等，很多做国内产品时的“默认”都成为一个个需要纳入考量的场景。

5）多触点激励用户

当用户来到我们的平台，甚至完成一次预订后，如何将他们转化为我们的真实用户呢？我们的方案是权益满满的会员体系以及可以当钱花的TripCoins，设计需要做的是能够在用户的全流程中找到最适合“植入理念”的触点，并设计出场景让用户能够强烈意识到。

6）多方位强化品牌曝光

在自身产品设计体验持续优化之外，持续的品牌曝光才能逐渐占据用户心智。基于自身品牌形象，除了常见的线上渠道外，我们在各国还需要根据当地情况进行不同形式的线下宣传。霍夫斯泰德的文化维度理论告诉我们不同国家用户对于新品牌的接受路径不同，因此我们会在不同的国家选择性使用电视广告、室外宣传、KOL（Key Opinion Leader，关键意见领袖）宣传、补贴宣传等多种方式，以达到最理想的效果。

3. Trip.com的设计策略

仔细观察、大胆假设、认真执行、严谨验证，这是一套闭环的底层思维框架，每一个步骤，都可以继续往下拆解，提炼出对应的设计方法。以这套框架为基础，用相应的设计方法持续补充，最终形成面向国际化的设计工具。下面以Trip.com阿拉伯语版App设计为例进行讲解。

设计策略

仔细观察 Observation	用户 操作/行为/反馈	数据 转化/点击/轨迹	体验 文化/界面/合规	竞品 A/B/E/etc.
大胆假设 Hypothesis	问题原因 流程/结构/文案/心智	设计方向 改版/微调		
认真执行 Execution	确定的方案 结构/激励/反馈	上线前验证 测试/调研		
严谨验证 Verification	数据指标 订单转化率/服务引发率等	客诉 相关咨询/投诉电话	用户反馈 相关诉求/投诉	

1）仔细观察

阿拉伯地区有一个概念叫“海湾国家”，指波斯湾（简称“海湾”）沿岸的8个国家，包括伊朗、伊拉克、科威特、沙特阿拉伯、巴林、卡塔尔、阿拉伯联合酋长国和阿曼。因此，在进行阿拉伯地区用户研究时会以海湾国家代指这块区域的核心国家。

阿拉伯语化是一个全面的过程，业务逻辑调整、资源覆盖扩大以及使用体验优化需要不同团队一起努力。设计团队第一步的目标是将界面阿化，因此初期的聚焦点是对于界面优化的研究。阿拉伯地区一直以来都是相对神秘，文化、景观、历史、语言都和我们截然不同，设计时“仔细观察”阶段尤其要用心。我们分别从人口分布、旅行习惯、文化禁忌、竞品表现四个维度了解究竟不同在哪里。

- 人口分布

依据IPSOS Survey的结论，海湾国家的居民中只有47%是本土居民，非本土阿拉伯裔移民占24%，印度裔移民则占22%，西方及其他国家移民仅占7%。

- 旅行习惯

54%的当地居民每年会出行3~5次，且64%都是国际出行，欧洲和亚洲为占比较高的目的地。

62%的出游为家庭出游，其中71%的家庭人数为3~8人，而且由于国际出游距离较远，约有50%的出行时间达到1~2周。

72%的用户使用在线预订平台订购旅行产品，且信用卡支付比例高达78%。

- 文化禁忌

对于设计影响最直接的就是颜色、图形方面的禁忌，例如穆斯林不能改穿藏红花色长袍，伊斯兰国家和地区禁用猪和类似猪的熊、熊猫等，包装不允许印有美女、星星、六角形图案，人体禁止男人露出膝盖以下腿部、女性身体部分需要遮挡等，因此我们在使用颜色、选取POI（Point of Interest，热门地标）图片、绘制插画时都会严格避免触范这些禁忌。

- 竞品表现

在海湾国家用户在线预订平台中，占比最大的是国际品牌Booking.com和Trivago，紧随其后的是本地平台Wego、Almosafer和Yamsafer。表现最好的这两大国际品牌，都有相应的阿拉伯语版本产品。

2）大胆假设

基于上述观察，对于界面的调整方向我们进行了基本假设，主要分为了结构、图标、数字、插画四大模块。

结构的调整主要是从LTR（文本方向从左到右）向RTL（文本方向从右到左），配合技术团队进行自动化调整，所有的语序、动效、视线引导方向都要进行镜像，需要特殊处理的主要是英文和阿拉伯语混排的情况。

图标方面，基于研究，将图标分为需要镜像和不需要镜像，将现有图标穷举后梳理归类，其中需要镜像的包括有方向指向性的、带有阿拉伯语言符号的等，不需镜像的包括带有国际通用图形或概念的、无明确方向性的等。

数字的区别主要在于，我们平时所理解的阿拉伯数字，在阿拉伯语中并不常用，他们有自己的数字形式，因此在具体应用如日期、银行卡号、金额、时间等场景下，都需要使用真正的阿拉伯语数字展示规则来替换。

另外，针对阿拉伯语版本，我们重新绘制了一套符合目标用户偏好的插画，应用在引导、空值页等场景下。

3）认真执行

定义完设计策略和规则后，需要将设计方案细化，因此我们分别从语言处理、货币、行为及认知、内容转换、时间和日期五个维度定义设计细则。

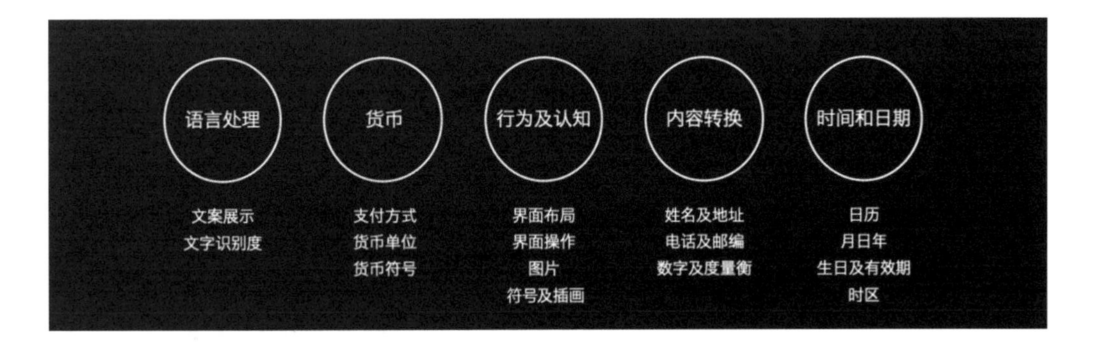

以机票预订流程为例，我们应用上述五大维度细则，将预订流程“搜索机票、选择日期、选择去程航班、选择运价、填写乘机人信息”的页面设计进行全面阿拉伯语化，最终完成符合阿拉伯地区用户认知、习惯、偏好的机票预订全流程。

4）严谨验证

对于OTA来讲，设计的验证永远需要关注几个核心指标，即订单转化率、订单量、服务引发率和当地用户投诉量。对于阿拉伯语版本也是同样，我们需要持续观测数据情况，并进行对应的分析和持续优化。

4. 总结

Trip.com设计师在设计产品时，面对迥异的目标用户、使用场景、流量来源、曝光渠道、合规政策、国际法律，始终心怀国际化设计思维，并持续为品牌露出、第三方流量承接、主流程引导、订单支付转化、相关产品交叉推荐、游客转直客等全流程场景去设计用户体验。

心怀国际的同时，还要定义清楚落地执行的设计规范，重中之重是适配多语言以及为iOS和Android区分定义，并尽可能去更多地考虑残障人群，例如色盲、色弱人群等，通过设计降低他们的操作复杂度，提升整体体验。

王继伟

携程国际事业部　高级设计经理

现任携程国际事业部高级设计经理，负责携程的海外品牌Trip.com在App、H5、Web三端的前端体验，其中Trip.com App曾于2019年获得 Google Design Awards。自2009年毕业于意大利米兰理工大学产品服务体系设计专业（Product Service System Design）以来，先后在中兴、华为、大众点评、携程等公司从事交互设计、体验设计、设计管理工作。

06 将设计思维应用于人工智能

◎ 苏熠

IBM对人工智能的定义

任何能够模拟人类智力和思维过程的系统都被称为具有“人工智能”。简单一句，就是让机器像人一样思考。再补充一点，它是人造的。

在科幻电影里常常能看到，一旦机器能够像人类一样思考，将会发生什么。幸运的是，电影中经常出现的人工智能远比今天的技术先进得多。尽管这些被称为“人工智能”(Artificial General Intelligence)的理想系统遥不可及，但围绕“人工狭义智能”(Human Narrow Intelligence)或“弱人工智能”(Weak AI)，仍有很多值得讨论的地方。

我们今天能够建造的人工智能被称为“弱人工智能”。这类人工智能同样拥有强大的计算能力，它们专注于人类智能的某一方面或某一项任务，例如Siri和AlphaGo。

在IBM，人工智能通常指的是增强智能。人和机器是共生关系，人必须增强机器以便机器增强人类。

将设计思维应用于人工智能设计

在IBM，每个人都可以在团队利用人工智能进行创新。团队需要不同的思维和技能来创造有用的、直观的和负责任的东西。利用IBM AI Essentials框架中的活动、工具和原则，可以使团队应用企业设计思维设计有思想的、以人为中心的人工智能解决方案。

在开始案例研究之前，我们需要先了解IBM AI Essentials框架中包含的内容以及可能会用到的设计思维工具包。

IBM AI Essentials框架是一个具体的活动分组，它包含5个情景模型：

- 意图

AI Essentials框架的第一步是意图。通过发散和融合想法，使团队的解决方案符合业务和用户的意图，帮助团队确定问题以及如何使用人工智能来解决问题。在明确了意图之后，将其作为灵感的提示，花时间和团队一起提出尽可能多的想法；然后，讨论哪种想法对业务和用户最有价值，并推进这个想法。

- 数据

记录可以帮你将意图和想法变为现实的所有数据。

- 理解

分解与人工智能需要学习内容相关的每个数据源。这将帮助团队确定需要教授人工智能的知识，以便它可以了解指定领域的术语、趋势和模式。

- 推理

推理将帮助团队假设，基于之前提供的数据和理解，确定人工智能能做的事情。重新审视团队最初的想法，在可行的情况下，确认进一步的想法并将其付诸实践。

- 知识

在完善想法并形成了推理陈述之后，就该有意地考虑人工智能给用户、业务和外部世界带来的直接和间接影响。团队需要制定计划来发展和维护用户与人工智能之间的关系。

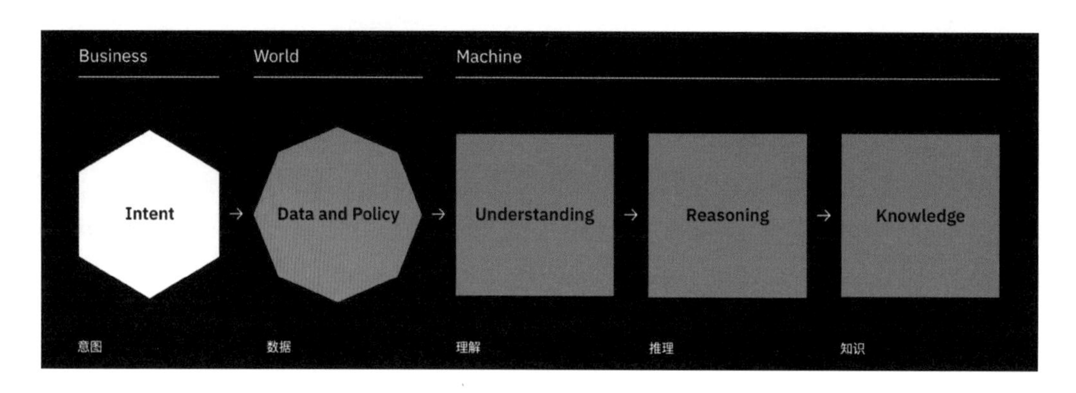

除了IBM AI Essentials框架，还有一个设计思维工具包，它可以帮助团队开始人工智能设计任务。我们不需要完全遵循它的顺序，可以根据项目和团队的实际情况，选择最合适的使用方法。这个工具包包含：

- 用户特征

通过定义用户的需求，确保人工智能愿景能够传递价值。人工智能总是有两个用户——终端用户和拥有人工智能系统的企业。系统需要实现品牌价值、业务目标以及用户需求。

- 数据

定义哪些数据对系统可用，哪些数据有为用户提供价值的可能性。

- 当前场景与人工智能机会

根据意图、痛点以及系统和数据改进的机会，广泛地研究人工智能可以用于改善当前哪些场景或旅程。优先考虑哪些人工智能机会，将对你的终端用户和业务用户意图产生最大的积极影响。

- 创意插图

尽可能提出足够多的想法，这些想法将决定如何将人工智能融入你的产品。

- 优先网格与未来场景

根据可行想法实施的难易程度，以及它们对用户或业务的重要性，对可行想法进行优先级排序。利用你所定义的、优先考虑的想法，为产品设计一个战略性的未来场景。这是人工智能设计中最重要的一步。

- 愿景

创建一个故事，清楚、准确地描述你的人工智能愿景，以及为什么它对用户以及利益相关者来说是有价值的。

- 范围和现状

为利益相关者的复盘做准备，提供必要的规范以推进计划。

在对IBM AI Essentials框架和设计思维工具包有了初步了解后，我们通过一个虚构的案例研究，来分享团队如何使用它们构建人工智能解决方案。

开始自己的人工智能设计项目

作为一个虚构的项目，Big Blue Hotels项目的部分信息与现实情况有些出入。我们旨在帮助大家更清晰地了解IBM AI Essentials框架，以及将设计思维应用到项目的每个环节中。

1）项目背景

该公司的高管希望将他们的连锁酒店与类似的中端市场竞争对手区分开来。数字经济改变了客人对住宿和旅行服务的期望，为了给客人提供现代的、优质的体验，Big Blue需要重新考虑如何与旅客互动。

他们希望借助人工智能解决方案实现其目标，打造更个性化的客人体验。公司领导层也急于看到可以公开宣布并用作营销手段的“卖点”。

2）了解团队

Big Blue Hotels的产品团队负责在全球各地的酒店中，使用人工智能建立更具个性化的旅客体验。团队由5类角色构成。

（1）数据科学家：擅长将业务需求转换为模型，并在数据中找到隐藏的见解。

（2）软件开发工程师：有将API集成到不同平台中的经验，与数据科学家紧密合作，以提升人工智能解决方案的质量。

（3）设计研究员：大部分时间都在了解客人，以确保创建的所有内容都能满足他们的需求。与客人有着紧密的联系。

（4）产品设计师：设计酒店的应用程序和网站。与设计研究员合作，以确保设计符合酒店客人的需求。

（5）产品经理：具有丰富的产品管理经验，以及酒店行业的从业背景。关注特定产品，以确保团队按时、按预算实现高管的目标。

3）跟随设计研究

设计研究员带领团队对Big Blue Hotels遍布全球的客人进行了设计研究（设计思维工具包中的“用户特征”）。

研究结果表明，商务旅客和休闲旅客之间有明显的区别。通常商务旅客是独自出行，年龄在35至50岁之间。他们倾向于停留很短的时间，有时是一晚；他们需要快速在前台办理登记手续，并迅速到达房间进行电话会议或准备第二天需要使用的会议材料。休闲旅客很少一个人来，他们会与家庭成员或朋友一起出行。他们较少关注登记时间，而对酒店内的游泳池、水疗服务等设施更感兴趣。

团队从数据中发现，在Big Blue Hotels遍布各地的酒店中，商务旅客占比均在60%以上。正确确定项目范围是成功的关键，有机会与其他连锁酒店直接竞争的是商务旅客，团队决定更仔细地观察他们。

设计研究员将团队的观察结果和商务旅客访谈整理合并成一个当前场景（设计思维工具包中的“当前场景与人工智能机会”）。团队发现：酒店员工并不总是了解客人的需求；办理入住手续需要很长时间，客人的期望常得不到满足；客房没有给客人“温馨”的感觉，客人在入住之前会花一些时间对其进行自定义。

团队确定了目标用户及其需求后，开始考虑人工智能如何满足这些需求。

4）IBM AI Essentials——意图

在考虑使用人工智能满足用户需求之前，我们需要了解人工智能可以增强的6个核心意图：

（1）加快研究和发现：花更少的时间寻找所需的信息，而将更多的时间用于处理这些信息。轻松处理数百万个数据点，以专注于最重要的工作。

（2）丰富互动：训练人工智能处理常见的请求，以减少响应时间，增加事务的数量，并使交互更有效率。

（3）提前预判：持续监视系统状况，以在问题影响工作之前缓解问题。使用人工智能捕获对业务至关重要的系统中的潜在问题。

（4）精准推荐：让系统了解业务的细微差别，确保考虑到每个因素，以便企业可以做出更明智的决策，提供量身定制的建议并加深与客户的关系。

（5）扩展专业知识和学习：通过创建一个将员工专业知识与行业最新知识相结合的知识库，让组织中的每个人能按需访问，获得更加深厚的知识。

（6）检测问题并降低风险：训练系统以了解并遵守不断变化的法规和隐私义务。快速、轻松地解决合规问题，以保护企业的业务和员工。

通过定义意图的活动（发现人工智能的机会），团队确定了核心意图是通过丰富互动提供个性化体验。遵循这个意图，团队可以朝着相同的方向前进，并有一个标准用来衡量他们所有的想法和方案。随着在整个AI Essentials框架中的工作，他们将回溯到这一意图上。

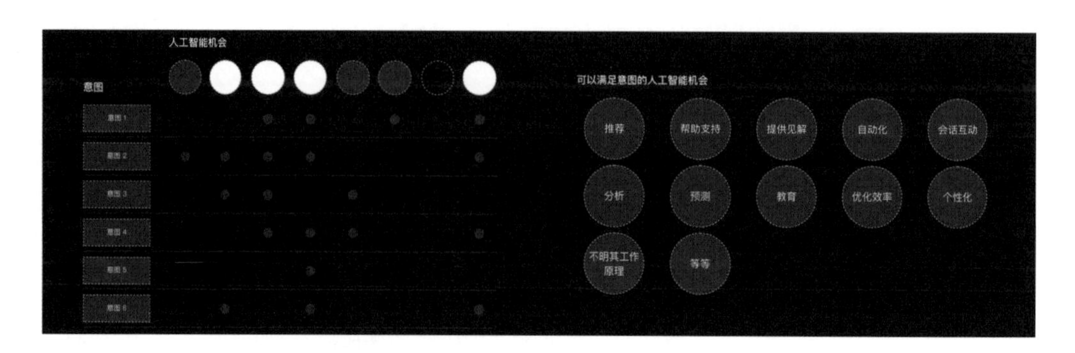

在明确意图之后，团队一起发散和融合每个成员的想法（设计思维工具包中的“创意插图”），以考虑对业务和用户最有价值的方案。最后团队确认他们的方案主题是“住在Big Blue Hotels就像回家一样”。

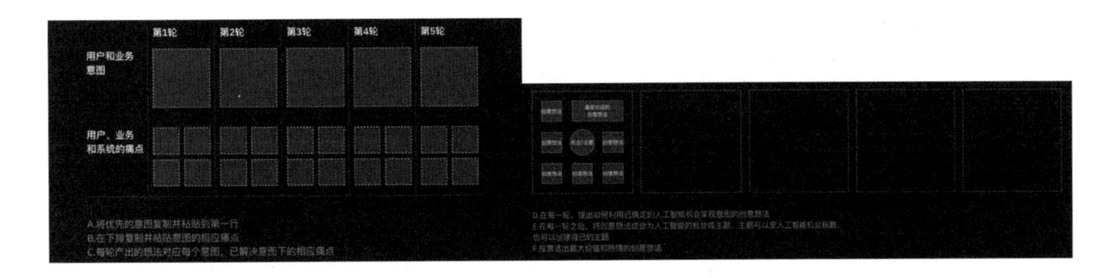

5）IBM AI Essentials——数据

团队试着将伟大构想变成现实。在未来场景中重新设想，每个阶段的相应意图和最重要的创意想法，从而使用户体验更好、业务成果更有价值。思考每个阶段系统与用户做了什么、在后台将要执行什么操作以及使想法生效所需的数据。

具体方案是将人工智能嵌入前台和房间内的虚拟助手中，以增加用户个性化的住宿体验。虚拟助手可能包括的功能有：虚拟助手协助、用旅客喜欢的语言介绍房间和服务、通过自然语言控制房间设施、通过室内虚拟助手直接向服务团队发送请求等。

数据是人工智能系统的基石之一，团队将想法付诸实践需要数据的支持（设计思维工具包中的“数据”）。数据包含三种类型。

（1）公开数据：公开可以找到（免费或购买）的数据。

（2）私人数据：企业持有的数据，通常可以为企业提供竞争优势。

（3）用户数据：用户私有的数据，企业必须请求访问权限才能存储或使用数据。

团队花时间讨论每项数据，确认哪些数据对人工智能的早期成功至关重要，满足意图所需的最少数据量是多少。最终确定以下数据对于满足意图（“住在Big Blue Hotels就像回家一样”）至关重要：

会员资料数据：这个数据用于识别和跟踪用户及其偏好。

客房服务数据：团队需要跟踪客房服务订单，以便所提供客房服务的质量和客人的偏好。

天气数据：天气数据是必要的，这样客人就可以方便地看到天气数据，并最终考虑到房间的温度。

6）IBM AI Essentials——理解

之前团队确定了他们拥有、需要的数据，他们的目的是高度个性化的（“住在Big Blue Hotels就像回家一样”），只有在使用会员资料数据、客房服务数据、天气数据时才能达到个性化的目标。

现在，是考虑人工智能如何理解这些数据的时候了。把人工智能想象成一个数字化的小孩，在他成为领域专家之前，必须接受大量的教育。一台机器可能要花费数月的培训才能开始理解单个数据。例如，研究“会员资料-忠诚度”的相关配置时，团队需要将会员资料数据集分解为不同的组成部分：个人信息、会员编号、会员积分、会员偏好、会员等级和会员优惠等。

在这个过程中，团队向人工智能解释了它需要学习的会员资料数据、客房服务数据和天气数据的所有概念。截至目前他们已经走了很长一段路。人工智能有大量数据点和概念需要学习，不可能一次解决所有问题，必须从小处开始并进行迭代，以找出学习必要词汇和信息的最佳方法。

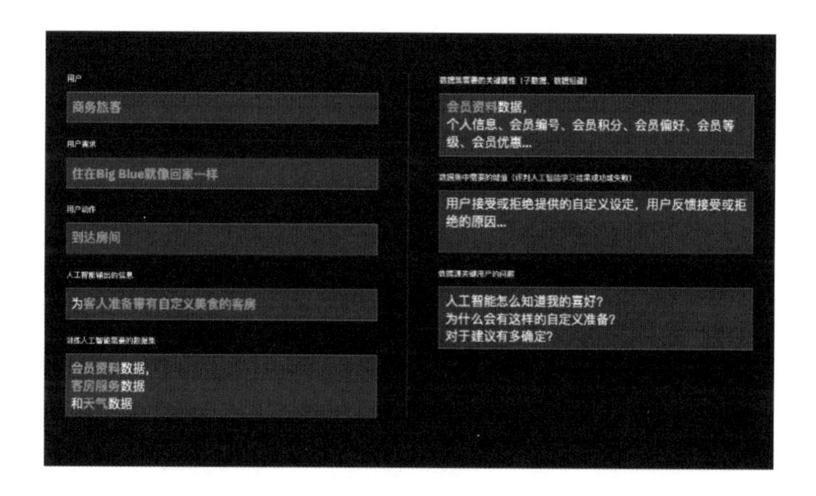

7）IBM AI Essentials——推理

机器学习一段时间后，数据科学家和软件开发工程师担心数据量不够和训练时间不足，产品经理关注团队在合理的时间范围内可以实际提供什么。

这时团队需要重新审视最初的方案（设计思维工具包中的“优先网格”）。

对于当前时间计划而言，无法实现整个想法，可以回头尝试其中的一部分。例如，目前无法实现整个“回家”的想法，回头尝试“最好的虚拟助理”的想法也许行得通。

基于现在有的数据，尝试提出另一个想法。

选择整个环节中的一部分，尝试新的想法。例如，有了现在可以访问的数据和对可行性更多的了解，可以在办理入住手续的过程中做一些事情，这并不完全像“回家”一样，但是使用人工智能来识别客人何时到达，并让他们偏好的东西在房间里等着他们，一定程度上也实现了量身定制的入住。

根据想法实施的难易程度以及对用户或业务的重要性，对可行的想法进行优先排序，并考虑可访问性、道德、偏见和隐私等注意事项。最后团队每个人都同意“选择整个环节中的一部分，尝试新的想法”，并且很喜欢量身定制登记入住这个“回家”较小版本的想法。

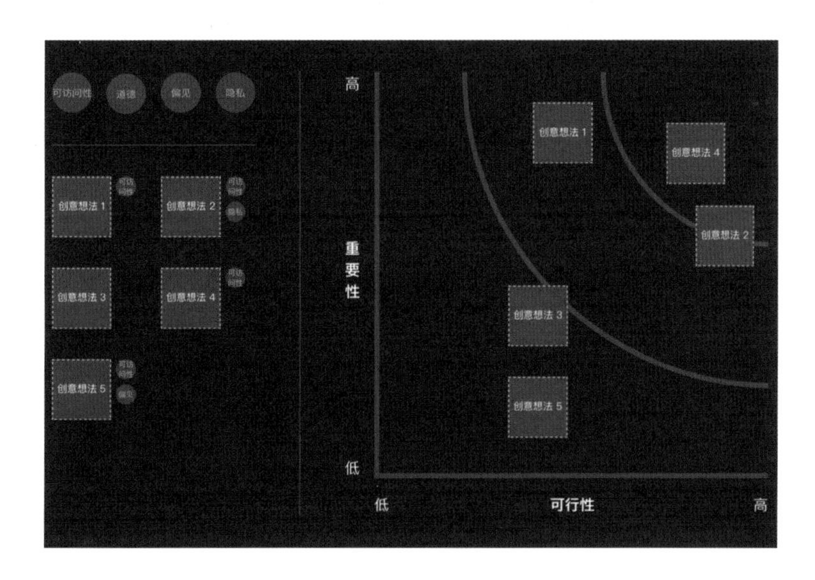

重新审视并精简新的方案后，一个合理方案的陈述可以使团队对“人工智能如何使用其所知来满足用户和业务意图”的认识达成一致。

通用陈述格式如下：

[企业/业务]可以根据[AI的数据和理解]，通过[想法]实现[目的]。

本案例陈述如下：

Big Blue Hotels可以根据天气、服务、房间喜好以及造访原因，通过为客人准备带有自定义美食的客房，实现个性化的体验提供。

或者也可以创建一个故事（设计思维工具包中的“愿景”）清楚、准确地描述人工智能的愿景，以及为什么它对客户、用户、利益相关者有价值。

8）IBM AI Essentials——知识

知识是人工智能所理解、推理和学习一切事物的总和。人工智能的价值不是一个短期的解决方案，而是一种与用户长期建立的健康关系。回想一下Big Blue Hotels的产品团队到目前为止已完成的所有工作中是否有考虑人工智能道德规范。例如，是否考虑过如何向客人解释人工智能的工作过程？当前解决方案是否存在偏见？是否考虑过如何保护用户数据？

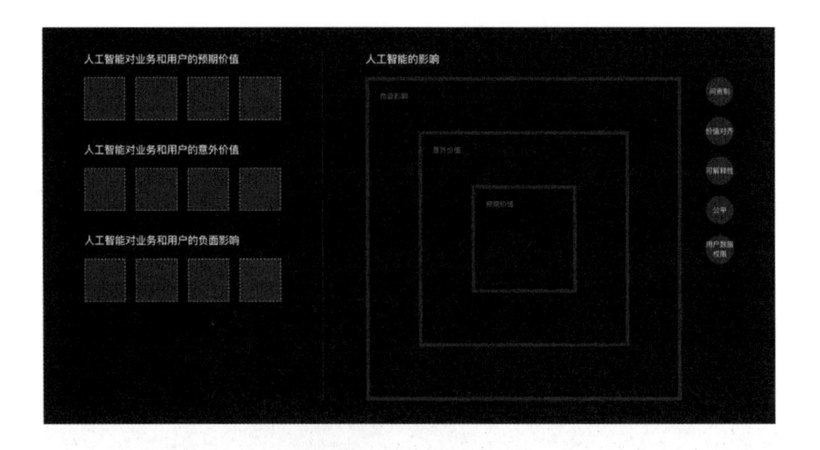

这里再补充一下人工智能道德规范的5个重点领域：

（1）问责制：参与创建人工智能的每个人都有责任考虑该系统对社会以及使用该系统企业的影响。

（2）价值对齐：人工智能的设计应符合用户群的规范和价值观。

（3）可解释性：人工智能的设计应使人类易于感知、检测和理解其决策过程。

（4）公平：人工智能的设计必须最大程度地减少偏差并促进包容性。

（5）用户数据权限：人工智能的设计必须保护用户数据，并保留用户对访问和使用的控制权。

团队在反思人工智能的能力期间，就透明度和用户数据权限等主题进行讨论，并将此列为团队中可行的待办事项。展望未来，使用符合人工智能日常道德规范的设计来确保与用户需求保持联系，并保护人工智能免受负面意图和结果的影响。

各岗位具体操作有：

数据科学家和软件开发工程师讨论如何收集构建模型所需的一切，并确保其数据没有偏见；设计研究员和产品设计师考虑解决方案的端到端体验，并研究通过更加透明的方式，向使用者说明人工智能将使用的数据以及原因；产品经理调整团队日程和路线图，以向利益相关者反映他们所做的工作。

9）回溯整个计划

回溯整个计划，Big Blue Hotels的产品团队通过AI Essentials框架进行了所有工作。他们现在有如下成果：

- 意图：通过丰富互动提供个性化体验。
- 修改后的想法：量身定制的入住（最初想法：住在Big Blue Hotels就像回家一样）。
- 数据文档和系统需要学习理解的所有概念。
- 对如何规划和维护道德AI系统有了更清晰的了解。

下一步，他们将根据在框架中发现的所有内容，构建修订后的“未来场景”（设计思维工具包中的“优先网格与未来场景”）。然后，他们可以在继续工作的同时与利益相关者一起进行复盘（设计思维工具包中的“范围和现状”）。

6个多月了，Big Blue Hotels的产品团队一直在AI Essentials框架的循环中，忙着提升他们计划的人工智能体验：数据科学家和软件开发工程师一直在寻找正确的模型；设计研究员和产品设计师一直在对Big Blue Hotels的客人进行研究；产品经理一直在领导每周的会议进程，并与利益相关者同步他们的最新信息。

总结

设计在人工智能中所扮演的角色与需求密切相关，作为设计师，我们需要了解什么是人工智能，如何将设计与人工智能相融合。

在人工智能的新环境中，我们是在设计人与人工智能的关系。人工智能理解和学习人类提供的数据、有目的地推理并与人类互动，以此来帮助人类做出更好、更明智的决策。

在为人工智能设计时，我们要考虑一个能够理解、推理、学习和互动的系统。始终以人为本，提供用户至上的体验。考虑用户使用人工智能的目的；提供增强用户能力的价值；建立用户对系统的信任。

使用IBM AI Essentials框架、设计思维工具包和人工智能道德规范等指导方针和资源，专注目标、负责任地设计，保证产品共享统一的基础，以创造出有用、直观和负责任的产品来帮助企业应对挑战。

苏熠
IBM　用户体验设计师

现任IBM用户体验设计师，从事用户体验设计多年，专注于设计思维、场景体验，帮助团队根据用户需求、用户研究和用户行为数据来指导决策。擅长使用Enterprise Design Thinking，在教育、旅游、金融、通信、汽车、智慧城市等行业，帮助企业级的客户发现问题、解决问题，通过建造、思考、改进，驱动企业转型与产品创新。

07 移动端AR体验设计实践

◎ 翟莉莉

人工智能时代的浪潮下，聚焦到 AR（Augmented Reality，增强现实）这个有充分想象空间的领域，能够将现实世界与虚拟信息无缝衔接，很多设计师会感受到新奇与挑战。

借助 5G，AR 技术应用会发挥更大价值。人们借助 AR，能让原本虚拟的数字世界融入现实的物理世界，从而打造全新的体验。本文通过已落地的实践案例分析，归纳总结典型移动端 AR 体验设计经验，希望能够帮助对 AR 设计感兴趣的设计师有效学习并在项目中应用 AR 技术，推动体验设计有效落地。

1. AR 行业发展概述

1）什么是 AR

AR 是把计算机创造的虚拟信息，通过技术/设备融合在现实的物理世界中，用户可进行互动操作，使得真实的环境和虚拟信息存于同一空间中的技术。

2）AR 行业发展概述

早在20世纪60年代，Morton Heillg 发明了“未来影院”，VR 的雏形初步建立。随后几十年期间，1992年 AR 概念诞生，2000年第一款应用 AR 技术游戏出现，2012年谷歌 AR 眼镜推出…… VR/AR 的技术能力推进一直在延续，但到能被用户广泛认知和使用，还存在很大的距离。

直到2016年现象级游戏 Pokemon Go 发布，它是由任天堂、宝可梦、谷歌 Niantic Labs 3大公司联合开发，是一款利用 AR 技术的宠物养成对战类角色扮演手游。其中，谷歌 Niantic Labs 为游戏提供 AR 技术支持，借助 Pokemon 的强大粉丝号召力，通过前所未有的在现实世界中真实呈现虚拟信息的游戏感受。该款游戏一炮而红，随之 AR 技术能力也走入普通大众的视线中。

如果说 Pokemon Go 的发布是 AR 技术能力在软件层面的强势推动因素，那么在硬件层面，同年 Magic Leap 在 YouTube 上发布的一则宣称并未采用任何特效合成技术，名为《全新的清晨》的短短2分7秒的视频，完全拉高了世人对 AR 技术能力的期待，虚拟信息完美融合呈现在真实世界中，带给用户的冲击、震撼无法形容。

借助软件和硬件层面的突破，AR 技术能力被世人所熟知、所期待，2016年被认为是AR元年。苹果（AR Kit）、Google（AR core）、微软（Holoens）、华为（手机能力支持）等众多厂商开始明确 AR 赛道并发布相关产品，AR 技术能力的应用和普及加速性发展。

3）制约 AR 发展的3大核心问题

虽然有众多重量级厂商的加入，持续性推动 AR 技术能力的迭代、演进及普及，但此时此刻（2020年12月）不得不说，阻碍 AR 技术能力发展的还有3大核心问题：硬件设备、用户习惯、内容生态。

（1）硬件设备：现阶段 AR 眼镜还受限于诸多难以攻克的技术能力，昂贵的价格也无法使其大规模普及；手机由于体验感受的制约，注定是过渡形态的设备。

（2）用户习惯：在 PC / 移动时代，用户都处于二维体验环境内，用户坐立 / 持握对设备而言属于平行的环境空间；而 AR 技术能力最大的特点是将虚拟信息真实地融入现实世界，用户所面临的体验感受将从二维空间升级为三维空间，全新体验行为会带来用户认知 / 行为习惯的迁移，诸如行动区域从有边界变为无边界，人机交互行为变为自然的交互行为……

（3）内容生态：硬件设备 / 用户习惯迁移的成本大，内容生态是否成熟就显得足够重要，如果当用户带上第一视角设备之后，内容呈现无法形成生态，硬件设备 / 用户习惯无法以生态形式友好存在的阶段，会导致用户对 AR 技术接纳的延迟。

4）对 AR 行业未来发展的看法

对于信息存储的诉求提升，一直是持续促进人类文明发展的重要动力之一，诸如原始社会的甲骨文、封建社会的竹简、信息互联网时代的报纸 / 网站 / 视频……随着信息爆炸，信息的调取 / 使用也变得很重要。

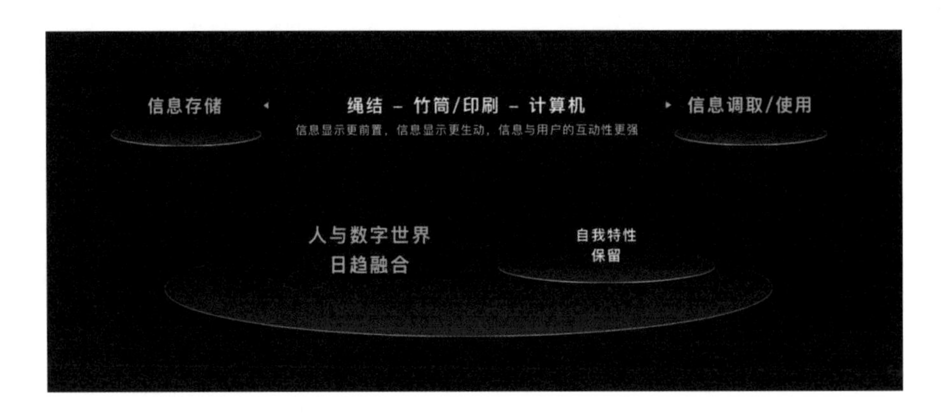

随着技术逐渐发展，机器适应人变得越来越可能，对于用户而言，喜欢吃什么、经常出行去哪里、感兴趣的信息有哪些…… 用户的各种行为都在逐渐数字化，这是不容忽视且不可逆转的现象，用户将与数字世界日趋融合。

但从人的本性而言，人类对于自我特性的保留还是很强的。对于“人与数字世界的日趋融合”和“人性自我特性保留”两者之间的冲突，AR 技术能力一定程度上能够予以缓解。

接下来从我们团队所负责的“百度地图圆明园大水法导览”案例，分析作为一名 AR 设计师应该具备怎样的思维特性。

2. AR 设计师的思维特性

用户获取信息的通路主要依赖于人机交互能力，随着机器能力逐渐增强，用户适应机器逐渐会发展到机器适应用户。AR 技术具备环境感知、虚拟内容与真实环境融合、实时交互、空间感、情境化、沉浸感等典型特性，这些特性能够大幅度解决用户很多的现实性问题。

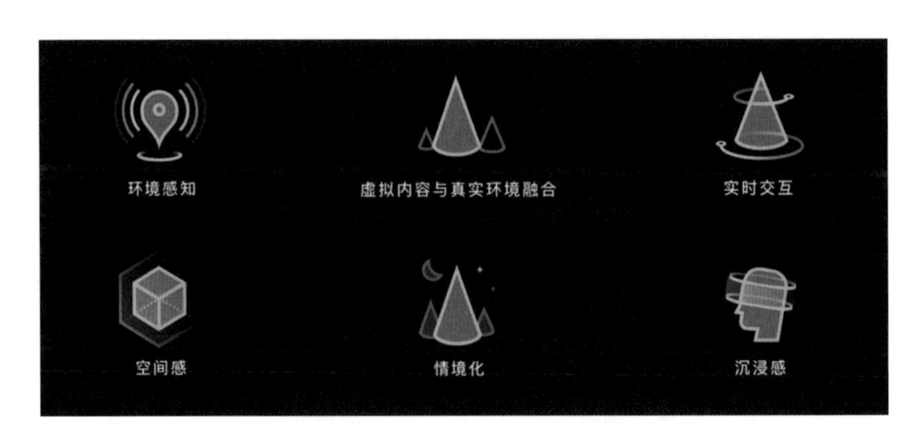

1）交互行为更符合自然模式

从计算机诞生之日起，信息就呈爆发式增长，这虽然扩展了用户获取信息的范围，但用户为了获取信息，需要借助计算机 / 手机等设备进行交互，用户需要改变原有行为模式去适应机器。随着机器能力的逐渐发展，未来机器适应人变得越来越可能。

2）信息展现效果增强，用户与信息直接互动成为可能

虚拟信息可以满足人的想象，可以为信息展现提供更丰富的可能性，具有立体、动态、跨时空、多媒体等特点。虚拟信息使用户与信息互动成为可能，拓展了信息展现的形式、信息展现的空间、信息与用户之间互动的能力。

3）AR 技术应用体验设计区分

受限于环境因素，在不同的环境空间中 AR 交互体验存在较大的差异性，为了更好地归纳应用经验，我们将 AR 技术应用的体验设计区分为人体级、空间级、环境级。

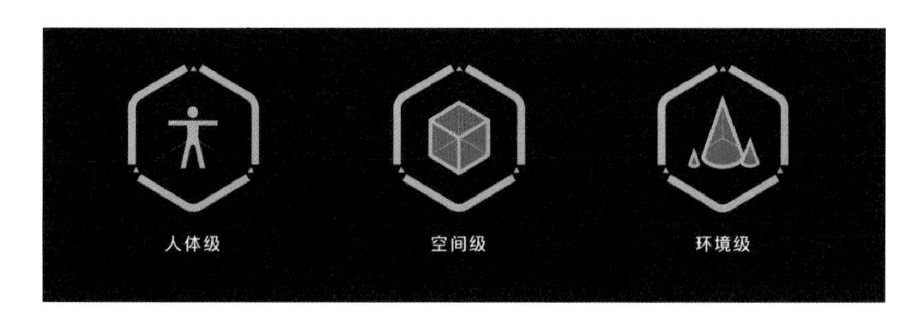

人体级：与人体相关的 AR 体验与内容互动，包含人脸互动、手势互动、肢体互动及环境识别相关的 AR 体验，在视频特效、AR 游戏等中常见。

空间级：在一定小范围区域空间内的 AR 交互体验与内容互动，包含SLAM（Simultaneous localization and mapping，同步定位与建图）、IMU（Inertial Measurement Unit，惯性测量单元）、2D 识别与跟踪 、3D 识别与跟踪，在 AR 游戏、信息类教学、互动演示等中常见。

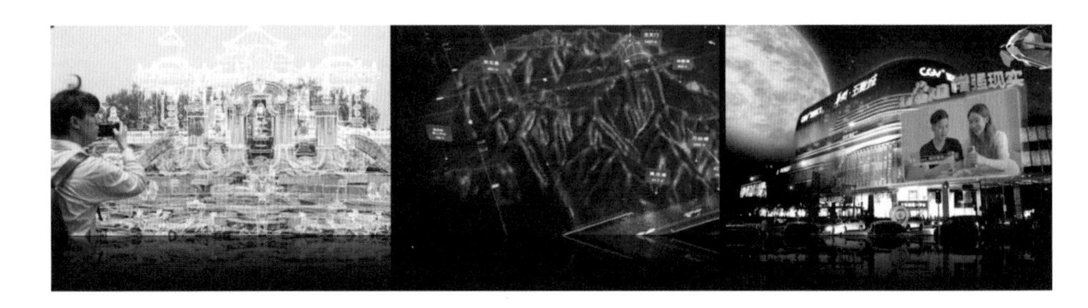

环境级：在物理世界大场景空间内的 AR 交互体验与内容互动，通常使用 VPAS（Visual Positioning and Augmenting Service，视觉定位与增强服务）技术。原理是通过采集摄像头及其他传感器数据并进行深度融合所实现的精准定位，可以很好地覆盖物理世界的场景，返回三维位置信息和朝向数据，用以支持 AR 虚拟信息的精准叠加显示。环境级的 AR 体验设计所涉及的环境复杂，互动元素和互动可能性更为多变，对用户习惯的认知挑战性更高，在设计过程中对设计师思维认知挑战也最大。

4）设计师要对机器识别进行设计

百度地图圆明园大水法导览项目，是通过 VPAS 技术实现的。对于 AR 设计师而言，不仅需要了解用户，同时需要先让机器了解和认知世界。计算机最初并不认识真实的物理世界，需要通过大量的数据采集将信息传输给计算机，通过一定的算法让计算机拥有认识这个世界的技能。设计师需要和开发人员一起制定数据采集策略，通过手持设备对自然环境进行拍摄，反馈有效的认知数据给到计算机。

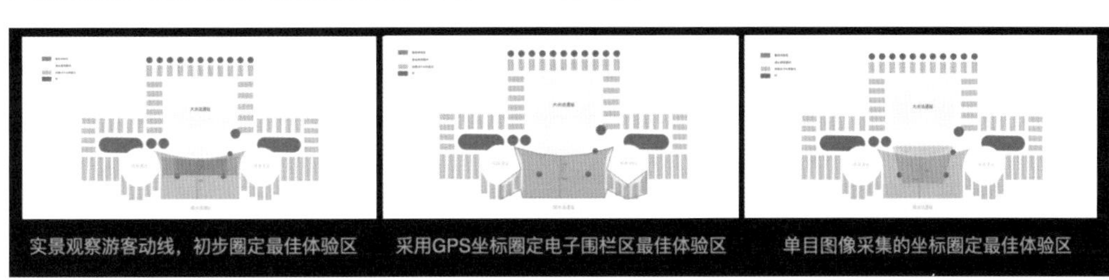

大水法是圆明园景区中的经典景点之一，此次项目希望能够通过AR技术对大水法主体建筑进行复原，重现100多年前圆明园的辉煌盛景（扫描右侧二维码可查看视频）。

大水法

大水法遗址是一个立体空间区域，在特定的区域范围内用户的观感效果最佳，游览也有最佳体验动线。设计师多次实地勘测和观察游客的游园动线，预先设定了一个体验区，将信息传输给计算机，并与产品经理、算法开发人员讨论研究可行性的方案，进行多次校验/

修正，以确保用户的最佳体验视角。在设计过程中，当用户不在该区域内，也会给出合理引导。

5）设计师需要对用户空间体验动线进行设计

在 PC 网页或者移动 APP 中，用户所接触的信息处于二维空间，在 AR 项目中用户以及所接触的信息处于三维空间。这会带来诸多新的体验问题：用户体验过程中行走路线是否存在危险，最佳移动体验区范围多大，用户动线是怎样的…… 设计师需要先行构建合理的空间体验动线，以保证用户在安全的基础上获得更好的体验效果。

空间体验动线设计一般有以下步骤：

（1）初步规划：通过实景等比例模型复原等方法，先行规划空间体验动线，结合技术特点，初步规划一个体验范围交付技术进行开发。

（2）确定范围：通过实景测试验收景点与 AR 元素在手机屏幕中的占比，实际体验测试，充分考虑用户安全性及体验感受，确定最佳体验范围。

（3）引导用户：在三维空间中，除了传统引导用户的手段如图像、文字等，声音大小的变化以及光线强弱的变化等多感官综合性引导可被应用，能带给用户更自然、更直接的使用体验。

6）用户视角从二维到三维

在传统的用户体验设计中，用户视角是二维的，是有级的（用户通过左右横滑，上下竖滑等操作对目标信息进行控制），而在 AR 世界中用户视角是三维的，是无极的，除了传统概念中的 x 轴 / y 轴，会增加 z 轴，并且在多轴维度上都存在360° 可操作空间。

3. 环境级AR设计指导原则

通过实际项目案例 “圆明园大水法复建”，能够看出 AR 设计师在思维意识层面6个典型的变化。针对环境级 AR 体验，通过用户使用节点的拆分和深挖，结合技术梳理设计规范，提炼了具体的设计指导原则。

对于环境级 AR 体验而言，完整的体验流程可以拆分为5个主要节点：内容加载、环境识别 、体验区域、模型展示、模型互动，体验流程需要为用户提供指引性、掌控感、系统性。

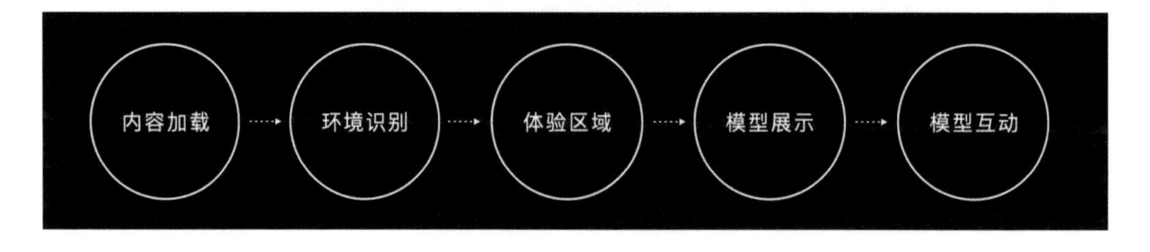

指引性：清晰、明确地引导在 AR 体验中尤为重要，可以帮助用户更加明确如何进行操作。

掌控感：在各种情况下给予用户及时有效的反馈，让用户清晰了解当前的状态，结果等。

系统性：统一的引导形式、操作流程，可以培养用户对 AR 的习惯性操作，保证用户在体验场景中不迷失。

具体各子节点的详细原则，可参见文档《环境级 AR 设计指导原则》，请扫描右侧二维码查看。

指导原则

4.写在最后

1）优质的 AR 体验是第一要义

全新的 AR 交互会给用户带来新的体验，用户对于 AR 体验存在认知空白，需要友善的引导，需要结合视觉、听觉、触觉等多感官通道去营造优质体验。

2）以上原则不可能囊括所有场景，即不必100%遵循

某些场景下不遵循规范，也不会因为影响一致性而影响体验，我们需要结合具体 AR 场景设计，进行合理创新，呈现更好的 AR 体验。

3）指导原则不是永恒不变的，还有优化的空间

在用户不断体验 AR，有了一定的认知后，需要不断地优化、打磨设计体验，优化的过程同样也是创新的过程。

希望通过实际项目总结出的设计原则和建议，能帮助到同为 AR 领域的设计师和开发者们。对 AR 技术能力应用感兴趣的同学，可以扫描下方二维码，查看更多VPAS技术应用视频。

泰山

五彩城

翟莉莉

百度　设计架构师

百度设计架构师，技术中台用户体验部经理。百度输入法、如流会议、AR技术、灵医智惠等方向设计团队负责人。从事用户体验工作10余年，有负责多个C端/B端/技术类产品设计及团队管理的经验，也是团队发展及培训方向负责人。

第4章 品牌营造

01 体验，为美而作

◎ 花原正基

我叫花原正基，是资生堂的创意总监，在朝九晚五的工作之外，也是一名自由职业者。由于我是以平面设计师的身份开始职业生涯的，所以我仍然热爱设计工作。另一方面，我也经常利用前沿技术来展示产品、应用程序和原型，这是我在不同领域积极挑战自己的方式。现在，我想和大家分享一些我过去的作品。

我的工作是资生堂的全球广告策划，内容包括主视觉设计、广告视频设计，以及社交媒体策划和创意制作。此外，我还会制作其他相关视觉艺术作品，例如艺术活动主视觉、橱窗等。

我在2017年完成了智能香薰机的快速原型设计。科技的发展会让在家工作的人越来越多。线上购物的便利性也会让人们花更多的时间在家里。如果能用这种气味来提高工作效率和睡眠质量，那就太好了。我们还在进行进一步的研究，以加深对香味的认识。

近年来，市场商品化，价格下跌，利润下降，产品个性丧失。在这样的情况下，我们需要一种商业模式来贯穿这一切。从一个设计师的角度讲，一个有价值的品牌成长，不能被短期立即生效的利润所束缚，设计好用户体验是必需的。

1. 品牌的用户体验设计

重新审视品牌形象，可以形成独特的体验设计。

我负责资生堂2019年开业的全球创新中心的品牌设计，这个中心的简称是S/PARK，来自资生堂的首字母S。创新中心的这个名字也意味着研究人员的创意将在这里迸发。

在设计品牌形象时，我把重点放在了资生堂的字体样式上，沿用了资生堂100多年来一直使用的独特字体。这种字体充满了资生堂的美的精髓。每当资生堂设计部有新人入职，员工们都会亲手练习这些字体半年到一年，这个传统至今仍保持着。

资生堂的原创字体长期以来一直贯穿在资生堂的广告中，现在已经不常出现了，但不动的标题还是会用到资生堂专属字体。而且因为字体没有被数字化，所以这些字体还是资生堂的设计师根据活动的内容手写的。

美是资生堂永远追求的主题。因此，我决定对汉字“美”进行仔细研究，从“美”这个汉字中提取了一些元素，并将其转化为logo、字体和标识。此外，我想创造一个能激励研究人员在办公室工作的空间，于是制作了一幅大型壁画，高约6米，位于中庭，其中也使用了类似的标识元素，并用同样的概念设计了活动开幕式的海报。

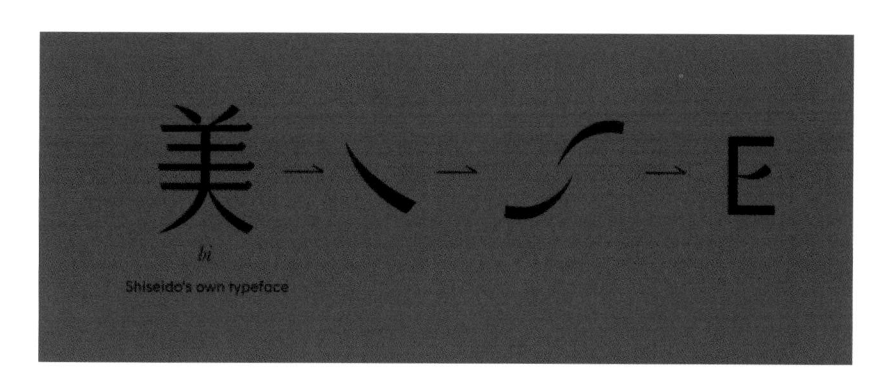

创新中心不仅仅是员工的办公室，这里有咖啡馆、博物馆，还有一个美容吧，顾客可以在这里定制化妆品。咖啡馆设计的每一个细节都是为了让顾客能够放松，度过一段充实的时光。例如，如果顾客购买了两杯咖啡，就会得到一个杯托。这将使顾客想为朋友多买一杯，或者轻松携带到下一个目的地。而我相信创造这种用户动机也是一种广义上的体验设计。美容吧可以让顾客当场购买自己定制的化妆品。研究人员会亲自向顾客提问，检查皮肤状况，当场准备护肤品，并为顾客提供化妆品。

我设计了所有的细节，不仅是研究人员的制服和化妆品包装，还有一系列图标。这些看起来似乎是小细节，但我相信这些小细节会让顾客感到充实和满足。

重新审视品牌形象，可以让品牌有独特的体验设计。在考虑用户体验设计时，区别于竞争对手是一个重要因素。但我们也不必做太出格的事情。为了将自己与竞争对手区分开来，最重要的是深究品牌，找出品牌个性的所在。而遵循最初的理念和思路非常重要，不要试图成为别人，必须要深入内心去寻找。

在设计用户体验时，我认为最终用户界面的图形设计是极其重要的。无论多么伟大的概念，如果没有完整的质量，概念将无法正确执行。这就是为什么我总是有意识地在最终的用户界面上保持高质量的图形设计，当这一点被正确执行时，我们能够创造出一个感动人心和激发灵感的设计。

2. 设计消费者和品牌之间的新关系

消费者和品牌之间会发展出一种新的关系。我将讨论创造品牌体验技术的重要性、让品牌更接近消费者的关键性，以及未来几年品牌和消费者之间的关系将如何改变。

直到现在，企业和品牌都是通过实体店和网店与消费者互动。购物是消费者与品牌互动的唯一方式。而这也是企业传统的发展方式。未来几年，我相信品牌将会有更多转变，成为与消费者无缝对接的合作伙伴。这是一种只有通过数字技术发展才能实现的关系。

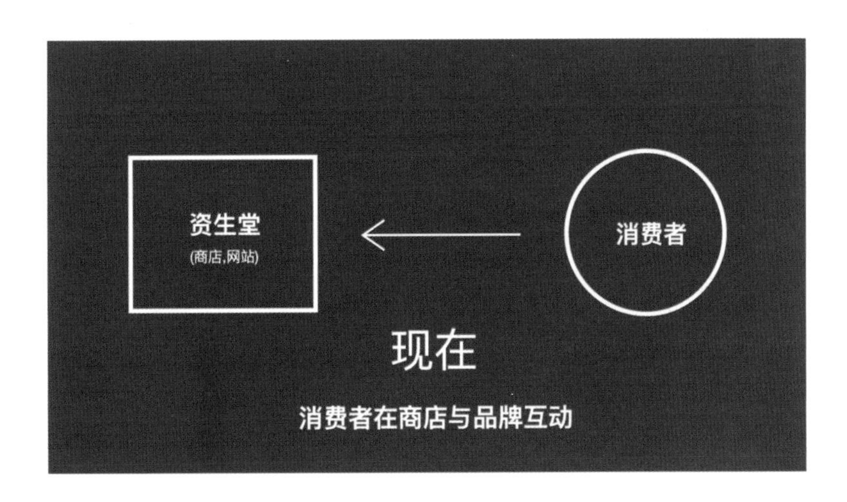

现在随着疫情的出现，去实体店面变得越来越困难。传统意义上的购物体验已经在发生变化。而品牌也必须找到新的产品销售方式。疫情显然加速了这一进程。而我相信，这可以在消费者和品牌之间创造一种理想的关系。

资生堂提出的“美”涵盖的领域很广，不仅包括彩妆，还包括护肤和护发，而且不分性别，深深扎根在人们的生活中。从这个意义上来说，我相信围绕产品创造体验的技术以及创造产品的科学，将变得极为重要。同时，我认为科技应该与日常生活无缝结合。

主力消费者女性对美容产品的要求更为严格，尖端的科技对她们来说并不是万能的。即使科技再尖端，如果产品不能给消费者的日常生活带来积极的改变，那么产品也不会从货架上被人带走。科技的应用应该是完全贴合生活的，要能为日常生活带来积极的改变。

未来，我认为品牌面临的最大挑战，将是拉近消费者和品牌之间的距离。品牌将成为更多消费者的合作伙伴，时刻贴近消费者，比消费者自己更了解消费者，并提供明确的建议和支持。

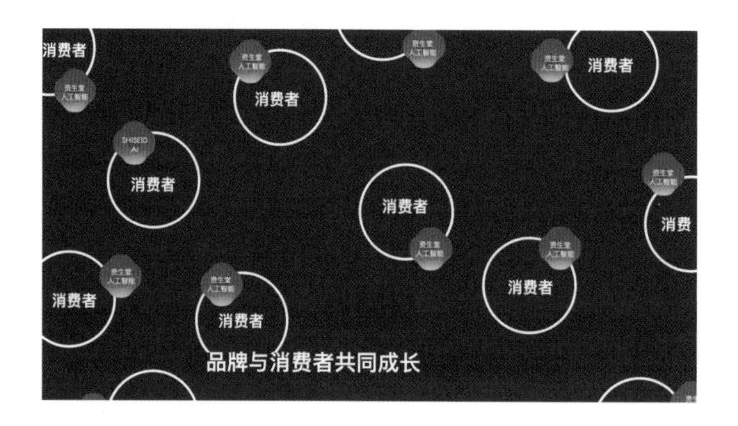

目前各种技术还未完善，例如自然语言处理技术、可穿戴设备、非接触式皮肤状态感应技术等。 但我相信在未来这些技术会比以前更加融入我们的日常生活。在资生堂东京银座的旗舰店，参观者可以体验一项新技术：只需要拍下皮肤照片，设备就能推荐最适合你的粉底液。

希望我的故事能给您未来的创新带来启发！

花原正基
资生堂　创意总监

资生堂创意总监，一个在纽约的创意总监和平面设计师，专门从事品牌和视觉艺术。目前，负责资生堂的创意方向，该公司在全球88个国家提供广泛的产品。

曾赢得ONE SHOW金奖、ADC金奖、D&AD、CLIO奖、纽约艺术节和JAGDA 新人设计师奖。此外，波兰国家博物馆在2019年还挑选了我的十件艺术品（一系列海报）作为其官方博物馆藏品。

如何利用设计思维，释放和加强品牌的吸引力

◎ Gianmauro Vella

我是Gianmauro Vella，领导百事公司在亚太、中东、非洲和东南亚地区的设计工作。百事的设计团队是一支孵化创意设计、设计思维的内部团队，在全球约有300多名设计师，各个设计项目也非常新颖。百事的设计师拥有不同的设计背景，横跨品牌设计、工业设计、创新设计、环境设计、背景设计、食品设计、时尚设计等。

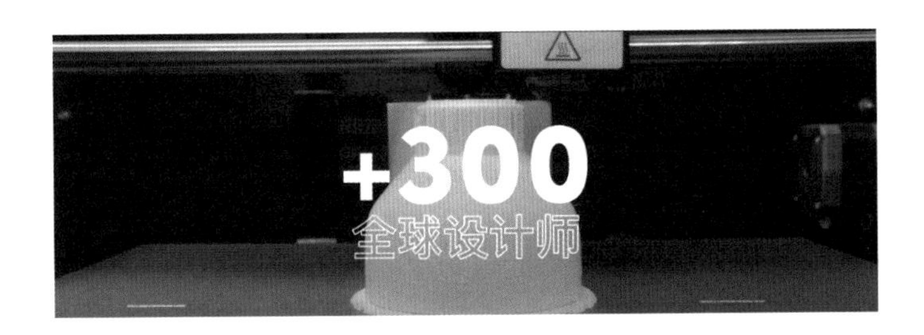

我希望除了讨论设计和设计思维的作用之外，真正向大家展示一些我们需要的伟大作品。最重要的是，揭示是什么驱动了我们去创造。

"设计"一词对于我们这样的组织来说是非常重要的，它能够真正验证团队带给市场的影响，我们通常倾向基于业务结果来看待设计。但事实上，你所做的一切都需要与其他部门合作，拥有设计奖项，让设计团队有可以交付的东西，也非常重要。当你获得了荣誉、信任和信心，组织在设计上的投入也就会越来越多。

1. 人们设计需求的改变

百事公司在食品和饮料行业，创造着世界上最美丽的品牌和产品。设计团队所扮演的角色，就是为需要激励的人提供支持，以及通过工作来改善生活。在讨论我们如何为人们设计之前，有一个比较重要的问题，就是我们为之设计的每个人的信息完全不同，人们可能来自不同的省份、不同的城市，拥有完全不同的年龄。从宏观层面来看，随着时间的推移，人们的这些信息也会改变。而在数字时代下，人们也变得越来越专业和苛刻。

回想10年前，如果你想买一台电视，通常是去实体商店。不管你去哪个市场，基本都是走到电视货架前，让导购过来给你推荐。他基本上就是一个推广代表，他会告诉你，哪一台是最好的，都有什么特点。但现在如果想买一台电视，你很可能会选择在网上买。一旦你到网上浏览，就会看到很多广告，说自己的技术是最好的。

但大多数人所做的是，去页面底部看已购买的买家评论。这意味着，我们需要真正解决顾客、业务和品牌的联系。顾客具有强大的力量，现在每个人都可以留言，顾客从而成为经验证或未经验证的专家。

非常重要的一点是，现在很难对人进行分类。这是千禧一代的繁荣时期，每一个品牌，每一种体验，都在与人们的不同生活方式相交织。这意味着，如果我们设计一个品牌，例如我们要设计一款百事可乐的产品，我们需要考虑来自北方的人、来自南方的人；来自发展地区的人、来自发达地区的人；明显不同年龄的人等。现在很难对人进行分类，但在过去很容易。

所以在这个世界里，人们有很多不同的细微差别，这使得设计者不容易将设计需求联系起来。那么设计思维的作用是什么呢？

2. 设计思维的作用

创意是一种捕获内心然后生成命题的能力。我们都知道设计原型是我们作为设计人员的必备能力，我们通过创造物品，让人们做出反应。设计思维的作用是什么？很简单，它能够把消费者和你所代表的公司、品牌联系起来，而这个桥梁的关键点，就是体验。

体验代表了一个品牌、产品在特定的时间、背景，与人产生的服务联结。

当把这些变量放在合适的位置时，你可能会成功；但当其中的一些元素放错位置时，你可能会遇到更多的挑战。

举个例子，户田博史是一名工程师，同时也是美能达公司的摄影师。美能达公司是世界上最著名的公司之一，早前致力于摄影设备的制作。基于自身对摄影的热爱，户田博史不断地尝试挑战自己，创造了最好的摄影设备。20世纪80年代，户田博史还发明了自拍技术。

现在，我们都熟悉自拍的概念，但为什么在20世纪80年代，自拍技术并没有被普及呢？问题出在时间上，那时太早了，还没有社交媒体，人们没有机会和很多人分享这张照片。所以，如果你发现任何你想自拍的场合，大可以拦住一个陌生人，请他给你照张相。

所以当你在设计一种体验的时候，一定要牢牢记住产品及品牌服务的背景和时间，这显然是与你的设计对象有关的。

再举一个现在的例子。如果我在意大利，在百事可乐罐上设计一只狗，大多数人会说，这到底是怎么回事，为什么有一只狗在可乐罐上？但我很确定，大多数中国人能感觉到，这个罐子是我们为庆祝中国的农历狗年设计的。

3. 利用情感流动来设计

我们也通常利用情感流动来设计。情感流动是涉及视觉关系、互动关系和表达关系的三步过程。

第一步是视觉关系，即创造一切能抓住消费者内心的东西。以包装设计为例，设计时你要做的第一件事就是创造美，让用户有动力去购买。

第二步是互动关系，考虑如何让使用体验变得与消费者相关，激励消费者理性地、情绪化地参与互动。当消费者了解一个品牌、一个产品时，就建立了一种互动。我们要继续构建与消费者更为亲密的互动，因为我们有特权去创造任何消费者可以触摸的东西。

第三步是表达关系，我认为这是最重要的一步。它能让我们的产品引起消费者的共鸣，让消费者自己成为我们最好的品牌大使。这会让你感到自豪。

4. 创造一个人们愿意为你做广告的品牌

怎样才能创造一个人们愿意为你做广告的品牌？我们在时尚合作方面做了很多工作，并使之真正能够与消费者产生协同作用。与其他品牌合作，与伟大的创造者合作，共同设计美丽的作品，是合作共赢。

谈论体验、品牌、产品、服务时，一定不能离开用户特定的时间和背景，因为体验需要一致，需要真实。如果不一致、不真实，人们就会发现的。这对我们这样的全球化品牌来说非常重要，这也是我们为什么通常倾向于利用本地资源进行设计的原因。

"快乐起来，热爱你所做的"，这是我们一直拥有的信念。成为一名设计师是一种优势，我们应该为自己是拥有创造力的人而感到高兴。

Gianmauro Vella

百事公司　亚太、非洲、中东及南亚地区，高级设计总监

Gianmauro目前担任百事公司亚太、中东、非洲及东南亚地区的高级总监。2020年7月，百事公司在福布斯2020全球品牌价值100强中排名第36位。在百事公司任职的6年中，他的工作重点从百事公司品牌的物理表达转移到数字表达，包括产品、包装、时装、客户激活、空间与建筑、运动和数字体验，领导内部设计团队与外部设计合作伙伴，在公司范围内倡导和发展设计文化。

03 推动宜家进入全渠道世界：民主设计如何帮助我们改变

◎ Momo Estrella

设计需要灵感。我们观察世界，并与他人分享我们的发现，设计团队的作用其实就是提供帮助。通过重新发现，我们帮助人们意识到如何与外界多方适应结合，就像我们帮助公司和消费者互相理解。通过合作，我们确立了共同的目标和信仰；更重要的是，通过专注，我们知道应该做什么、不应该做什么。

我对成为一名设计师感到非常兴奋，很自豪能在宜家这样的公司工作。这家公司的设计理念一直是其生意的核心。从1958年第一家商店开业，到全世界最新的商店开业，目前我们在50个国家拥有440家分店，每年有超过10亿名顾客。

宜家在中国也有34家漂亮的商店，包括下图这家，去过上海的读者可能见过这家店。

1. 宜家的数字化尝试

我们一直在探索认识顾客的新方式，无论是通过新零售方式的扩张，还是与他们建立新的联系。创新型公司的一个关键特征，就是它们是好奇的公司，它们会试图找出还能做些什么。宜家在很多年前就想到了可以使用数字技术，我们也这么做了。我认为宜家正在经历一个重要的转变，那就是打造数字产品，成为一家以数字产品为基础的传统家居公司。真正的数字产品能帮助人们探索购物，去交易、创造、分享这些用户们都熟悉的产品。

我在宜家中国的数字中心工作，是一名数字设计师。我们成立了这个数字组织，创造了很多有趣的东西。例如，我们开发了一个应用程序，帮助顾客与宜家所有的商店、产品和服务建立联系。它是一个即时工具，可以帮助用户激发灵感、找到产品，建立更方便的途径让用户体验服务和享受食物。

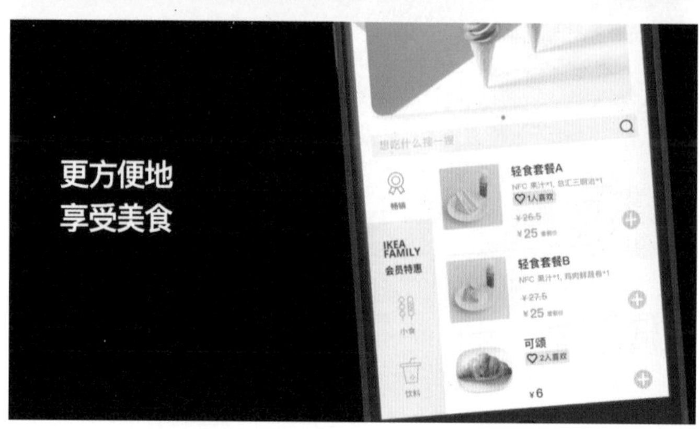

我们也建立了非常直观的工具，来帮助用户设计自己的家具。例如，用户可以通过摆放、移动底部有二维码的实体积木，建造家具系统的三维模型。我们还设计了智能规划师软件，它可以帮助用户设计出合理的解决方案。

研究表明，购买衣柜这种花费较高的家具，需要所有家庭成员的共同决定，因为衣柜是所有家庭成员共同使用的。我们使用人工智能使部分设计自动化，所以很多衣柜不是人为设计的，而是由算法设计的，这个算法结合了用户的购物历史与偏好。显然，用户也可以不用软件定制这些东西，但这是我们使用新技术与用户建立联系的一个开始。

事实上，我们正在利用科技设计很多有趣的数字交互产品，为用户创造更多新的体验。

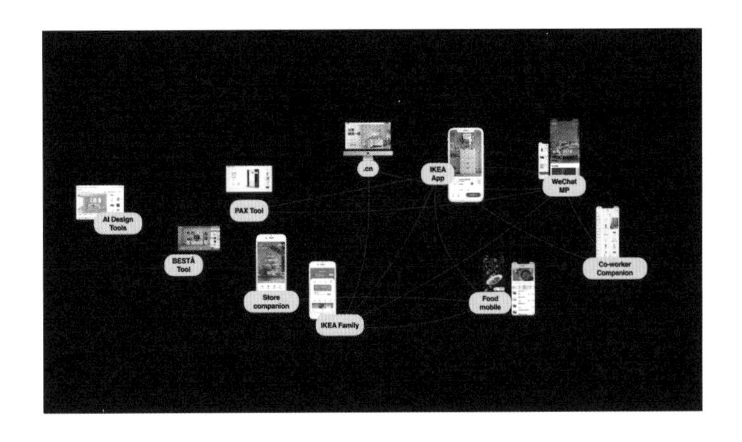

2. 宜家如何打造实体产品

在宜家，我们有一个使命：为尽可能多的人创造真正伟大的东西。但我们该做什么呢？我们很好奇地询问人们，试着理解他们的需求，然后通过设计来解决这种需求。对我们来说，伟大的东西应该美观、实用、质量好、可持续发展、价格实惠。这是个巨大的挑战，但我们别无选择。

外观通常是人们对产品的第一印象，所以我们得知道什么样才算好看。外观也需要和产品的功能有所联系，用户应该看到这个产品，就能理解产品的功能。对我们来说，什么是好的功能呢？那就是可以解决问题的功能，可能是高度的问题，也可能是秩序的问题，甚至是品味、空间、光线、舒适度的问题。

有时产品甚至能解决我们没预料到的问题，这是意外之喜。但让产品成为美观的问题解决者还不够，它们还得耐用且安全。我们会从微观层面了解产品，测试材料的强度、耐用度、化学物质排放量、耐火性、耐光度等很多因素。高质量的产品是可持续设计的关键，但要让产品真正可持续发展，还需要负起从原材料生产到回收的责任。这里的重点是使用可持续材料， 如经过环保认证的木材或者其他回收材料，甚至农场垃圾，实现最大化利用、最小化废弃。

在实际的生产中，另一个重要因素是交通运输的设计，诀窍是尽可能把所有东西打包得很紧，尽可能压缩空气。我们的目标是做到循环，让产品生命周期永远不会结束；同时价格是另一个巨大的挑战，我们的产品需要让尽可能多的人买得起。这个让我们头疼不止一次的事情，有时的解决办法是发明一种新材料，有时是从运输上下手，有时是用更昂贵但数量更少的零件。

我们几乎总能学到新东西，解决方案往往是我们始料未及的。经过无休止的修改，我们的产品终于可以为顾客服务了，但顾客通常还能找到改进的空间，所以我们也能得到许多宝贵的见解和反馈。倾听顾客的反馈，然后重新开始设计。以上是我们在宜家的工作模式，我们称之为民主设计。

3. 将民主设计原则嵌入到数字设计中

我们大概有9000个产品，从管理层面来讲，民主设计对我们很重要，因为它与我们的愿景一致，那就是为更多人创造一个更好的日常生活。我们同样把民主设计原则嵌入到数字设计中，它也能帮助我们改变对数字产品的设计方式。

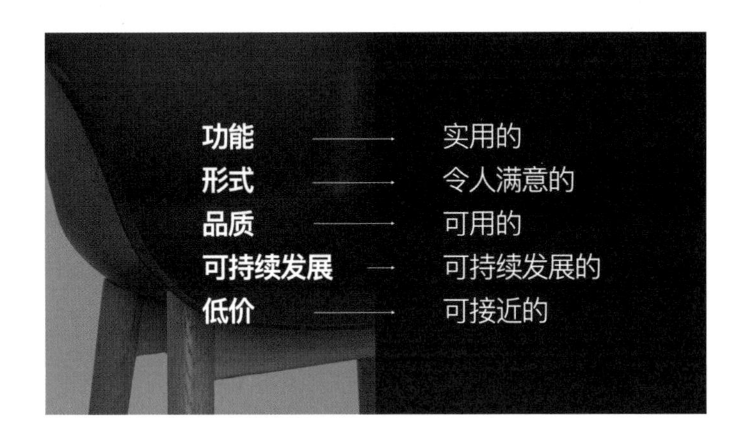

新的设计方式中，第一个元素是实用性，即设计出能让用户轻松完成任务的方法。例如，帮用户找到合适的搭配，假设用户买了一张沙发，出于实用性，我们会建议用户购买和这张沙发搭配的产品。同样，这些建议是基于用户的购买记录、偏好或是历史浏览记录。此外，实用性也可以体现在建议正确的食物组合等。再次以衣柜为例，下图是之前给用户展示的软件早期版本，用户会看到与自己喜好相关的组合。对我们而言，实用也意味着给用户带来无限的可能。

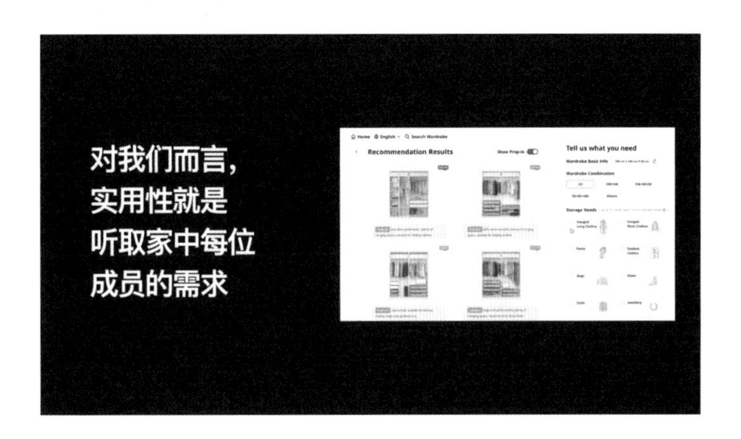

下一个对我们很重要的元素是可持续发展，我们鼓励大家设计出对人类和地球都更友好的方案。我们在每个商场都有可持续发展的主管，也有许多可持续发展的商业伙伴。这个团队的目标是帮助我们对自己的设计使命负责。

例如，可持续性体现在帮助用户理解如何保养产品。我们会在产品评论中，鼓励用户分享如何保养产品的方法。此外，我们也会邀请用户观看直播或录播，学习如何保养产品；鼓励用户选择更环保的配送方式，以及告诉用户这个产品在附近的商店有售。

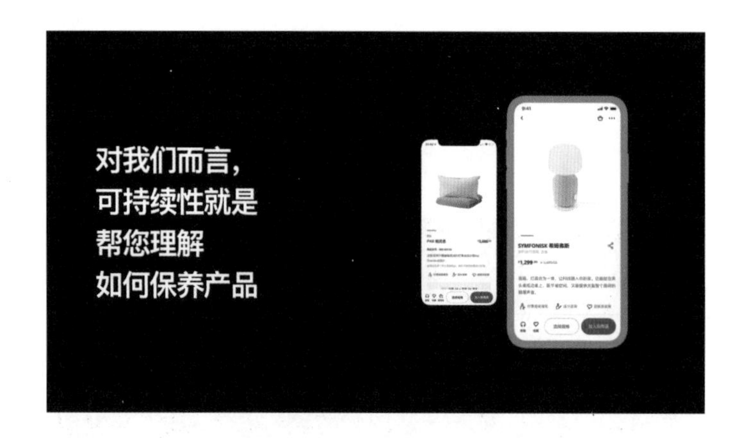

为了实现可持续性，也要保证低耗能。我们的产品没有华丽的图形、动画和画面过渡，原因就是这些东西会在数百万人的手机中广泛使用，我们要注意不从用户们的设备中占用太多内存。

实用性和可持续性需要我们发出自己的声音，也要倾听用户的声音。用户可能很擅长讲故事，能启发人们更深入的思考；用户可能很擅长发现，能在领域中发现见解；用户也可能是个精力充沛的协调者，能对大家有所指引。用户可以帮助公司改变。

最后，我们必须确保这么做不仅是为了我们自己，也是为了我们的后人。

Momo Estrella

IKEA　数字设计总监

Momo正在宜家中国领导全球首个数字化中心的设计实践。作为一名交互设计师，他将以人为中心的见解转化为设计对人们真正重要的数字产品、服务和体验的机会。在宜家，他与产品负责人、软件工程师、数据科学家、研究人员和交互设计师组成的敏捷团队合作，共同开发创新产品的生态系统，为中国消费者创造愉悦和全面的体验。

04 定制字体与屏显定制字体

◎ 汪文

定制字体，近年来已经成为热点。无论是国际还是国内，越来越多的品牌开始推出品牌字体或者是定制字体。而随着移动终端的普及和盛行，在小屏幕阅读的时代，字体更彰显出无可比拟的价值。在中文字库领域，随着技术的进步，设计开发整套中文字库的时间和人力成本越来越低，无疑为企业定制字体开辟出更多的可能性。我们正在迎来一个“定制时代”。

本文将分两个部分介绍定制字体：“定制时代的字体设计”和“屏显定制字体”。

第一部分：定制时代的字体设计

1. 定制字体的历史

品牌字体并非是当下的新名词，让我们回到20世纪，聚焦亚洲。我能够收集到最早的资料是来自日本资生堂的标志字体。资生堂的字体不仅出现在标志上，还作为一种标准的字体，出现在杂志、广告和产品包装上。从1926年至今，资生堂的中文字体风格从未改变，是名副其实的专用字体，且作为企业文化最为重要的符号，至今仍然保留着资生堂员工绘写这款字体的传统。

品製堂生資
1926
品粧代堂生資
1927
資生堂化粧品
1974
資生堂
2010

到20世纪六七十年代，随着企业CI（Corporate Identity，企业标识）的商业设计理念从欧美传入日本，日本的企业开始重新塑造企业形象。作为视觉传达的符号，企业定制字体开始涌现出来。拉丁文字和日文假名的字符集数量不多，有200~300个，是比较容易开发成整套字库的。

アイウエオカキクケコ ABCDEFGHI
サシスセソタチツテト JKLMNOPQ
ナニヌネノハヒフヘホ RSTUVWXY
マミムメモヤユヨラリ Z&;,.-·()?! 12
ルレロワヲン ガグゲ 34567890
ゴズゼダバビブベボ 1234567890
パプポー アイウエオツャ

中国最早的专用字体，也可以追溯到20世纪20年代。在出版中心上海，有一家德资背景的印刷工房，叫作上海商业印字房。该印字房中有一款楷体字，出产于1921年，书写者叫唐海平。商业印字房的大客户是德国拜耳制药，我们发现这款楷体字只是出现在拜耳制药的印刷品上，有专属用字之意。这款楷体具有唐楷中欧体和柳体的风格，共有五个字号，是近代中国印刷字体中最早的楷书活字。

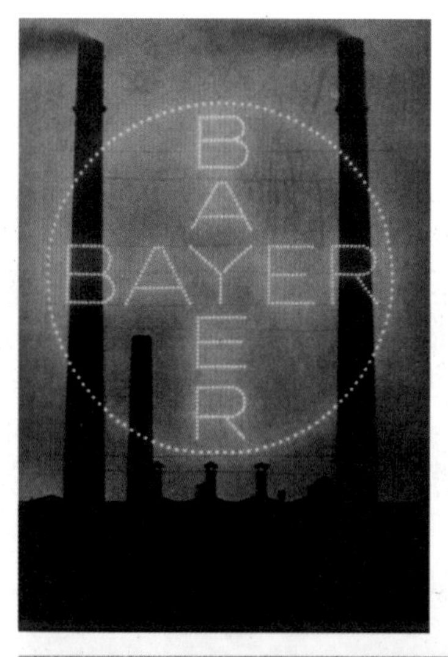

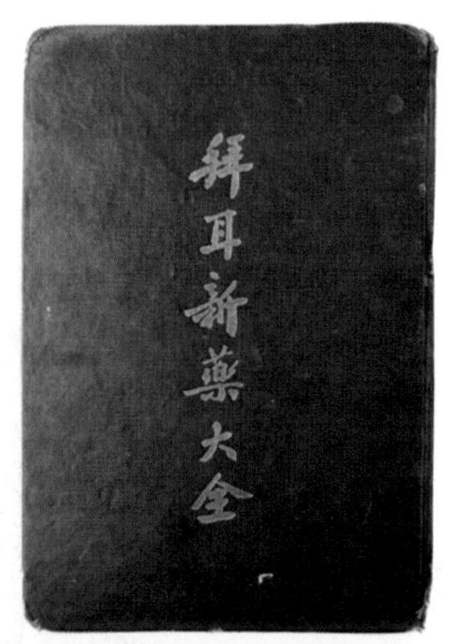

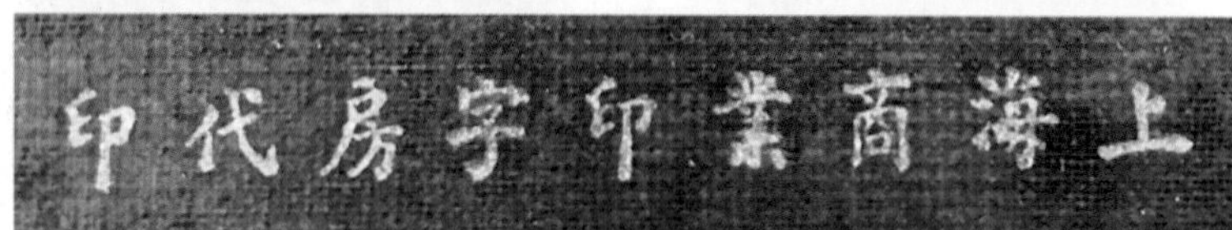

羅色阿佛拿
精而氏羅納鷄
芬賜福拿託
膏藥眼耳奴佛雷
素毒抗喉白靈貝

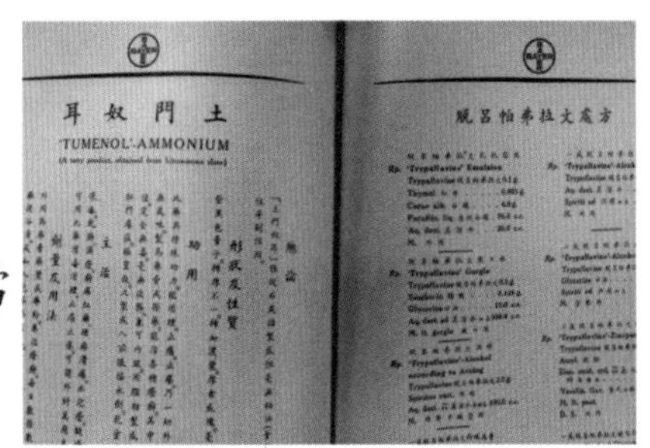

2. 定制字体的设计实践及研究

1）功能字体定制

2004年出品的方正韵动黑是一款粗细形成系列化的，时尚、个性的家族字体，这款字体专门针对《体坛周报》的实际需求而设计，在单字的设计上更趋个性化。

韵动黑系列字体在竖、撇、提的起笔处增加了装饰头，使字体更具个性。在撇、捺、点的设计上力求角度自然合理，并对字面适当加以扩大，使字体更加庄重平稳，增强了版面的视觉冲击力。与以往黑体最大不同是去掉了原黑体笔画上的喇叭口装饰，使字体风格更加简约时尚，令人耳目一新。

体坛新闻

系列字体的推广有利于报社进行主、副标题的配合，更能满足报社的实用需求。方正韵动黑根据粗细不同，分为韵动特黑、韵动粗黑和韵动中黑三款。涵盖大标题，中标题，小标题及正文，并配有非常适合比赛报道的专用符号库。

《体坛周报》已经成为全国发行量最大的体育类报纸
ABCDEFJHIJKabcdefjh0123456789 方正韵动粗黑简体

《体坛周报》已经成为全国发行量最大的体育类报纸
ABCDEFJHIJKabcdefjh0123456789 方正韵动粗黑简体

《体坛周报》已经成为全国发行量最大的体育类报纸
ABCDEFJHIJKabcdefjh0123456789 方正韵动中黑简体

2）商业品牌定制

（1）银联品牌字体——方正品尚黑。

方正品尚黑系列是2013年出品的为银联定制的系列字体。在遵循“银联”标志设计原则和整体风格的同时，又保证了与银联品牌视觉形象的高度统一。字体系列化设计，不但适用于银联企业视觉形象传达要素，也适用于广告文案标题、正文使用。银联专用字体，不仅成为银联企业视觉识别系统中重要的核心要素，更是对银联品牌形象强有力的延展。

方正品尚黑笔画设计特点：横略细于竖，增强细节变化，撇捺挺拔锐利，与转折反差对比，避免整字过肉，转折处正切过度，平滑饱满。

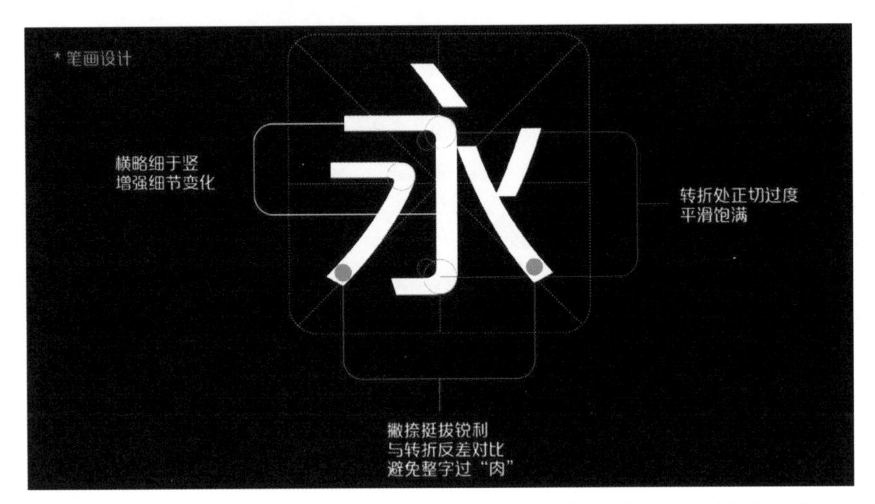

方正品尚黑结构设计特点：结构舒展饱满，避免了传统黑体聚集的特点，字体不会形成黑块，同时结合了黑体和圆体的优点。

方正品尚黑系列字体继承了黑体粗黑均匀、字体端庄、庄重醒目的优点，同时，它弥补了现有黑体的不足，更加注重文字设计的艺术感和现代感，也增强了时尚感，显得稳重、醒目、端庄、时尚。

（2）vivo品牌字体。

vivo Type是知名手机品牌vivo的专用字体。vivo Type通过简洁、精致、理性的笔形处理，充分体现出一个手机品牌所需要的现代科技感。vivo Type通过将字的重心显著提升，使得字势挺拔生动，具有高雅气质，并呈现出年轻朝气的精气神。此外，vivo Type字形扁平、笔画形态温和，不仅拥有独特的时尚气质，还能够在众多字体中脱颖而出。

下面我为大家详细介绍一下vivo中文字库的创作开发方法和过程，分享如何去思考和精细地打磨设计方案。面对品牌升级阶段的定制字体创作，是一件充满挑战的事情。当品牌主张、品牌属性、品牌价值、品牌精神等要素基本确定后，品牌字体才能开始创作。我们遇到的最大挑战在于：如何通过一款字体去表现那么多的品牌要素？

品牌主张：乐享非凡

品牌属性：年轻

品牌价值：科技&时尚

品牌精神：追求极致

如何去表现？

第一步：设计分析。

以科技、人文为纵轴，传统、现代为横轴，正好将四大排版字体种类即宋体、黑体、楷体、仿宋作了分割。vivo显然在科技和现代的区域内，决定了这将是一款类似黑体的设计。

继续分析，在黑体范围内，我们以vivo的品牌定位关键词“科技”和“时尚”为坐标，填充了一些方正字库已有的黑体作品，确定这些作品与vivo目标之间的距离。通过这种定位的方法，去寻找视觉的倾向性和差异性。

第二步：设计解读。

将之前的关于品牌理念方面的市场传播语言，转化为设计描述语言，从而确保能够通过字体设计的表现来诠释这些概念性的词汇。

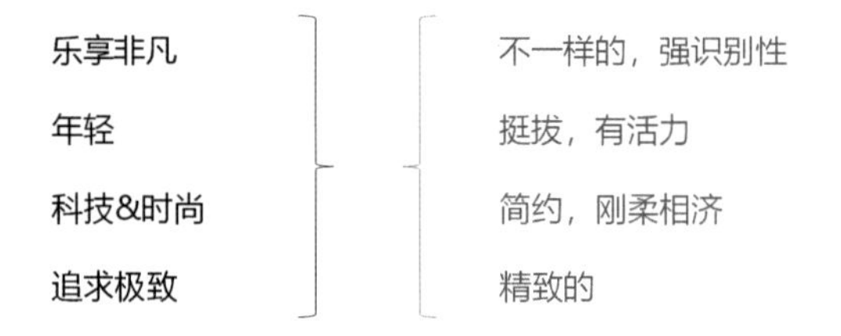

第三步：创作设计。

首先解决的是字形的外轮廓。仔细观察vivo新标志的造型比例，比常规英文字母更为扁宽一些。所以中文字体的设计比例也应如此，横纵比例为100：85。

其次是通过文字重心解决年轻化的问题。文字的重心越低，字体显得更老成稳重，反之则显得年轻挺拔。vivo字体的重心就上移偏高一些，表现年轻进取的态度。

在笔画的塑造方面，借鉴了传统隶书的笔意，在钩挑处上扬15°，体现出活力。笔画的起收之处，尽量采用平切和直切的设计手法，体现出简约、科技感。笔画的转折处，采用参数化导圆处理，精致化地表现vivo追求极致的企业精神。

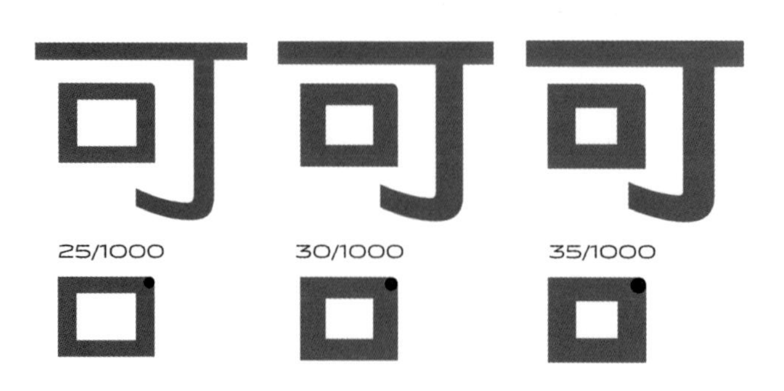

2019年，该系列发布了三个字重的简繁系列字体，2021年，该系列继续升级为5个字重的家族字体。

3）特殊定制项目

特殊定制是指小字符集的字体定制，也包括多语种的设计。

中超字体的设计灵感来自足球运动的特点及中超联赛标志的形态。以中国戏剧脸谱的描绘手法绘制的火球标志，象征着中超联赛充满激情和活力。中超定制字体与标志遥相呼应，将活力延续，保持了中超联赛形象的统一性。独特的字体可以为赛事带来画龙点睛的效果，将特有的体育精神融入文字设计，提高识别度，建立一体化、易识别的赛事形象。

字体创作理念来自对足球运动的提炼：灵动、团结、凝聚力。字体线条简洁，内弧的曲线呈现环抱状，线条饱满、有张力。笔画尾部的弧度刚柔并济、稳重亲和。整套字体通过流畅的曲线、俏皮的笔画转折展现了运动员的灵动性。

3. 定制字体的趋势

定制字体的趋势体现在“多”“快”“变”三个字中。

“多”有两个意思：一是客户多，方正字库2020年接手的定制任务有15项，超过过往16年所做定制任务的总和；二是多语种的需求在增加。中国的企业正在走向世界，与全球做生意的愿望带来多语种的设计需求上升。

“快”是指定制项目的节奏在加快，周期在缩短。这要求设计团队的设计能力、人力资源及技术力量都要加强，以满足客户的需要。

“变”也有两个意思：一是指需求多变，有小字符集定制、简体汉字定制、繁体汉字定制、拉丁字体定制、非拉丁字体定制、系列字体定制，独立定制、联名定制等；二是指可变字体的需求在逐步增加。

第二部分：屏显定制字体设计

1. 屏显字体的发展

随着互联网融入人们的生活和工作，屏幕阅读已经成为人们获取信息的重要窗口。字体，尤其是屏显字体，作为信息的载体，在这个信息爆炸的时代承担着更多的责任。人们在强调阅读质量、阅读速度的同时，也开始重视文字设计本身的魅力。

字体设计在寻求字体功能和设计美感之间的平衡。早期的屏显字体为了适应低分辨率屏显功能，追求大字面、大中宫，偏几何化和工业感。如今，屏幕的像素密度可以达到300 PPI，显示精度已接近人眼的精度。这也意味着中文屏显字体的设计可以从技术限制中解脱出来。

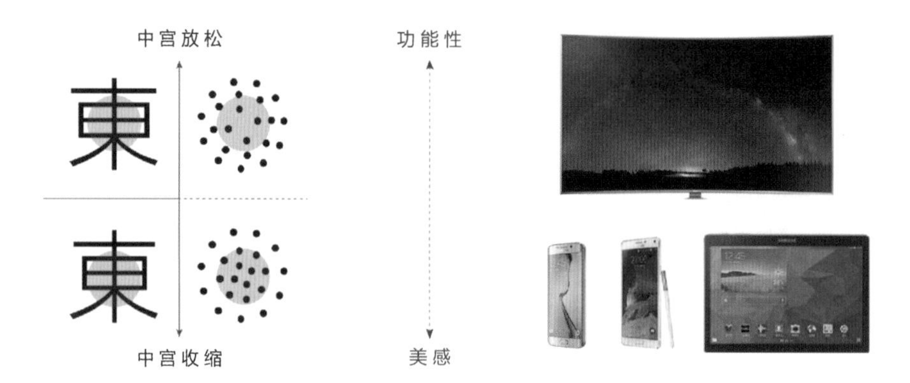

中文屏显字体的发展经过了几个阶段。从最初的屈从于低分辨率屏幕的像素化点阵字库，到沿用铅字时代的印刷字体的数字化，再到专门为计算机操作系统研发的第一代屏显黑体——微软雅黑和方正兰亭黑，直到为高清屏研发的第二代屏显黑体——方正悠黑，中文屏显字体正在从被动研发走向主动研发。

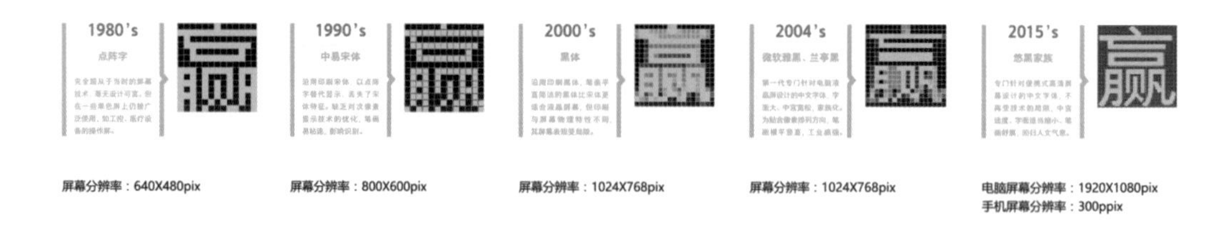

2. 屏显定制字体的设计实践

（1）第一代屏显字体——微软雅黑。

2004年，微软公司希望设计一款适合屏幕阅读的黑体，作为Windows Vista中文操作系统的系统字体，这就是方正第一代屏幕黑体——方正兰亭黑。微软冠名为“微软雅黑”。它采用全新的无衬线设计，字面大，字形朴素清秀，结构严谨，黑白均匀，重心一致，笔画制作精良，线条刚柔并济，简洁有力，阅读舒适流畅，有鲜明的时代感。

具体字形特点如下：

字面大，清晰易读：采用大字面设计，并且在字距较合理的范围内调大了字身、字面，为小字号使用的清晰易读奠定了基础。

笔画简洁：无装饰风格字体，少了不必要的累赘，避免了因“喇叭口”而导致的笔画交代不清问题，使文字清晰易读。

布白均匀：为适合屏幕显示使用，在结构的处理上严格控制“白”在各部位所占比例，使字姿态稳重大方，撇捺舒展，飘逸潇洒。

交错连笔设计：对笔画进行特殊处理，减少交错连笔处的黑度，使字的整体灰度更好，更清晰，更适合屏显。

（2）小米手机定制字体——小米兰亭。

为了顺应屏幕发展的趋势，更好地满足移动互联网的展示和阅读特性，提升用户体验，小米公司提出了在方正兰亭黑的基础上定制字体的需求。双方历时18个月的精心打磨，最终在2016年5月10日的新品发布会上，小米公司特别推出了定制字体——小米兰亭。

小米兰亭采用大字面设计，并且在字距较合理的范围内调大了字身、字面，小字号下也能清晰易读。当今的屏幕像素密度高，更通透的字间距更有利于快速阅读。

我们针对小米兰亭的笔画粗细调整制定了相应的规范。左右结构的字，竖画一般有两道，左细右粗，差1~2线。在规范的指导下，人工逐字调整、检查。压缩字库数据量小，更符合系统要求。

具体特点如下：常用字按照一定的字面、笔画粗细进行规范，由人工逐字设计调整并检查；非常用字采用压缩字库格式，利用通用部件设计，兼顾质量和文件大小。

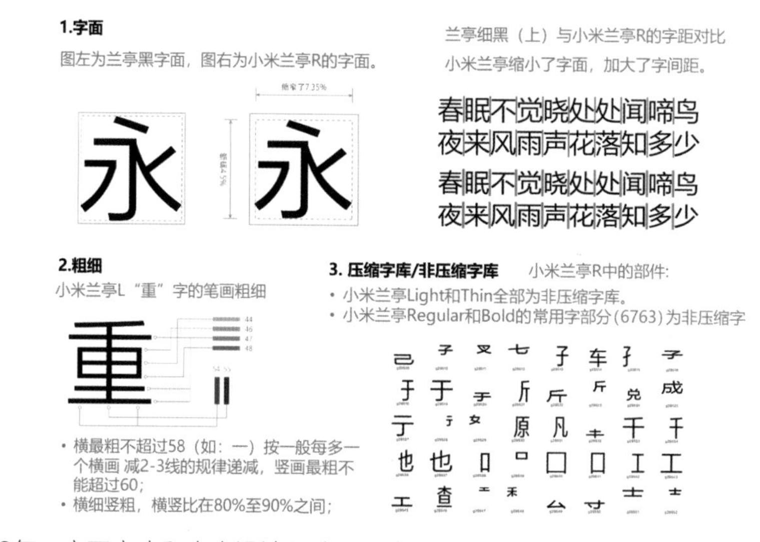

2019年，方正字库和小米设计团队又联合打造了米兰Pro字体，动态可变字体技术成功地在MIUI 11中得以运用，并获得2019年红点设计奖。这无疑是业界的一次重大突破，也是手机系统搭载可变字体的一次有益尝试。

（3）第二代屏显黑体——悠黑。

2014年，方正针对视网高清屏，设计了新一代屏幕显示字体。遵循“让文字更亲切，让阅读更舒适”的设计理念，汲取书写的精神气质，设计出字面和中宫适中的第二代屏显字体。

方正悠黑字形特点如下：

字面和中宫遵循了折中路线，字面较兰亭黑减小了6%，中宫适当放松。文字段落阅读起来更加轻松舒适，有呼吸感。

保留了汉字书写的笔锋特征和间架结构，笔意舒展、气韵连贯，适合长时间阅读。其设计充分利用高清屏幕的物理特性，提高文字的识别性，提升文字的阅读品质。

字体设计讲究灰度均匀，笔画数量多的字应适当减细。反之，笔画数量少的字要适当加粗。与此同时，笔画重叠交错之处应局部减细，使字体灰度更加统一。

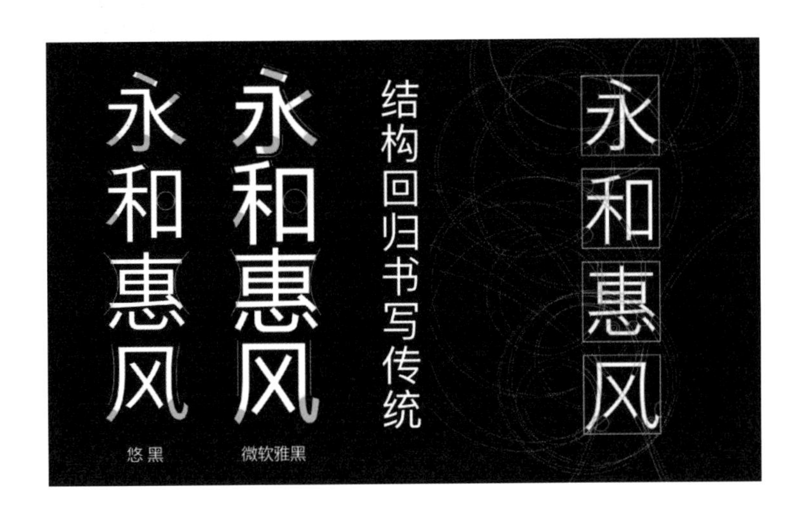

繁复的字粗细适当减细　　交叠处减细相应笔画

（4）基于悠黑的屏显字体——坚果T黑。

这款专为Smartisan OS系统量身定制的默认字体，包含Thin、Light、Regular、Medium、Bold、Heavy六款字重，每个字重均支持GB18030-2000、BIG5、香港字增补字符集2016编码标准，可满足中国内地及港澳台地区的使用需求。

T 国東Artisanあい
L 国東Artisanあい
R 国東Artisanあい
M 国東Artisanあい
B 国東Artisanあい
H 国東Artisanあい

かなカナ
kana

平假名 あいうえおかきくけこさしすせそ
たちつてとなにぬねのはひふへほ
まみむめもやゆよらりるれろわを

片假名 アイウエオカキクケコサシスセソ
タチツテトナニヌネノハヒフヘホ
マミムメモヤユヨラリルレロワヲ

由方正字库和坚果手机联合打造的这款字体，作为阅读字体而言，有着几乎完美的特质：灰度均衡、重心统一、中宫内敛、笔画清秀，是中文阅读黑体中少有的、兼具人文和现代感气质的字体。调整之后的字面、字距与Smartisan OS系统的整体UI设计更为贴合，不仅舒适美观，更让我们看到了工业感向人文气息的转变。

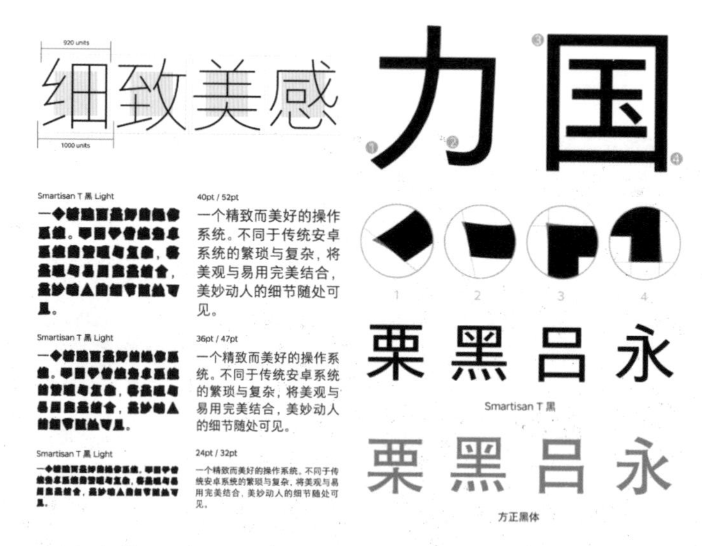

（5）可口可乐文本体。

2017年，美国可口可乐公司定制并发布了一套无衬线家族字体，叫作TCCC-Unity，用于整合品牌设计、广告传播、日常办公等场景。

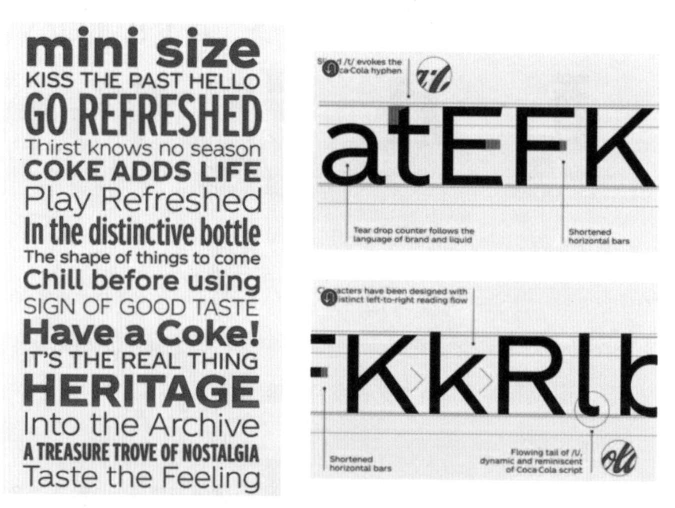

2020年，方正字库为可口可乐(中国)公司设计了“可口可乐在乎体”（粗楷体），之后又设计了和西文相匹配的中文系列字体。

字体正在代替品牌标志，更多地出现在公众面前，彰显品牌的个性，提升品牌的价值。方正字库作为全球最大的中文字库厂商和中文设计的领导者，致力于为更多的品牌提供定制服务，为客户打造更美丽的字体。

汪文

方正电子　字体设计副总监

方正字库字体设计副总监，方正集团中级技术专家，国际字体协会ATypI中国会员，深圳市平面设计师协会（SGDA）会员，中国设计师沙龙（CDS）会员。曾获得国内外设计奖项二十余个。主要字体设计作品包括：方正榜书楷、方正榜书行、方正趣宋、方正雅士黑、方正汉文正楷、vivo字体、京东字体、GDC字体等。设计理念：美丽的字体承载着文明，我愿为之努力，并留下我的印记。

第5章 管理创新

文化引领管理，还是管理成就文化

◎ 邵汉仪

关于“企业文化如何成功转型”这个议题，我经常被问及：到底是文化引领管理，还是管理成就文化？我过去曾有幸带领过产品经理团队及设计团队，得出一些从跨团队共同协作角度出发的心得，很荣幸在此和大家分享。

首先，关于文化本身，让我先从微软 2014 年的文化变革开始说起。当时我们的新 CEO，Satya 决定从企业文化这个最根本的维度，思考如何促进微软所需要的企业转型。这个过程在一本叫《刷新》的书里有巨细无遗的描述，而这个过程所带来的成果，就体现在微软自此蒸蒸日上的股价上。

我是 2000 年加入微软的，到了 2014 年的时候 ，微软的股价在超过 10 年的期间里一直相当低迷。 后来通过文化变革和文化转型，再次创造了高峰。微软是怎么做到的呢?这要从我们新的使命宣言说起：予力全球每一人、每一组织，成就不凡。

这听起来好像很高大上。然而，由于我们意识到微软的产品是无所不在的，做好产品、满足和赋能广大的用户群体是我们责无旁贷的，因此我们希望通过新的企业文化，促使微软从上到下的每一个人都能一起为这个目标而奋斗。

我们常常说“文化可以甩战略好几条街” 。很多不同的公司都有相同的战略，但是为什么最终的结果不一样？在我看来，胜负往往是由企业文化决定的。

什么叫作企业文化？

企业文化是企业的灵魂，它无所不在，无时不有。在无人关注的时候，它也在发生。企业文化有一个较为明确的定义：一个团队共同遵循的价值观与行为准则。什么是被遵循的，什么是被鼓励、接受或被摒弃的，都是企业文化的内涵。

企业文化如何形成？

首先，我们必须理解的是，一个企业的文化，即使不去打造它，它依旧还是会形成。所以常说企业文化可能是刻意培育出来的，也可能是常年来一个个决策累积而成的。如果采取放任不管、置之不理的态度，某种文化依旧会自然形成。所以关键就来了。试问“放任不管，置之不理”的相反是什么？ 不外乎就是“管理”两字。 所以与其任其发展，不如通过管理来塑造企业所需的文化。

企业文化的作用是什么？

其实业界对于企业文化是相当重视的，但是尽管大家都很认同文化的重要性，但对于如何利用企业文化进行企业转型，却知之甚少。

为什么企业文化变革会容易失败？

一是企业的不确定性。当组织很庞大，如果不是每一个层级都能够完全清晰地了解新的企业文化是什么，最终可能有始无终。二是缺乏执行。我们常说：没有充分执行的愿景，终究还是幻想。

往往许多企业有一个误解：文化是虚无缥缈、难以捉摸的。然而，文化其实是可以显明的。将文化通过文字表达出来，有益于文化的传播和同步。而另一个误解是：好的文化可以由天而降。其实不然，文化更重要的在于执行，不能只停留于纸面、横幅或 PPT。

没有经过打造的企业文化，就会体现在员工的行为上；而一个真正好的状态是企业文化定义了员工的行为，前者是被动的，后者是主动的。

在微软 2014 年所启动的企业文化革新中，很重要的就是成长型思维，它包含客户至上、多元与包容、One Microsoft，以及改变世界。

什么叫成长型思维?其实就是从无所不知到无所不学，不要觉得自己是一个无所不知的人，自己其实一直在成长，也在学习，所以要无所不学。从思维的改变，可以看到公司确实是逐渐在转型，从一个不能有风险、不能失败的思维，转换到失败是成功之母。因此，如果失败了，也要喝彩，因为重要的是你能从中学习到什么。

下面举两个例子：Space X 和 NASA。

Space X 的火箭爆炸了。然而在新闻媒体的相继报道中，有一个关键信息是 Elon Musk 仍然将此次火箭升空计划视为成功。这就很有趣了，这确实就是为失败而喝彩。

这个例子，让我联想到美国的 NASA。在 20 世纪 60 年代之后，NASA 为了让工程师们创新，不要故步自封，当有无人火箭爆炸的时候，部门会在检讨中喝彩。任务虽然失败了，但他们强调任务本身具备创新的不确定性，因此这个是可以预期的，并鼓励工程师们继续努力。随着时间的推移，美国 NASA 在试错的过程中，一直为美国航天事业谱写新的诗篇，所以这还是蛮具有启发性的。

下面谈谈 One Microsoft。在 2014 年之前，微软的很多团队感觉上是一个个独立的团队，甚至感觉像子公司，比较重视个人的贡献，它所产生的可能是一些不经意的内部竞争。因此当我们进行文化转型时，就开始强调如何互相协作，为 1+1>2 去努力，以一个微软一起赢（Win as one）。

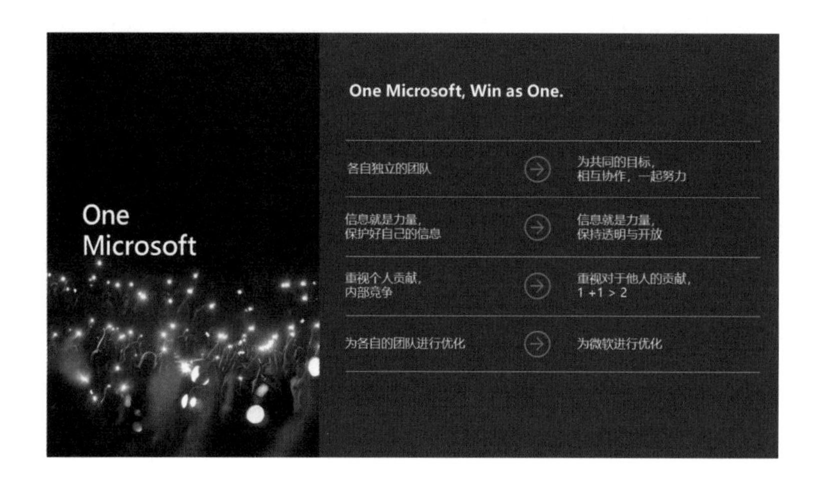

在文化转型的执行过程中，我们将新文化和绩效评估进行结合。我们重视每一个人如何帮助他人成功，以及如何基于他人的成果来协助自己的成功，这样大家都能相互协助、相互成就。好的企业文化是一片好的土壤，能让文化在自上而下持续发展。

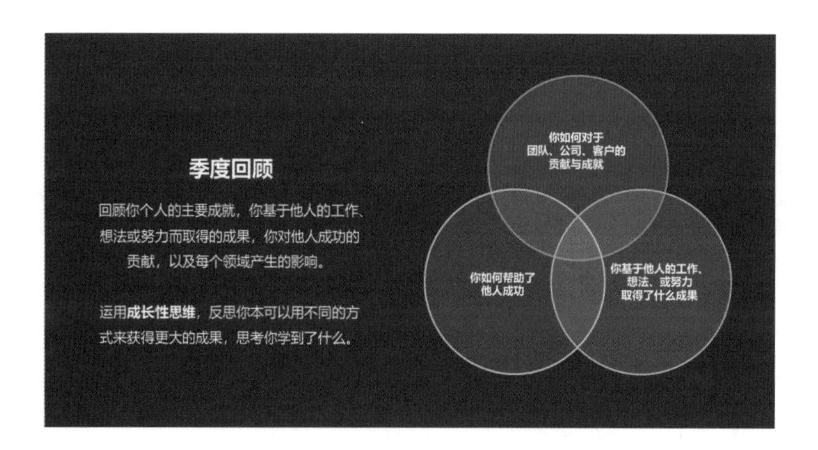

什么是设计文化？

十分高兴看到近年来设计在业界里不断升级。很多企业都开始了解设计不应该仅停留在让东西好看，而设计也不再只是设计师的事情，相反的，组织中每个人都应参与其中。整个组织包括非设计人员都要理解，设计是一个整体的过程驱动流程，然后把它集成并扩展到整个组织之中。

在思考要怎么去转型文化的时候，在设计文化这个层面上，也要看到一些问题。很多企业特别是互联网企业，公司会有比较主流的三个团队：产品经理团队、设计团队以及开发团队，在三足鼎立的局面中，怎么去解决设计文化的问题？

我们需要实现设计文化，文化其实是无所不在的。设计管理主要包含任务管理、人事管理、资源管理、 协作管理、 进度管理、品控管理等，要以全局观的方式思考，设计文化要怎么贯彻在整个产品开发流程里。

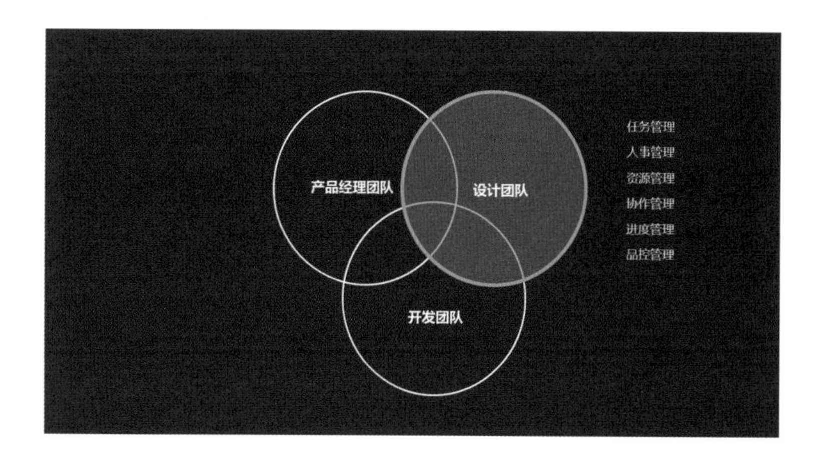

一个真正有效的方式，是由企业领导及核心管理层从顶层发起企业组织设计，然后依据企业战略、品牌价值、经营方针，明确设计在企业管理体制内的地位、职权与目标，使设计更好地服务于企业战略。

一个团队中需要思考设计职能应该怎样重叠，这其实是好事。一个最好的产品经理，就是有设计意识的产品经理；而一个最好的设计师，也需要有产品经理的思维。所以，我们需要经常思考怎么去创建这样的共同协作。其实这样还不够好，因为还是有一些分割，但已经很不错了。重要的是思考怎么互补，团队怎样推进。

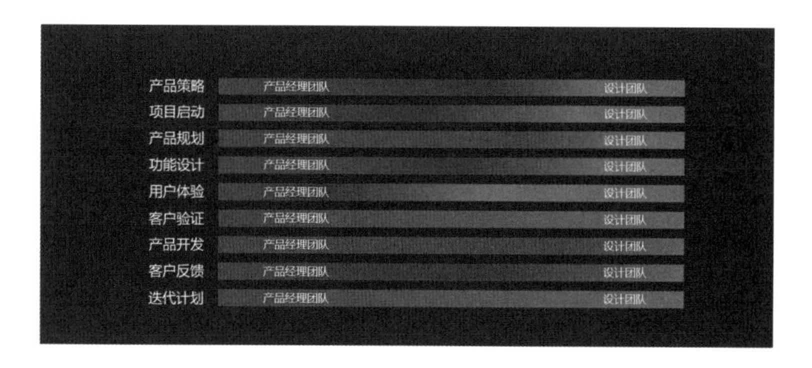

我们在看一个组织机构时，经常看到它包含产品经理团队、设计团队、开发团队、市场团队等，接着会思考设计的权责与边界在哪里，以及如何体现于刚刚讲的各个小格子或圆圈里。这样的职责划分既是常态，也是能理解的，但是我觉得这可能存在一个盲点。

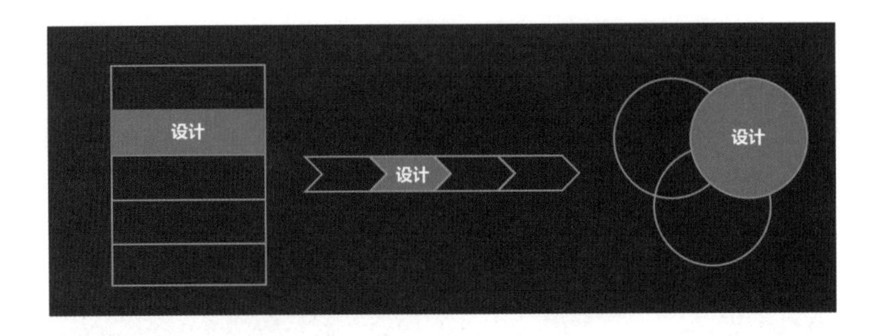

这个盲点就是组织仍旧将各个团队以壁垒分明的不同单位予以区分。我觉得可能更理想的方式，是将设计放在核心处。一旦把设计放在核心，并且与组织里的每一个团队交叉重叠，你将思考如何与产品经理团队、开发团队、市场团队以及利益相关人合作，同时思考应有的协作模式。

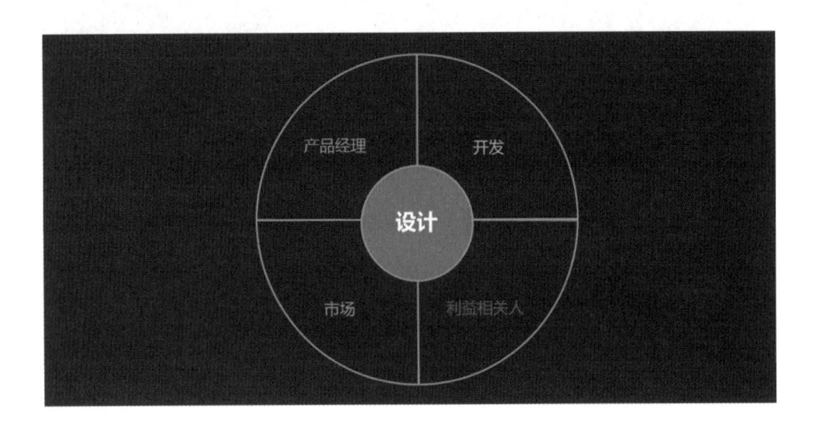

最后总结一下。过去经常被问及：到底是文化引领管理，还是管理成就文化？然而，反复思索后，我觉得可能还是需要换一个方法去描述。因为文化和管理其实是相辅相成的。过去的经验告诉我们，只有二者互补，才能够实现成功的企业文化转型。因此，与其问“到底是文化引领管理，还是管理成就文化”，不如转变成思考“文化到底如何引领管理，以及管理如何成就文化”。

邵汉仪

微软中国　微软合伙人产品总监，互联网工程院副院长

邵汉仪拥有 20 年丰富的产品设计经验，曾打造出多款面向全球市场的获奖产品。2000 年加入微软美国总部，其间他担任 Office for Mac、iPad 和 iPhone 的首席设计总监与首席项目总经理，负责制定 Office 在苹果平台产品体验的愿景、方向与执行。2018 年起担任 frog Design 大中华地区执行设计总监，助力于 500 强公司、创新实验室及初创企业，打造出了以人为本的卓越产品设计和体验，推动了产品创新与业务增长。2020 年回归微软，带领中国微软亚洲互联网工程院位于苏州和北京的多个产品经理团队。

02 认知型企业的企业战略和体验

◎ 于海霞

设计有建筑设计、产品设计、服务设计，大家一定很好奇，IBM在行业内是做什么设计的呢？其实IBM像是一个全科的医生，主要是帮客户做数字化转型和重塑。用设计驱动体验，用体验驱动创新，用创新驱动数字化转型，帮助客户成为认知型企业。

IBM互动体验部门（IBM iX）是1996年成立的，现在全球有57个创业工作室，是IBM非常大的设计部门。IBM iX提供的服务能力包括帮助客户做数字化转型、数字化体验、客户的运营、数字化营销、技术的创新、设计、数据的分析和渠道管理。IBM iX在大中华区有近百名设计师，这些设计师包括空间设计师、体验设计师、视觉设计师。

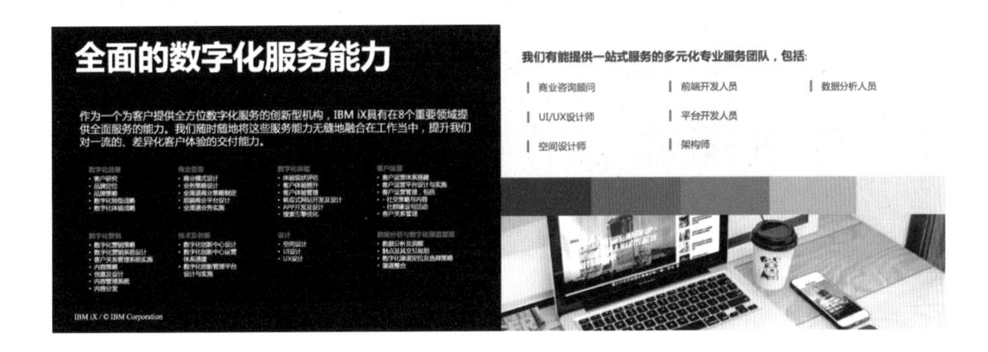

什么是认知型企业？

如果在10年前谈到数字化转型，一定是说由客户体验驱动，这是由外及内的数字化重塑。今天当我们构建认知型企业的时候，是通过科学技术和应用来驱动智能工作流。未来的认知型企业有三个核心的观点：

（1）未来每家公司都是技术公司。

（2）未来每家企业都是平台型企业。

（3）未来每家公司都是一种体验。

认知型企业的核心要素

谈到认知型企业，其核心要素有三点：造势的业务平台、智能工作流、人性化的企业体验。

“造势”的英文翻译为market making，是企业利用现有的差异化战略，或者通过优化内部效率、技术、效益来驱动的业务类型。

智能工作流则可以利用数据来创造新的经济规模。当你在一个行业里处于一个领先地位时，你可以把生态伙伴加入，这样就会形成一个行业的引领平台。当更多跨行业的伙伴加入进来时，可能会形成跨行业平台。下图的智能工作流是从客户体验开始，以结果为导向，是跨越了客户整个生命周期的流程。它是基于我们的员工技能和体验来打造的，是从前端到后端整体的工作流。

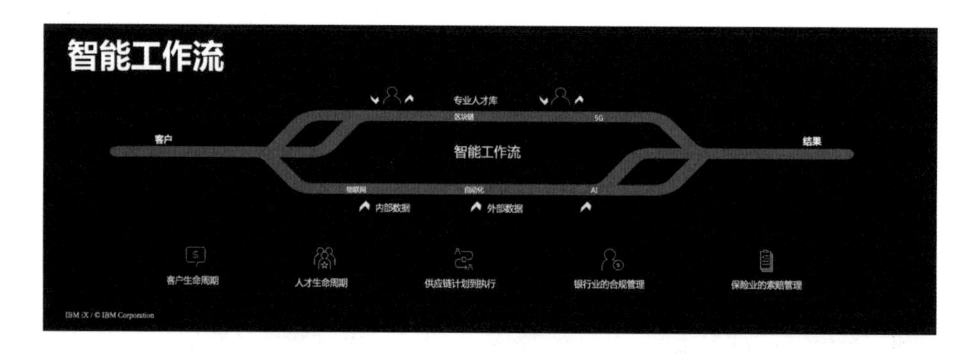

企业体验则是我们跟客户的情感连接。例如，在这家公司工作的员工体验是怎样的？很多人会认为这些技术的应用剥夺了一些员工的工作岗位，但其实我们应该从一个更加人性化的角度为员工们考虑，即将简单重复的工作交给机器做，将复杂的创意如设计类的工作交给人来做。

平台型企业一定是跟生态伙伴密不可分的，所以企业体验也覆盖了生态合作伙伴。今天谈设计、谈体验、谈认知型企业的时候，一个核心的因素是人性化。“以用户为中心”，这其中不仅包括客户，还有员工和生态伙伴。

就人性化而言，我们可以做什么？

第一是技能，大规模提升员工技能，真正让它融入认知型企业。

第二是领导力，任何一家企业的数字化转型和重塑，一定需要有前沿、睿智的眼光来引导。

所以，在创新型企业的建设道路上，所有的数字化转型都是一把手工程、新的工作方式。用不断更新迭代的工作方式来推动我们的数字化转型和重塑。

数字化重塑到认知型企业的实现

那么数字化重塑到认知型企业是如何实现的呢？这就是IBM车库。我相信提到车库的时候大家一定不陌生，很多硅谷的企业都是在车库里诞生的，那么什么叫IBM车库？其实IBM车库是帮助企业实现数字化转型的重要理论、工具和实践。IBM在全球已经帮助超过70家领先企业，通过车库创新思想实现了数字化转型。

IBM车库的核心思想是以创新公司的速度，实现成熟企业的规模，分为三个阶段：共同创造、共同实现、共同运营。

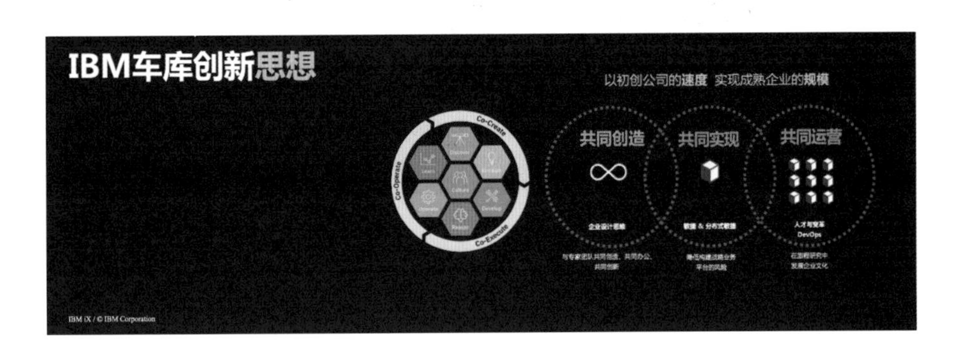

第一个阶段是共同创造。共同创造是指大家用企业设计思维的方式一起来探索有哪些新的想法，有哪些没有被满足的点，有哪些痛点，有哪些是现在的客户旅程，有哪些是未来的客户旅程，从而发掘我们未来可以改善和提高的客户体验。这里的重要工具是IBM的企业设计思维。

第二个阶段是共同实现。在共同实现阶段最核心的一点就是敏捷，其中一个重要的产出物叫最小可行产品（Minimum Viable Product, MVP），通过不停地迭代，将其真正市场化。

第三个阶段是共同运营，就是规模化。为了将最小可行产品的业务模式推向市场，我们需要对现有的组织人才做一个大规模的提升。现有的业务是一艘大船，无论企业的规模大小，都有自己对营收和利润的要求；而创新业务是一艘小船，通过给小船不断赋予新技能，让它拥有强劲的马达，从而引领大船。

第一个阶段共同创造的核心是设想未来，产生更多想法，最后产出产品原型，这里的产品就是服务，服务有可能是业务或平台。第二个阶段共同实现的核心是迭代至最小可行产品，其中也会产生多轮迭代，真正通过市场、使用者、消费者和生态合作伙伴，让其具备走向市场化的能力。第三个阶段共同运营的核心就是规模化，实现大规模的组织能力、文化、技能的提升。这种创新的方法也是一个低风险创新。

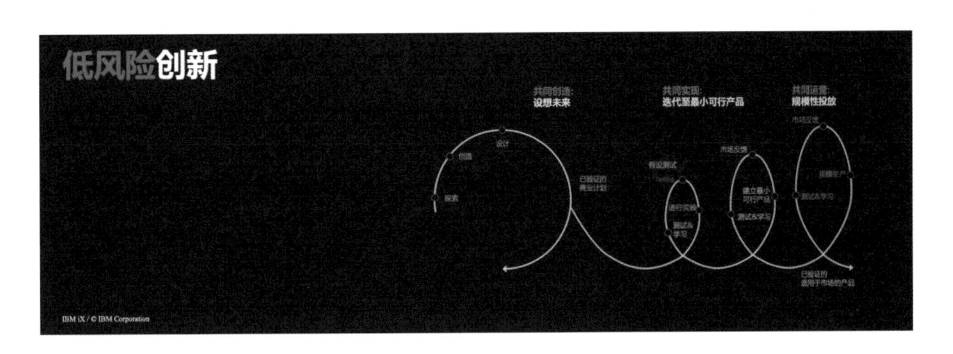

创新同时也是一个生态系统，我们今天讲的创新，有企业内部的创新，也有跨行业的创新。在用IBM车库做创新的时候，我们是一轮一轮往下走的。

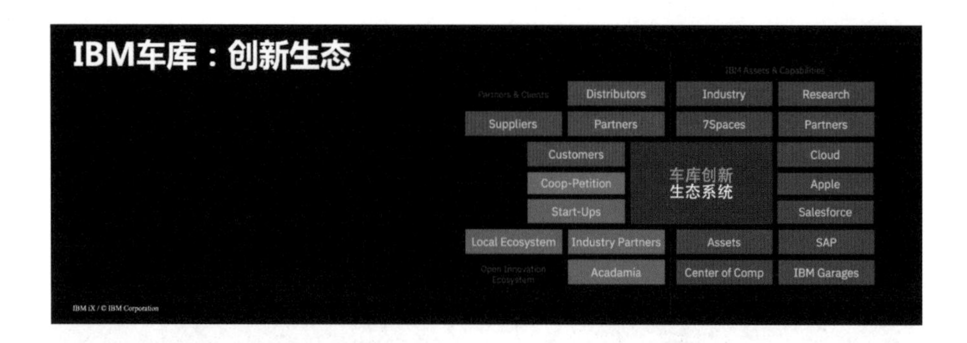

下图是我们为国内一家金融机构做的六位一体的企业创新体系，IBM提供的是一个全方位的数字化转型平台，所以我们的创新设计其实与建筑设计有很多共同的地方。我们有很多组织能力的建设，包括创新能力建设、创新赋能、创新成果落地、创新生态、创新品牌推广以及创新思想分享。

相信IBM通过自己的创新平台，可以帮助客户实现真正的创新引领。

于海霞

IBM IX　大中华区总经理

现任IBM大中华区企业咨询服务部创新体验业务总经理。她服务于国际咨询公司20多年，主要在消费者体验创新、业务模式创新、产品创新、数字化CRM、数字化和数据化转型、数字化平台和个性化营销、服务创新、全渠道服务等领域为客户提供一体化设计、咨询和落地服务。她在金融、保险、汽车、消费品等领域有着专业的经验，与银行业专家联合著有《银行精益服务：体验制胜》一书。过去10年以来，她参与和见证了中国金融业“以消费者为中心”的转型。

03 从设计产品到设计组织

◎ 刘佳纶

我今天要分享的主要业务名叫“花小猪打车”，我是滴滴出行的创新设计总监，同时也是花小猪打车的设计团队负责人。我刚进滴滴时，更多是在负责创意品牌，偏向与互联网结合的传统型广告，例如“最后一公里”的故事。我也会协助公司新业务初期的品牌赋能，例如青桔单车、外卖等项目。

这期间我也会有小小的感触，因为互联网发展速度非常快，必须在每个部门里做到组件化和快速协同，才能够把一个东西产出得更好。当然，如果碎片化的产出结合在一起，有时候一致性就难免会有一点缺失。

花小猪打车跟滴滴打车有什么不一样？很不一样，它相对年轻。开展这个业务也是因为我们发现了一波一波新兴的族群，他们其实有勇敢消费的欲望，但是同时也比较聪明，比较关注实惠。所以花小猪打车就是一个相对实惠的出行打车业务，但是它又相对年轻化。

这个课题听起来很轻松、很简单，但它需要找到一个清晰的路径去做推进。这一波用户群体不只分布在一线城市，更多是在二三四线城市。有很多互联网的成功品牌，在下沉市场也做得非常成功。这些成功的产品都有一个特质，就是非常亲民，甚至有时候你感觉到不需要设计了。

所以有个问题就出现了：用户比较看重实惠，相对下沉，那么设计是不是应该低端一些?

设计是一种手法和落地方式，不应该成为目的。喜欢美是每个人的天性，用户不会因为这个东西不好看，或者感知相对低端一点，才敢去消费它。当看到一个东西很好看，感觉不一定消费得起，但仔细看又很便宜，这才是我们要做的“性价比”。所以我们要做的并不是更低端、更廉价的设计，而是让产品在适度的地方保持着设计的力量。当然，你也可以用别的方式，例如营销手段、游戏化手段，来吸引大家的目光，这是一种组合的方式。

在从0到1做产品设计时，还是要保持产品设计的美观性，但重点不是要把它做到高端。通过年轻化的设计，加上丰富的营销活动，组合在一起带来实惠的品牌心智。

在项目从0到1的初期，其实可以通过中台沉淀很多模板和方式，让使用者可以快速输出。但毕竟这是一个从0到1的项目，业务相对闭环，有时候没办法完全使用的一个所谓的大平台。于是，我们对组织进行调整与拆解，有点像做了一个实验。在初期的不到一年的时间里，团队有15个人，工作覆盖UI、交互、运营品牌、创意美术、创意文案、动效、三维插画、剪辑等。本来是部门对部门，现在很多部门的设计师就有可能融合成一个个小组，去承担不同的角色。

大家怎样在这个组织下提供服务，更好地去赋能？这就需要一个管理模型，也就是“大前台小中台运转模型”。中台还没有被建立起来，只靠人力运转时，就要有基础模型。这个模型也被称为“金字塔”：顶端的核心要制定方向，设置要开发的子弹类型；接下来就要生产子弹，包括各种类型的设计；最后是达成支持的前线成员。

大前台小中台运转模型

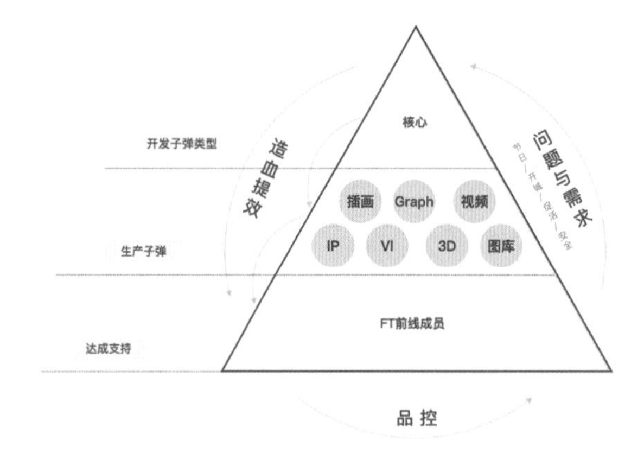

其实有时候中台人员需要先做前线人员，直接下到业务线。这样做的好处是作为设计师，可以更了解业务目标，同时也可以很快地在第一时间指出哪里落地有难度，哪里更适合先去执行。

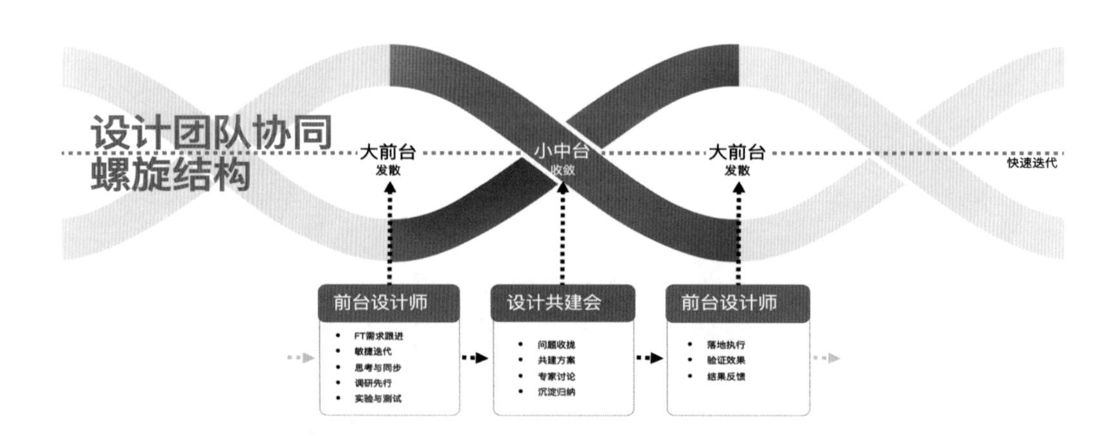

在这样的运转模型下，就会有前线成员进到每一个小组里沟通，同时他们也会在设计部固定地开会，带着任务、问题或者是结果回来跟大家探讨总结。当他们回来时，算是输出一

个属于中台的结果，是有一个基础保证的；同时，问题也能在开会的时候继续被讨论，大家一起去研究解决方案，沉淀、消化之后，再把这个问题拿到前台的团队去做讨论。

在内核上，这是一种设计思维的发散、收敛方式，也就是“设计团队协同螺旋结构”。

刚开始，与业务接触比较深的设计师，会在大前台跟每一个团队去做发散性的讨论，讨论期间，他可能也会有自己的创造、思考或问题；然后，他带着这些可能性回到部门里面，部门里的讨论就像是一个收敛的过程，可以给他建议；他再带着新的理解回到原本的小组团队里进行执行和输出。

所以，当一个团队时不时被拆散又组合在一起时，就有不同的产出和功能。

当聚在一起，会产生新的创作思路。以促成裂变的分享卡片为例，分享卡片类似传统广告，需要不断地去做包装，让用户来看一眼，甚至能够通过点击实现转换。这个时候就会加入创意人员和文案人员，和原本的团队做共建，产生不一样的效果。

而消消乐游戏加入了IP内容，就会有创意、文化的属性，它会拥有自己的生命力，而不只是一个小小的裂变游戏。此外，也可以在游戏中融入一定的价值观，例如月光族、捡到钱之类，因为花小猪本身就是一个提倡实惠、省钱的打车软件，所以它能够把特定的内容环节和价值观联系在一起，让每一个小环节都能够释放子弹的能量。

所以，当设计师聚在一起的时候，可以实现没有做过的创意、没有做过的游戏、没有做过的各种可能性。

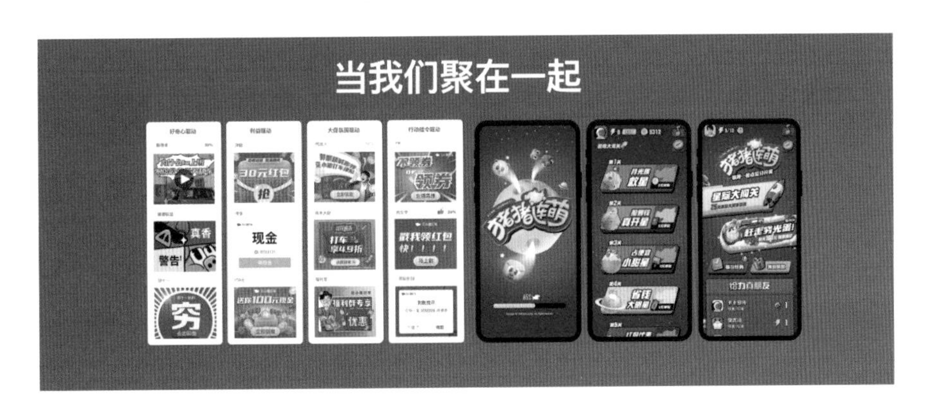

而当设计师发散出去，也会有不同的产出。例如，有的创作可能到了某一个环节要和代言人合作，这样就能在所谓的品牌广告上输出多种创作。或者前台的设计师可能需要和插画设计师合作，但作品整体不会分散，不会像不同的人在做。

还有一些活动是从业务去做结合。例如，用户打不到车会很烦，但平台如果能给用户一些小小的补贴，或许能让用户舒缓一点。但是怎么做可以放大效能？是否可以让用户在等待的每一分钟都能觉得在赚钱？这是需要创造力的，它同时又能结合营销，提升业务目标。

很多落地活动，如品牌发布会、供应商交流会等，也会有相对一致的产出，即便让大家和各自落地的执行方合作，也都能够控制产出和品质。当大家去发散的时候，你会觉得有些创意相似度还挺高，大家可以互相加深内容的再创作。

可以说，设计的每一部分都充满了创作的生命力。所以在不到一年的时间里，设计团队一起产出了从源头到结尾的一个类似全链路的设计。从命名开始，是因为品牌内核的创造其实也是设计团队负责的。花小猪名字的内涵有“存钱罐”的概念，它可以帮你存小钱、省大钱，甚至赚更多。这个概念也会通过颜色、交互、UI、营销创意及线下物料、文化周边等表达出来。

花小猪全链路设计

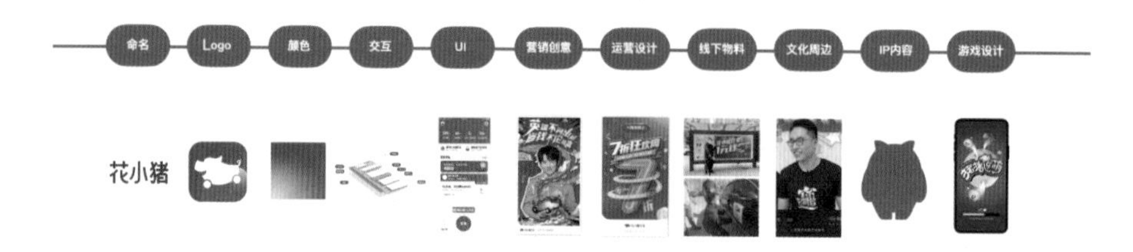

最后做一个简单的总结。设计是一个需要灵感的工程，但同时也是一个系统化的工程，只有系统化了，才能让创意整合成更大的能量。所以，当设计一个产品时，需要先从设计组织开始。

刘佳纶
滴滴出行　创意设计负责人

滴滴出行创意设计负责人。在进入互联网领域之前，刘佳纶拥有18年的广告传播营销经验。曾任职于奥美（Ogilvy）、智威汤逊（JWT）、麦肯（McCann）、阳狮（Publicis）、电通（Dentsu）等国际知名4A广告公司，并担任创意总监与创意负责人等职。

多次受邀参与广告巡讲、评审及时尚与女性杂志访谈，打造过不少业内成功案例，国内外获奖近百项。

04 零售变革下的设计管理思考

◎ 邵维翰

我个人认为设计师有三个角色，分别是执行者、管理者和领导者。我相信每个人从执行者转变到管理者，肯定花了不少时间。回想一下，你是否忍不住去直接干预员工的设计方案，直接给出观点，让员工照着改？甚至有时你让设计师改了好多遍，最后忍不住直接去修改他的方案？我相信这样的场景肯定不少见，这就是没把握住从执行到管理的角色转变。作为一个管理者，我们的职责是培育他人成长，这是很重要的一点。

如果凡事都是管理者亲力亲为，这样团队的主动性、创造力就都没有了，将会进入一个恶性的循环。

设计的领导力

我觉得领导比管理要更进一步。管理是利用一系列的工具和手段去控制和推动执行；而领导需要想办法营造一个氛围，让大家愿意跟着你干。如果是初级管理者，可能执行工作会偏多一些，因为只有执行得好，未来才可能成为高级的管理者。如果是高级管理者，就要更多把时间和精力花在营造氛围上。

这里其实就是建立一种信任关系。如果干预过多，团队成员是害怕你的，你是在用害怕来驱动整个团队往前走，这个时候成员什么都听你的，他就不动脑子。领导要用信任感带动团队一起往前冲。所以，在整个团队内信任的建立非常重要，这是设计领导力的最大驱动因素。

有的人问沟通真的有效吗？沟通真的能够促进我们的信任吗？

当你的员工产生一个正向结果时，我们应该及时给予正向反馈，而反馈不光是说做得不错，还应该进一步说出为什么不错，要去谈意义层面的东西，这个层面会指引他不断朝着一个正确的方向走，建立彼此的一种信任关系。信任可以分为“战略、价值、设计”和“共识、能力、平台”。

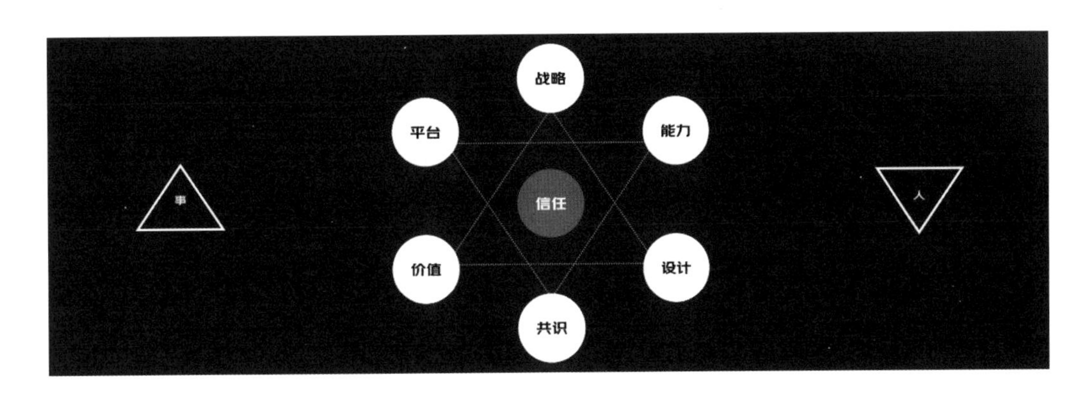

战略决定了业务方向和路径，决定我们的设计目标；价值是我们聚焦什么客户价值；设计是我们提供什么解决方案。

战略层面紧紧围绕公司大部门的战略方向，设计才有着力点，整个团队才能清楚往哪个方向发展。一般在战略层面需要回答几个问题：公司的使命愿景、业务目标、业务主要战场、核心竞争力及必赢之战是什么？例如我们有三个主要战场：平台型业务体验深耕、零售新业务体验探索、设计中台建设。围绕这三个大的方向，团队需要具备系统化专业力、前瞻性洞察力以及商业化产品力。

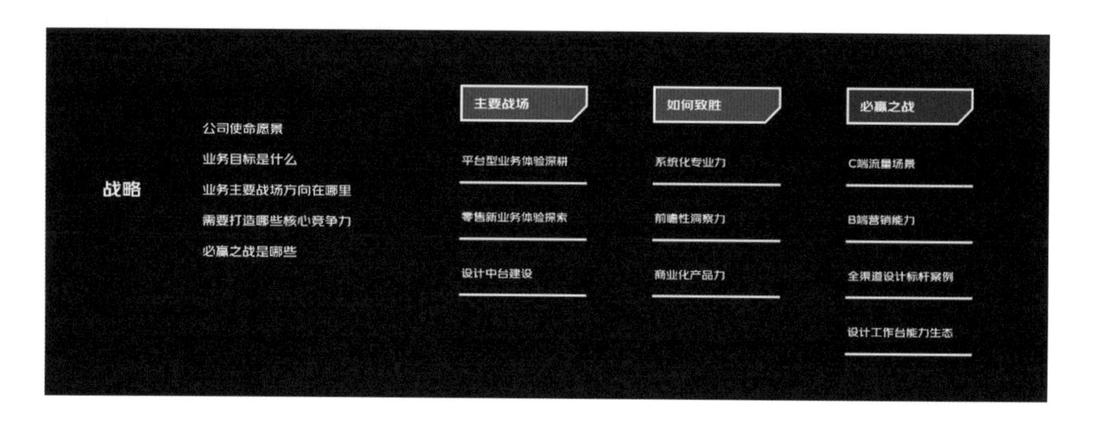

设计的三要素是什么？从零售的角度来讲，就是人、货、场。

以下图的京东零售plus会员页面为例，在每个场景下有不同的页面内容呈现，场景要做分类。从零售的角度看，货就是商品，但是我们在做每一个具体页面的时候，货就是内容。货里面涉及什么？汇集商品促销、权益服务，这些都是货。所以在做每一个需求分析的时候，要把人、货、场进行精细化分割。针对场景去做交叉分析，再看每一个页面的核心价值是什么。例如，零售业态里的商品详情页，其核心价值是缩短用户加入购物车的决策时间。

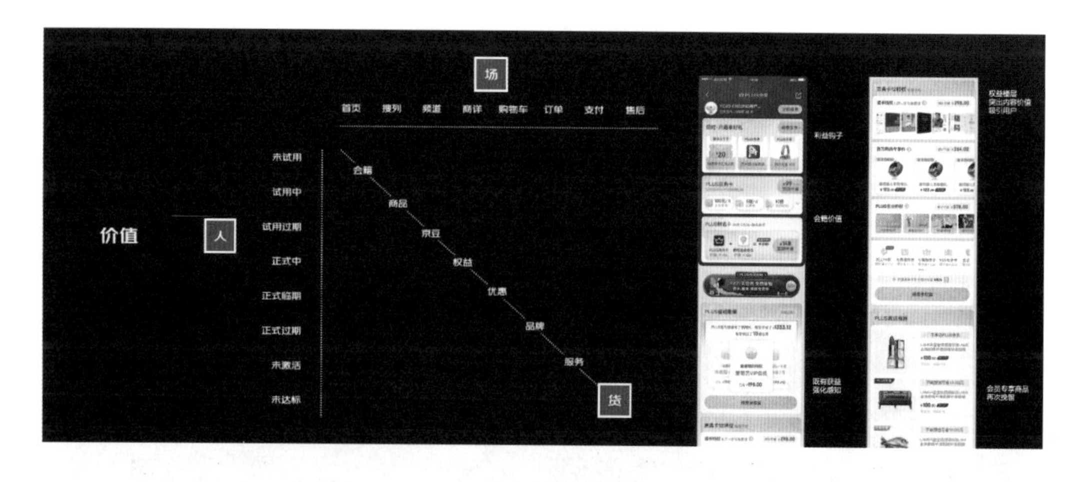

因为团队换血的速度是比较快的，所以一定要为整个团队在设计层面制定规则和流程。这个过程当中要注意一些管理动作：

第一，业务支持是最重要的，它是设计部门在一个商业体里存在的立身之本。

第二，围绕业务方向的设计预研不是需求本身，而是围绕这个需求未来可能要做的事情，是前瞻性的努力。

第三，需要把专业的模板经验进行沉淀。

在和设计师看方案的时候，要用提问引导，不要很快做决定。一定要去激发团队的创新活力，一定要去控制你做判断的欲望。

此外，共识也很重要，它包括共同的价值观和目标等。它解决的是意愿度的问题，让你的团队愿意跟着你干，愿意朝着这个方向很努力地去工作，然后招揽一波认同这个价值观的人。

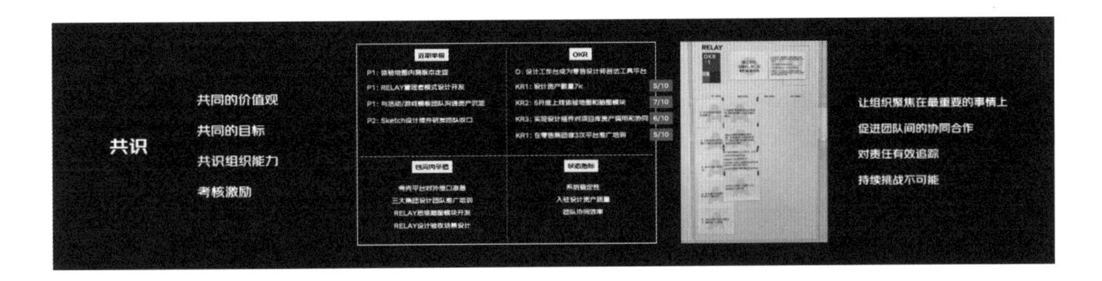

中台对设计的帮助

接下来介绍几个设计中台，看它们怎样更优、更快地响应前台的业务创新。

通过传统的设计结构可以沉淀很多素材模板资产，这些都是数据类的东西。对于技术团队，就是底层的数据能力。这些东西怎样快速响应前台业务的创新？五年前，可能会把它做成一个网站，大家随便来调用就可以了，但还不够。如何在前齿轮和后齿轮之间加一个齿轮，让整体快速运转？这时就需要一些平台化的工具。

第一个工具是羚珑，它是做智能设计的，只要输入最原始的内容，都能快速生成想要的设计结果。基于AI的算法和大量图片模板、活动模板、游戏模板，可以实现智能抠图、智能配色、智能排版和风格识别等。

它就像中间的那个齿轮，能让前后齿轮匹配起来。这是前台的首页、活动页设计等大量设计需求产生的结果。为了根据不同的用户标签推送不同的内容，必须要用系统化的工具去做。我们在2020年“618”提供了另一个个性化的设计结果：通过一些算法，帮商家实时计算出什么样的布局点击率会更高。

第二个工具是RELAY，它是面向设计和前端的研发工作平台，其核心目的在于促进设计和前端研发的在线协同，把原来线下的工作全部搬到线上。同时，它还提供了一个Sketch插件，其中有一些设计工具，各种素材模板、图片，甚至包括带着代码的资产，都能在这里调取。

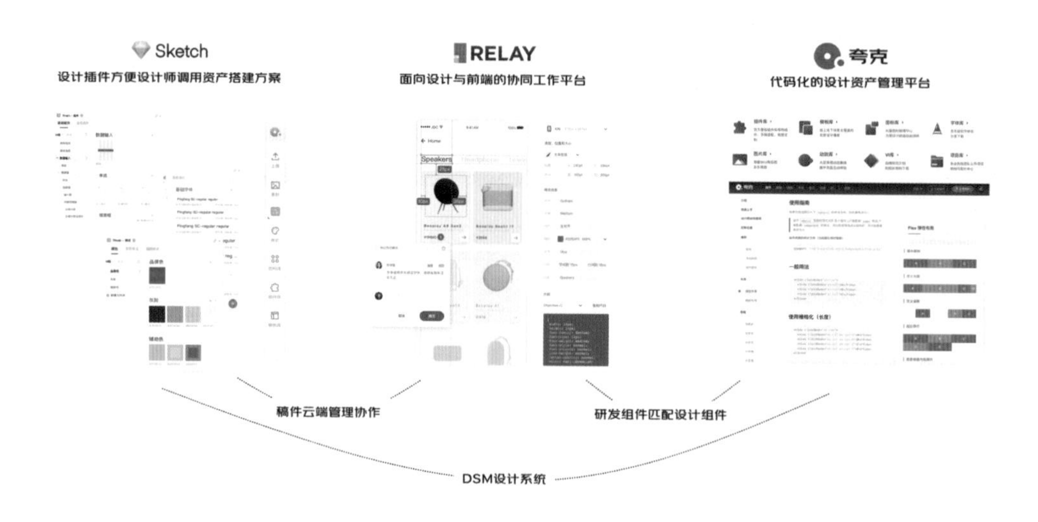

第三个工具是用于打造设计生态的JELLY。我们会把所有的经验性内容放到里面，也会和行业头部的媒体一起来做一些竞赛。在整个设计中台的布局中，羚珑聚焦智能设计，RELAY聚焦协作，JELLY是帮助多端研发的助手。羚珑做出来的页面可以在9个端同时发布运行，就是依赖于多端研发的能力和内容共享。

除了以上提到的，我们还在做一些体验管理的平台，希望把整个用户研究的过程和设计分析的过程搬到平台上，做到设计赋能。

邵维翰

京东零售用户体验设计部　设计总监

2015年加入京东，现任京东零售用户体验设计部–基础平台设计部负责人。曾任职于联想研究院、腾讯CDC、新浪微博。对操作系统、社交工具、零售全渠道业态等领域有丰富的设计管理经验。

05 人工智能地图的交互设计思考与未来

◎ 董腾飞

1. 前言与综述

《百度地图-丈量中国》（https：//www.bilibili.com/video/BV1Hx411y7Cz）

《百度地图-时光机》（https：//www.bilibili.com/video/BV1NC4y1b7g6）

上面的视频是百度地图在过去四年间两个典型的宣传片。第一个视频可以看到地图的数据采集工作中采集员的工作场景——走进小巷，踏入草地，越过高山，丈量中国。第二个视频是百度地图十五周年会场的现场录制，可以看到在纯粹数据展示的产品中有目的或无目的地寻览，可能只是看看记忆中的学校、曾经搬过的家。这也便是数据与普通用户产生的最朴素的联系。

数据是人工智能的基础，与算法、算力合为人工智能发展的三大要素。这其实是一个通俗的理解。在互联网公司的工程与研究领域，交互设计与人工智能技术学科之间存在显著的工作内容与思维模式差异。交互设计除了部分人机交互基础研究，更多是面向市场的工程设计。针对人工智能技术的研究，对于大部分设计师而言，只需要有限地去理解其原理并结合环境与业务对象进行应用，而并不是我们真正地投身于人工智能技术本身。因为这确实是不同的学科体系。

2. 人工智能地图的定义

地图经典的定义是根据一定的数据法则，即某种地图投影，将地球或其他星球的自然现象和社会现象，通过概括和符号绘缩在平面上的图形。地图具有严格的数学基础、符号系统、文字标记。如一张标准的中国地图会体现比例尺、图例、指向标，有图形、辅助要素以及补充说明等。地图学是一个严肃的学科，也是一个数学游戏——地图投影研究如何按一定数学规则铺满平面画布。制图投影的方法基于人类认识地球过程中测绘科技的升级，也产生了不同的流派。

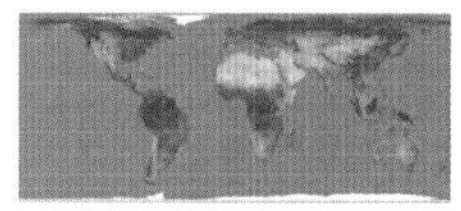
Behrmann等面积投影世界地图

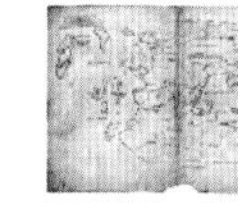
13世纪世界地图

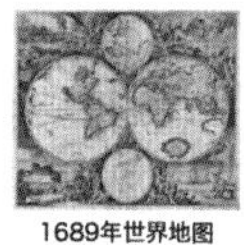
1689年世界地图

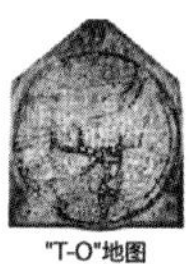
"T-O"地图

梵蒂冈城的开放街图

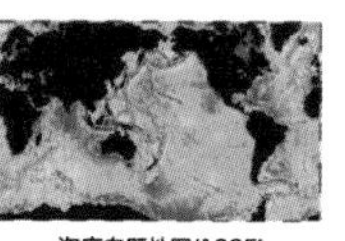
海底专题地图(1995)

通识意义上有两种可了解的制图投影方法。一是中国古代的制图六体，是中国古代最早的制图理论，由西晋裴秀总结而来。在不知道地球是圆的，在受到现代西方制图方法影响之前，一直被沿用。分率，比例尺；准望，地貌地物的方位关系；道里，道路距离测量；高下，海拔；方邪，地势起伏；迂直，等高线换算。另外一个投影方法是莫卡托投影，是近代地图学开端的象征。由荷兰的莫卡托发明，通用横轴莫卡托投影是一个衍生版本，地球被分为60个区域，每6° 为一个区域，两极地区为头面极投影，是当前的国际化标准之一。

除经典的地图定义之外，在当代的应用环境中有延伸的地图定义，是以经典地图为基础，适应当代社会经济环境与互动载体发展的衍生地理位置服务。除了我们感官上从生活经验中看到手机、车载地图外，需要从设计研究对象进行分类，观察交互设计的研究对象，环境、设备、人是否产生了变化。古代地图主流服务于战争、国家管理、航海，人们很少需要出远门，地图不具有生活场景；随着经济需要、交通工具的进化，人们会更频繁的远程出行；地图载体也在产生技术的进化，从石墙、锦帛、纸张到手机、车机、holelens等电子设备。上述要素变化会对一个经典意义上的地图产生需求、展示设备、应用组装方式的冲击，产生更细致的地图产品的技术应用分类，手持设备、传统嵌入式、智能嵌入式、软件镜像、混合现实、扩展现实……

延伸的地图也会产生更多泛化的地理位置服务，这是受到社会因素的影响，包含文化、经济、政治、讯息等环境因素。受到文化环境变化衍生的POTT签到旅游、美团实时公交。受到经济文化变化影响的车内地图服务变化，从导航功能性到娱乐性服务。受到政治环境影响产生的大数据地理位置管理，包括当前COVID-19疫情服务。所以当我们去观察、判断业务的走向，三年或者五年的机会，也需要宏观理解政治、经济、文化环境因素对于人的影响。关于人这一影响因素，通常会基于代际等研究交叉辅助判断。

人工智能地图便是受人工智能技术影响的地图，且不局限在展现设备。图中展示了你所看到的电子地图与你所未见的电子地图。未来ETA智能预测是一个纯AI技术的产品案例（数据+算法产品化的例子），预计到达时间（ETA - EstimatedTime of Arrival）从最终的数据结果看只是一个数字，但在无交互设计参与的基础上便在应用人工智能技术。

3. 人工智能与交互设计的关系

进行人工智能地图的交互设计实践需要在人工智能技术的视角观察，设计如何与之交叉与被影响。智能是人在认识客观世界中，由思维过程和脑力活动所表现出的综合能力，思维、记忆、注意、感知、决策、学习、行为等。人工智能是用人工的方法在机器上实现的智能。它研究如何构造智能机器或智能系统，以模拟、延伸和拓展人类智能。

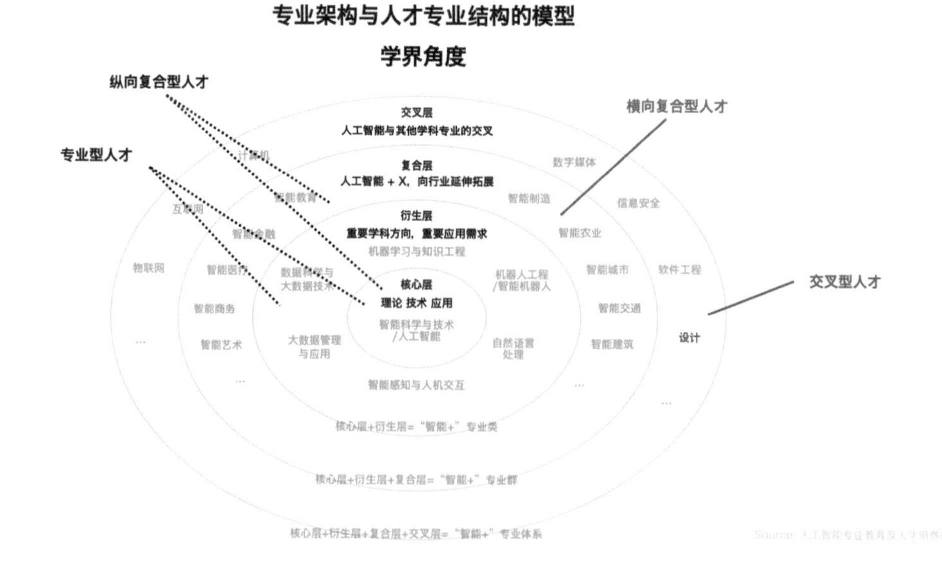

图中展示了对于行业/学科关系的阐述。核心层是人工智能科学与技术的理论、技术与应用。衍生层是重要学科方向、重要应用需求。这里包含了机器学习与知识工程、数据科学与大数据技术、大数据管理与应用、智能感知与人机交互、机器人工程/智能机器人、自然语言处理。复合层是人工智能+X，向行业延伸拓展。智能教育、智能金融、智能医疗、智能商务、智能艺术、智能制造、智能农业、智能城市、智能交通、智能建筑。交叉层是人工智能与其他学科专业的交叉，比如与计算机、互联网、物联网、数字媒体、信息安全、软件工程，当然也会包含设计。通过这一通用模型可观察人工智能的延伸与设计角色的交集。知识体系的交叉，就会产生不同的人才结构定位。核心层与衍生层，对应产生专业类，专业型人才。在人工智能领域发展的结果中，能够产生积极对话的是交叉型人才、横向复合型人才。交互设计职能与其复合层、交叉层产生关系。从面向行业市场开始产生业务交集。学科交叉产生工具与专业交流，如智能设计工具等对于人工智能技术的应用。

更广泛的人工智能技术与交互设计交叉是技术与设计的交叉。技术革命从农业社会到工业社会，伴随着服务于获取知识的工具进化，从竹简、纸质书籍、收音机到电视、平板甚至计算机。与以互联网为设计对象的设计师产生交集是从第三次工业革命后开始。从复合层影响下的交叉学科观察到的交互设计与人工智能载体——计算机的关系，人们利用计算机获取信息的方式，归纳为七个阶段，机械交互、打印交互、键鼠屏幕交互、移动鼠屏幕交互、移动笔屏幕交互 、移动触屏交互与无界自然交互。人机交互的进化史同时是人机交互的退化史。现象与趋势是信息载体从不可移动→为移动→随型，交互方式从专业技能→弱技能→回归本能。如果人与机器充分沟通，也便不再需要交互设计。Z世代后的宝宝不需要QWERTY键盘，他们便是在人工智能下的数字土著Digital Natives——人工智能土著AI Natives。

人机交互的进化对人是从技能到本能的退化。技术在进步，设计在做什么？我们观察不同的设计视角下大家对于设计跟技术关系的探讨。

1997年，技术与设计领域发生了一个特别事件，技术史协会创办了《技术与文化》（Technology and Culture）期刊，巴里·卡茨（Barry MKatz）认为，由此工业设计师的角色可以定义为“驯化新技术并使之能够为人所用”，因为他认为技术史与设计史的关系越来越紧密，“这种相互依存表明，至少在设计研究领域，可通过全面向技术史开放深到技术史的核心，而且借助于设计史与理论领域的新趋势，也能够激活关于技术的研究”。同样，接受这种挑战并积极探索技术史与设计史的紧密融合与互动潜力，也将会使设计史获益良多。

Neri Oxman内里·奥克斯曼，设计师、建筑师、合成生物学家、视觉艺术家以及 MIT Media Lab 明星成员。总结了人类创造力的四种模式——科学、工程、设计和艺术。科学的作用是解释和预测我们周围的世界，它将信息转化为知识；工程的作用是将科学知识应用于实践问题解决方案的开发，它将知识转化为使用；设计的作用是实施拥有最强功能和增强人类体验的方案，它将使用转化为行为；艺术的作用是质疑人类的行为并提醒对我们周围世界的感知，它将行为转化为新的信息观念，重新呈现在KCC中科学开始时的数据。

我当前对于人工智能技术对于交互设计影响的答案是，在旧硬件载体的旧软件服务中应用AI技术；在旧硬件载体的新软件服务中创造人工智能技术应用的交互形态；创造新的硬件载体与新的服务并创造人工智能技术应用的交互形态。总结设计在当前AI行业的作用——创造人工智能技术可应用的新硬件载体与新软件服务的交互形态。

创造AI技术可应用的新硬件载体与新软件服务的交互形态。

AI设计可供性的交互进化模式

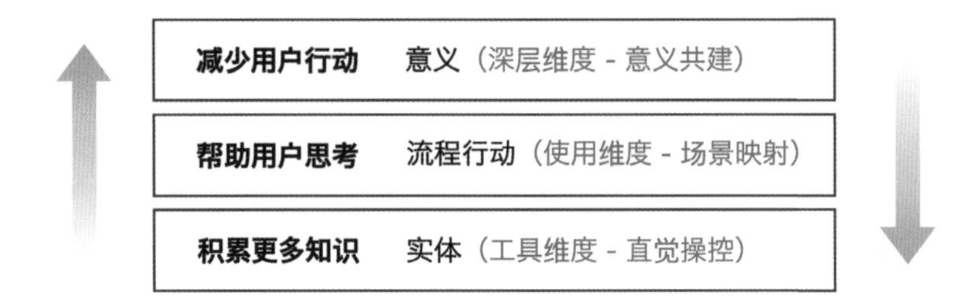

* Affordance (1979)：Gibson 认为，人知觉到的内容是事物提供的行为可能，而不是事物的性质，而事物提供的这种行为可能就被称为可供性。三要素在行为层面的参与交互，意义可交换。

交互设计追求的是对于终端载体和服务与用户预期的一致，以及受到复杂场景因素与技术影响下的唯一答案——AI设计可供性的交互进化模式。积累知识从而建立直觉操控的实体，帮助用户思考从而创建场景映射的流程行动，减少用户行动从而实现深层次意义共建。

4. 人工智能地图的交互实践

交互设计在人工智能地图的实践，也遵循以上工作方法与原理，通过建立直觉的操控帮助用户产生行动从而建立深层次认同。

以语音设计为案例，我们设计了一个地图语音交互模型，用户可以通过语音的方式获取地理服务。避免了驾驶员通过手指频繁操作触屏手机，可以大幅提升驾驶安全，并对于视觉障碍人群更为友好。

我们进行了语音认知的研究，包含用户对于语音宏观的认知影响因素研究，如用户在手机地图中使用语音交互会受到过去经验的影响、受到当下相关语音产品的影响；以及我们如何定义语音产品的影响；结合在语音与触屏交互过程中对于视觉感知的研究，如何使得语音用户形成长期记忆并建立可影响到语音认知的任务策略，创造有即时交互的语音教育体验。语音的教育体验不等于说明书，大脑为语言而非阅读而设计，使用语音与视觉界面的用户对应的并非同一类人群，语音教育体验的设计也走到图文的反向，语音化、视频化、游戏化，从而建立正确的语音前端应用交互体验。

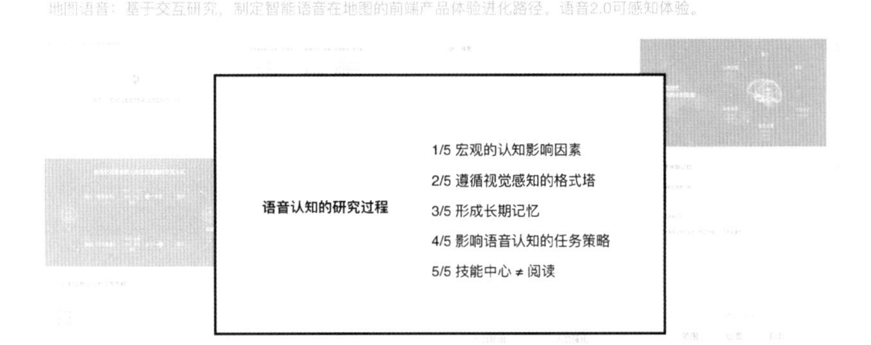

5. 写在后面

设计师可能真的要感谢这个时代。在新技术涌现的年代，百度地图所触及未来的交互实践也将成为沧海一粟，交互体验的进化可以不断从概念走入现实，人与机器信任、充分沟通。

董腾飞
前百度AIG 资深用户界面设计师

时任百度AIG资深用户界面设计师，在百度有近10年一线的UX设计与管理经历，先后负责百度移动浏览器、手百矩阵、百度地图、研究院的交互/体验设计。坚守“简单极致”的设计理念。

06 不止于设计，不止于技术——智能设计应用探索

◎ 李苏晨

2019年，羚珑发布了智能视频设计能力，我们通过对视频进行脚本、动效、音乐、风格、目标等多维度解析，实现了用户只需要三分钟就可以通过羚珑自动生成一个制作精良的商品主图视频。在此之前，羚珑从设计开始，孵化了从图片设计、智能合图、图片设计工具、到海报、视频等各类素材智能设计能力，并将素材在线合成、设计模型数据验证等能力，广泛应用在广告投放、京东APP、7FRESH等领域内。

羚珑始于设计。这不仅仅是因为羚珑是智能设计平台，还因为羚珑有一个独特的基因，那就是设计师的基因——羚珑是京东零售用户体验设计中心出品的智能设计服务。羚珑项目成员，除研发外，百分之九十的成员都是由交互设计师及视觉设计师组成。我们从最初的素材设计出发，通过羚珑强大的智能设计引擎，为京东内部、京东商家及个人提供优质的自动化设计服务。

羚珑不止于设计。与智能视频能力同期，羚珑从去年开始陆续发布了包含店铺页面设计、营销活动页面设计、互动活动页面设计、小程序页面设计等在内的一系列智能页面设计能力，为商家及企业系统提供“素材+页面+上线投放”一体化的智能设计解决方案。羚珑页面的出现，改变了过去京东及京东商家的设计与开发模式，通过设计、前端的标准化和自动化，来解决电商页面设计的复杂需求，极大降低使用门槛，将好的设计、多终端的前端能力惠及整个生态。我们期望为用户解决设计、开发、多平台运营的专业难题，让商家更加专注在店铺生意经营上。

我们坚信智能设计的价值，希望可以通过智能设计来惠及商家。智能页面设计相比智能素材设计其实要复杂得多，但依然可以遵循素材的智能设计脉络，我们结合羚珑图片和羚珑视频，对页面设计方案进行全面的页面级别的拆解和分析，从而进行标记分类。主要解析内容包含页面设计的目标、页面框架结构、页面风格、页面组件、页面元素、页面动态效果等等。羚珑将解析标记分类好的对象，通过taro的大前端技术框架，进行全面代码化和可配置化。比如说，一个商品组件，由组件背景、商品背景、商品图、商品名称、商品价格、购买按钮等组成，我们结合物理纵向层级和容器进行分类标记后逐一代码化和可配置化。

页面智能设计的底层框架由页面的智能分析和代码化配置组合而成。基于页面智能设计的底层架构，通过设计引擎对页面进行重构，最终输出设计方案的结果。这个智能设计的处理过程中，最核心的部分是设计引擎对输出规则的二次智能重构。我们根据对设计方案的全面解析，不断试验，不断优化、调整智能重构规则，让生成的产物达到更好的设计和数据效果。

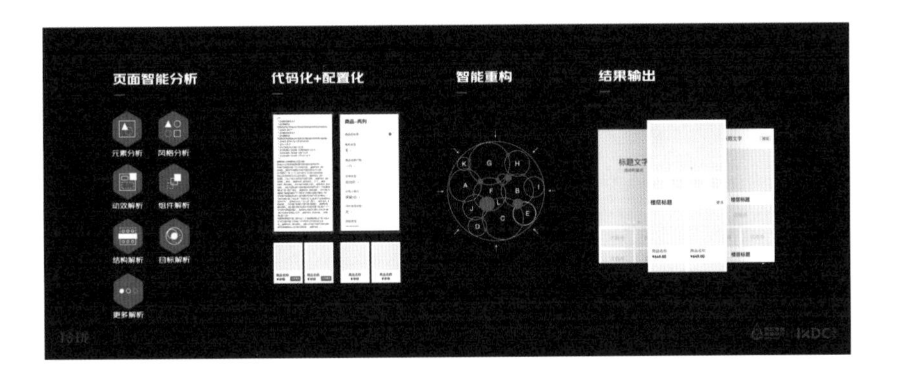

去年5月，羚珑智能页面设计引擎搭载羚珑智能活动页面设计，正式开放给外部商家使用，全面提供智能可视化的页面设计和一键上线的能力。商家用户在羚珑完全可以自主完成页面设计、商品运营和页面上线。随着页面智能化的能力升级以及设计模型和设计素材逐步丰富完善，羚珑完全可以根据用户的需求，一键生成和上线页面，实现无代码编程上线和无设计设计方案，全面打造前端无代码且无设计感知的“NO CODE NO DESIGN”页面素材一体化的智能解决方案。

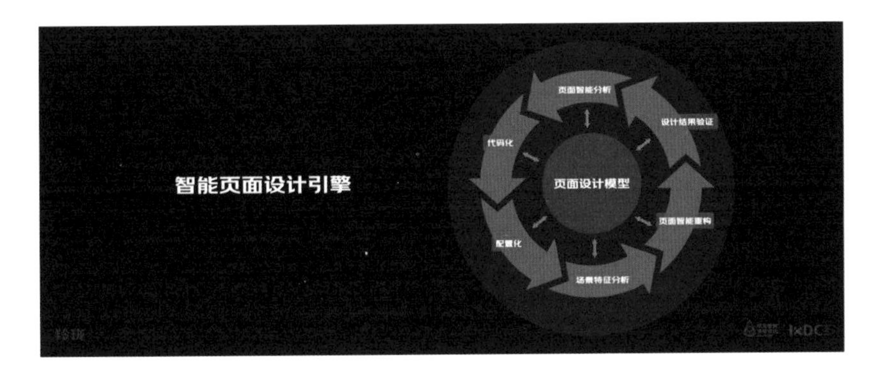

目前我们已实现了页面配色的智能自动化，一套页面通过颜色叠加、渐变映射模式、相近色/对比色/互补色、依据主色生成等等方式演变成海量的不同配色的页面。其中依据主色生成模式被广泛应用在活动场景中，用户根据需要通过选择一个主色即可得到以该主色为基础的多套页面设计推荐结果。

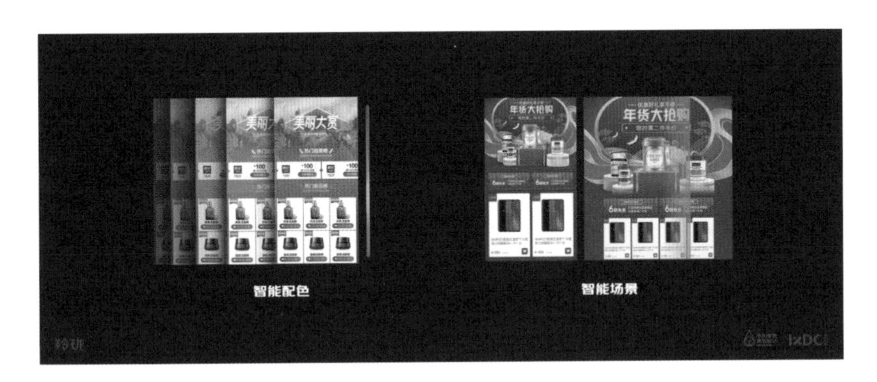

那么羚珑是如何做到“准确识别并生成配色方案”的呢？首先是必须要使用系统可识别的数值来定义色彩值。目前在计算机可识别的色值体系，最常用的是HSB/HSV、RGB与CMYK。HSB色彩图案是基于人们对色彩的心理感知而产生的色彩图案，HSB模式对应的媒介是人眼，是日常应用最广泛的色彩理论体系。RGB主要用来设计用于发光屏幕的内容，由发光三原色红绿蓝混合而成，它的模式只有加色，即几种颜色混合得到另一种颜色。CMYK用于不能自发光的载体的内容设计，主要是印刷物。它们是通过光的反射才能被我们感知。而羚珑主要应用在电子屏幕终端，因此采用RGB色彩模式。其次是要通过主色与其他不同的颜色进行搭配，以生成多套不一样的设计风格的配色方案。在色相环上可以根据两个颜色之间的角度差来判断颜色的关系。根据颜色的关系，可以决定配色的风格效果。例如对比色可对应绚丽强烈与炫酷中性风格，相似色与邻近色可对应简约中性与清新淡雅风格。除了基本配色的原理，页面配色也加入了页面结构影响因子，使得整个页面的配色符合视觉浏览动线。在技术实施方案中，图片与组件保持一致的基础配色原理，但是区分开来进行控制，这样保证了既灵活又统一的颜色调控方式。

设计交给羚珑，你不仅再也不用担心老板和客户临时改颜色，而且可以快速提供完善多样化的页面配色设计方案。设计和开发上线、自动设置、平台系统对接交给羚珑，我们根据图片、文案、需求、场景特色，为您自动生成页面，系统自动化生成千人千面的页面。

不同于传统的商品推荐及内容推荐，设计推荐的原始数据往往是非结构化数据，比如图片、视频、音乐、页面等等。因此在千人千面的推荐算法中需要将非结构化的内容进行数据结构化及参数化。通过对设计参数进行定义并转化为机器语言，使得后续的页面生成及千人千面推荐具备了初步可能性。对设计方案进行原子化拆分以及特征抽取，让机器可以最大程度地理解不同图片的设计意图，设计原子和特征的丰富程度也将决定机器学习天花板的高度。以banner为例：设计内容特征包含风格、构图布局、商品呈现、背景装饰、文案、按钮、logo等；以页面为例：设计内容特征包含页面风格、页面结构、首屏布局、头图、组件、背景过渡衔接等。设计特征不仅要进行拆解，还要进行合理的定义。其参数既有“数量、有无”这种确定值，也有“高饱和、低饱和”这种相对来说较为模糊的概念，这时就要对这个概念进一步拆解，比如将“高饱和”对应在颜色阈值中的区间值，转换为机器可懂的参数值。

在电商环境这个大背景下，除了通过原子化理论拆解设计创意外，羚珑还通过海量业务数据及显性、隐形埋点数据来获取商品及用户特征，更全面地理解信息本体及信息受众。同时为了进一步精细到用户与设计的交互状态，我们还加入了丰富的上下文特征，比如天气、设备型号、浏览行为等，立体地感知信息受众状态。

开发上线交给羚珑。羚珑采用Taro全域适配代码框架，不仅可实现PC和移动一键智能转换，还能自动生成一套代码、自动完成9端代码的转换、无须重复开发即可实现全域适配。

羚珑的跨端转化在可视化搭建端基础上实现了：页面布局一键转化、图片/文案一键转化、智能配色一键转化与商品数据一键转化。在转化效果上，“羚珑多端转化”保证了与“自适应设计”一样的精细化展示效果，页面布局与模块布局均做了场景化区分，颗粒度精细到了图片内元素的排布方式。在制作成本上“羚珑多端转化”相比“响应式设计”节省了研发与设计的步骤，大大节省了资源，也缩短了项目周期。

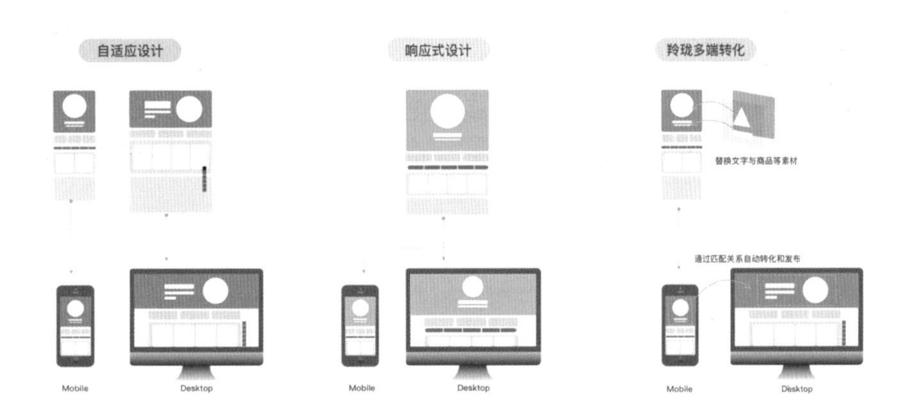

羚珑将页面容器切分成了模块容器，并在内容方面依据容器做了更加精细的匹配关系。像所有可视化搭建系统一样，羚珑是以丰富的组件库来作为搭建系统的基石。每个端都有近100多个含不同布局的组件。除此之外每个结构化的字段都是与数据一一对应的，保证在一端修改数据之后在另外一端能够同步的变化。组件是结构化的内容，在图片维度也将图片中的元素进行了拆分，例如首焦banner拆分元素为：背景图、商品图、装饰元素、主文案、辅助文案、按钮，并且这些元素针对两端进行了规则的重排，这样才能保证在不同端以最佳的布局形式展现给用户。同时，元素颗粒度的拆分也保证了在一端修改配色之后在另外一端能够依据配色规则做同样的变化。

元素转化遵循拉伸、改变布局、内容增减的原则。拉伸原则指的是在布局不发生改变且内容没有增减的情况下进行拉伸，例如文本内容较重要时将会做无增减拉伸处理，当空间位置受限同时文本内容非关键信息时会选择截断的方式。布局发生改变需要将元素进行重排，如头图banner如果采取等比拉伸的策略会因高度问题影响PC端的页面效率，而裁切的形式将使图片缺失重要内容，因此图片内元素重排为最优解法。内容增减一般处理单元重复类模块，比如商品模块在PC端横向空间比较大的情况下会展示更多单元。元素颗粒度的对应关系是一个非常大的工作量，当一些细颗粒度的内容没有做关联时可以通过简单的对应关系来解决。为了保证转化的效果，组件之间的正向转化和逆向转化并非一一对应的关系，允许多对一的转化而不允许一对多的转化。

为了满足电商内较为复杂的基于人、货、场的页面设计的诉求，我们需要不断地扩充羚珑覆盖的智能设计类型。因此我们将页面设计能力、素材设计能力、数据源、组件、配置项、上线渠道进行全面解耦，并将解耦后的能力进行标准的积木化封装，实现多能力的灵活选配、组合机制。同时，最大限度考虑到可能的定制化需求，有规则地开放给应用场景，实现设计场景的无穷化、半自动化以及自动化。

2020年初，羚珑已经覆盖了包含自动生成频道、活动、店铺、小程序、互动营销等在内的六大核心智能设计场景。羚珑频道支持各事业部的PC频道落地，业务可直接使用羚珑搭建频道，全流程实现无代码化；若有定制化需求，可结合羚珑进行自定义开发。在过去，上线频道需要业务侧先提出方案——找到频道产品——提交设计，完成交互、视觉方案后——再由研发开发上线。整个过程就算流程优化到极致，也至少1个月的时间。后期的迭代维护，都需要再走一遍流程。现在业务侧使用羚珑，可直接搭建上线频道，在保证页面方案的质量的同时，至少减少3/4的项目时间，提效75%以上。包括我们团队搭建羚珑平台的场景页面，目前也都是使用羚珑，一个人就可以直接设计上线。羚珑活动提供近千的优质设计方案，覆盖了近20种设计手法，覆盖主流促销专题约95%，每月推荐轮换4个特色专题，每个主题含20～30个设计方案，如夏日上新、七夕有你、开学季等迎合当季促销节奏。大促期间，羚珑提供京东官方的设计方案，商家可用智能配色和一键转换功能，无须设计和开发，直接上线

PC及移动端。在羚珑做小程序，1个人就够了。基于taro的大前端框架，羚珑一套小程序代码可适用于微信和百度等9大主流小程序平台，不用每个平台都开发一遍。同时羚珑已经打通京东内部的营销投放平台并接入开普勒-黄金流程，可支持商家在羚珑录入京东商品，通过羚珑搭建的小程序可进行商品售卖。羚珑动态店铺，覆盖商家三大运营场景：日常运营、商品上新、活动促销，提供丰富的动态设计方案，包括动态锚点、动态场景、动态浮层、视频、滚动时差等高质量的动态设计方案，同时可以根据店铺全年不同的促销主题，定期自动生成全套的店铺设计解决方案，降低商家自定义装修的成本。

同时，羚珑通过设计能力的积木化和开放化，不仅支持了羚珑内十几个场景的智能推荐设计，还支持公司内部百分之九十以上的系统级智能设计解决方案。一方面，满足商家、运营、业务等多角色的营销设计诉求；另一方面，帮助设计、研发降低成本提升效率。

随着羚珑素材智能设计、页面智能设计、全域适配等基础能力逐渐夯实，我们发现过去羚珑对于用户来讲，还是单点工具型的使用模式（辅助工具），如果想要从根本上帮助商家解决经营的问题，就一定要从单点工具型（辅助工具）转型到综合平台型（可依赖的设计智囊）。我们通过对商家经营链路和成长过程的研究，结合商家真实的经营需要，配合京东的流量、店铺、品类、动销商品、设计测试等等数据分析，将羚珑能力组合并升级，孵化出专门针对店铺经营的智能设计服务。在羚珑内，我们为商家提供免费的、一站式的店铺私域设计解决方案，覆盖发布商品（主图、详情、打腰带、视频）、搭建店铺首页、发布店铺活动以及站外推广店铺等一系列的店铺经营场景。

同时，羚珑设计服务已逐步将我们在各个场景内不断验证和测试的设计能力、设计素材、设计模型，全面渗透到京东店铺经营平台——京东智铺内，让商家在智铺内不用跳出，就可以享受到羚珑的设计服务。

2021年11月11日，羚珑为京东商家提供免费的、高转化的店铺营销设计服务——购物小程序。我们通过将购物小程序搭载在智铺内，为商家提供丰富的、高转化的营销玩法，商家在智铺内无须设计、研发，就可以实现零成本的京东域、微信域内的一站式营销。同时我们打通了京东app的公域投放（搜索、发现）和店铺私域投放（店铺首页、阁楼），商家配置的购物小程序可直接在公私域内透出。拿元气森林举例，小程序配置期间相比日常拉粉量提升近30倍，粉丝转化效果提升20%；海蓝之家配置的品牌小程序，带来的客单价比其他同类页面提升1.9倍。

到今天，羚珑已经不是一个单纯的智能设计平台。羚珑基于全域适配解决方案taro、设计资产数字化quark、设计生态、云服务，结合算法和设计模型不断进行深度学习和强化学习，始终致力于为客户提供全域、全场景的电商设计解决方案。羚珑可以为企业提供一站式设计专区解决方案、单独的设计场景定制化服务、标准接口服务。比如：提供素材及设计的云储存空间，方便归类管理；提供标准化合图、快速页面搭建、自定义组件编辑能力，提升设计效率及质量，解决一致性问题；提供线上线下广告、物料、页面设计、互动营销和动图视频等各种海量设计以及功能抵用券；提供多种便捷小工具，可快速实现一键抠图、尺寸修改、智能配色、打腰带打水印、拼图以及批量编辑功能。

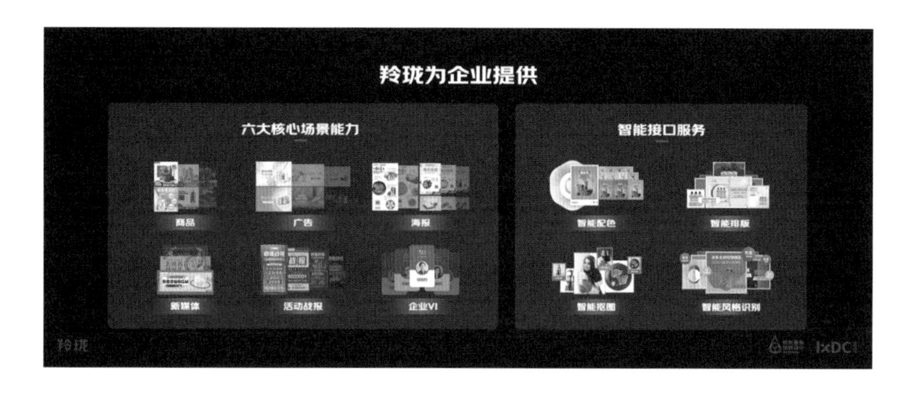

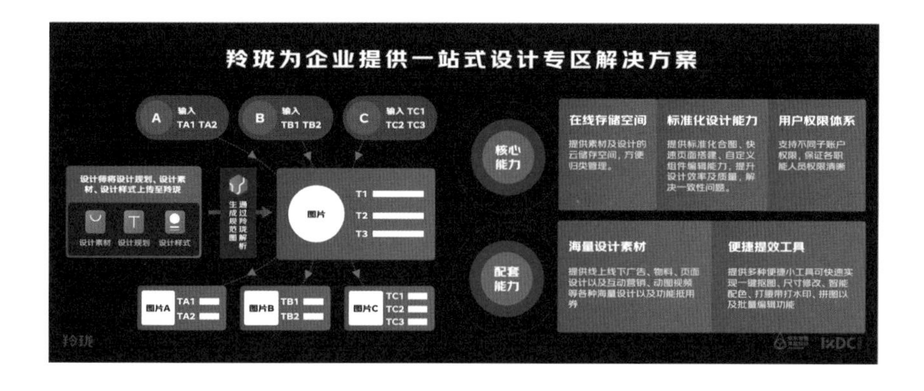

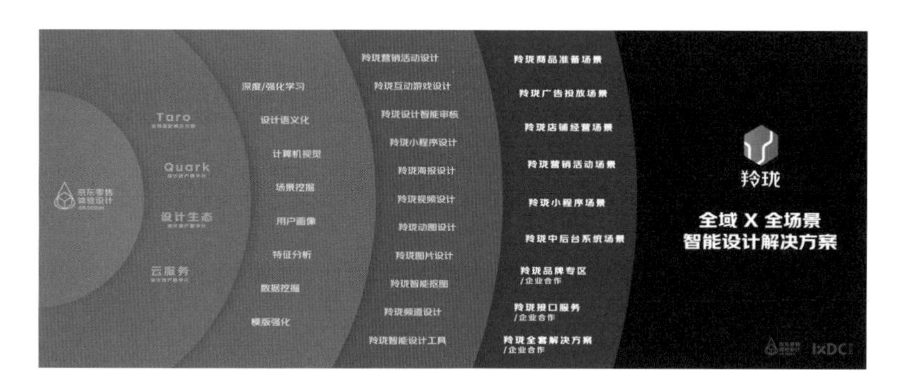

李苏晨
京东零售用户体验设计部　设计总监

京东APP产品体验负责人、羚珑店铺产品负责人。现带领团队专注于零售体验的深耕、智能设计产品的孵化。先后负责羚珑智能页面、京东商城主站、京东会员、京造、商家生态/京麦与服务市场、京粉、开普勒、商智等To C及 To B的多端全链路电商产品体验；从0到1主导了京东PLUS会员、京东会员京享值、京东精选、京东公益、京东泰国电商的整体设计。曾就职于腾讯与新浪微博，拥有丰富的多平台产品及运营设计经验。

07 2021互联网设计发展趋势与探索

◎ 郭冠敏

随着国家的发展，互联网的应用深入到每个人的生活，满足了我们各种工作娱乐的需要。同时疫情也对社会产生巨大的影响，加速改变了我们原有的工作和生活方式。对于我来说，已经习惯了在线上开会、在线上写作甚至线上协同设计，这和以往极为不同。为本来变化就很快的互联网行业，增加了更多不确定。我作为互联网深耕多年的从业者，也聊聊未来设计师该如何发展。

1. 通过市场发展趋势分析未来设计需求量的变化

1）人口红利见顶

近期有一则热点新闻：国家卫健委发布消息称，东北地区可以立足本地实际进行探索，提出实施全面生育政策的试点方案。消息一出，引起舆论关注。从出生人口数据来看，近些年出生人口出现了明显回落，不少省市2020年出生人口大概同比下降20%～30%。这也意味着在流量红利期终结的大环境下，互联网行业面临从增量转向存量用户的竞争的问题。

图1：我国出生人口下滑

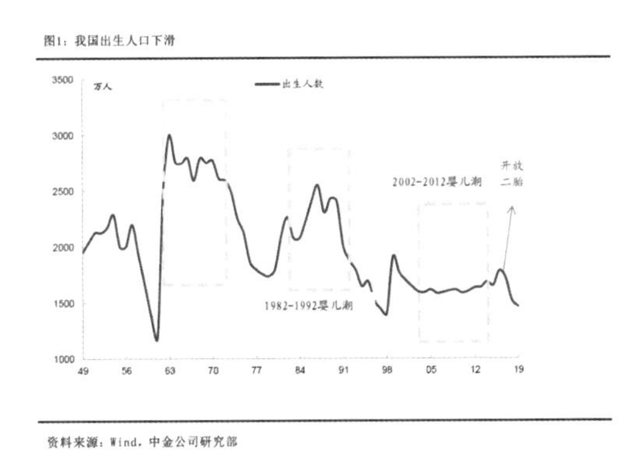

资料来源：Wind，中金公司研究部

图2：2020年出生人口大概下滑20%~30%

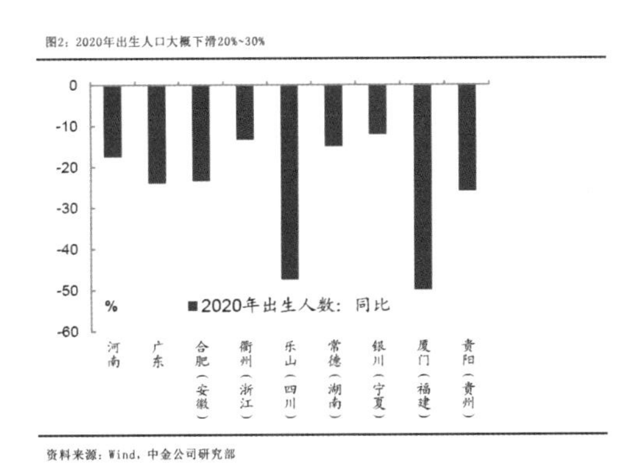

资料来源：Wind，中金公司研究部

CNNIC（中国互联网络信息中心）发布的报告也进一步证实了人口红利见顶对互联网行业的影响，截至2020年12月，我国网民规模达9.89亿，互联网普及率已达70.4%，较2020年3月年提升5.9%，新增网民8540万。而手机网民在全体网民中的渗透率达99.7%，网民规模为9.86亿已接近天花板。网民增长的主体由青年向未成年人和老年群体转化的趋势日趋明显，未成年人、银发老人群体陆续触网。

2）资本回归理性

从2016年开始，随着投融资事件数量不断下降，资本市场渐趋冷静，资金向头部企业集中的趋势变得明显。在宏观经济增长趋稳、金融政策收紧等环境影响下，近几年投融资交易趋于冷静。2019年投融资4230起，同比减少58%。市场呈现马太效应，成熟期企业拥有稳定市场占有率，风险较小，更获得资本青睐。

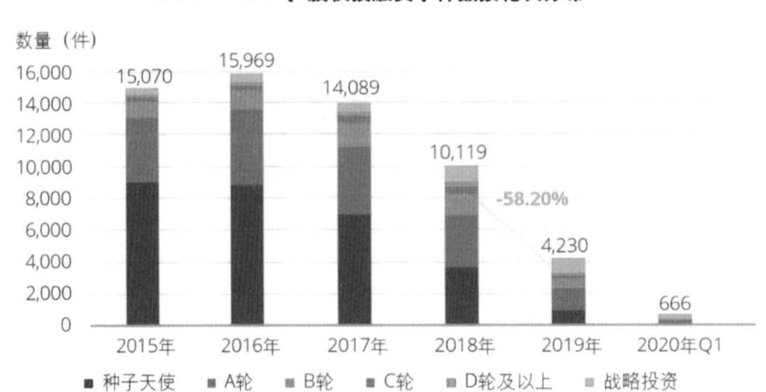

来源：Jingdata

2019—2020 Q1中国创业企业巨额股权融资交易事件

公司名称	轮次	融资金额	融资时间	投资方
腾龙数据	A轮	260亿人民币	2019-11-29	Morgan Stanley，南山资本、睿景开元、海通恒信租赁华能景顺罗斯
快手	F轮	近30亿美元	2019-12-03	腾讯、博格资本、云锋基全,淡马锡.红杉资本中国
贝壳找房	D+轮	超24亿美元	2020-03-04	腾讯、高瓴资本,软银愿景基金、红杉资本中国
车好多	D轮	15亿美元	2019-02-28	软银愿景基金
自如网	战略投资	10亿美元	2020-03-04	软银愿景基金
猿辅导	G轮	10亿美元	2020-03-31	IDG资本，腾讯投资、高瓴资本，博格资本
旷视科技	D轮	7.5亿美元	2019-05-08	中银集团投资有限公司（BOCGI）、阿布扎比投资局（ADIA），麦格理集团、工银资管（全球）有限公司
地平线机器人	B轮	约6亿美元	2019-02-27	SK中国、SK Hynix、泛海投资、民银资本、中信里昂旗下、CSOBOR基金、海松资本、晨兴资本、高瓴资本、云晖资本、线性资本
滴滴出行	战略投资	6亿美元	2019-07-25	丰田TOYOTA
秦淮数据	战略投资	5.7亿美元	2019-05-28	贝恩资本
理想汽车	C轮	5.3亿美元	2019-06-28	王兴，经纬创投、明势资本、蓝驰创投
爱回收	战略投资	超5亿美元	2019-06-03	京东集团、晨兴资本、老虎基金、天图资本、启承资本、清新资本
小马智行	B轮	4.62亿美元	2020-02-26	丰田TOYOTA
合众新能源汽车	B轮	30亿人民币	2019-04-22	政府产业基金领投，战略投资资本跟投
威马汽车	C轮	30亿人民币	2019-03-08	百度集团、太行产业基金、线性资本
知乎	F轮	4.34亿美元	2019-08-12	百度、快手战投
小鹏汽车	C轮	4亿美元	2019-11-13	小米科技
准时达	A轮	24亿人民币	2019-01-29	中国人寿IDG资本、中金资本、中铁中基供应链集团、钛信资产、元禾原点
掌门1对1	E1轮	3.5亿美元	2019-01-23	CMC资本、中金甲子、中授公司、Sofina、海通国际、元生资本
谊品生鲜	B轮	20亿人民币	2019-03-13	今日资本、腾讯、龙珠资本、钟鼎创投
特斯联	C1轮	20亿人民币	2019-08-12	光大控股、京东、科大讯飞、万达投资
天际汽车	A轮	超20亿人民币	2019-03-01	大型上市公司领投，政府产业引导基金。产业链上下游资本和专业投资机构跟投
百布易卖	D轮	3亿美元	2019-12-16	DST Globall、中金资本、源码资本、老虎环球基金、云启资本、成为资本、雄牛资本
货拉拉	D轮	3亿美元	2019-02-21	高瓴资本、红杉资本中国、钟鼎资本、PV Capital、顺为资本、襄禾资本、MindWorks Ventures、零一创投

续表

公司名称	轮次	融资金额	融资时间	投资方
达闼科技	B轮	3亿美元	2019-03-26	软银愿景基金
城家公寓	A轮	近3亿美元	2019-09-09	博裕资本、云锋基金、华住集团、雅诗阁、建银国际
明略数据	E轮	3亿美元	2020-03-27	淡马锡、腾讯、快手
途虎养车	战略投资	3亿美元	2019-11-12	腾讯
哒哒英语	D轮	2.55亿美元	2019-01-16	涌铧投资、好未来、华平投资
马蜂窝	E轮	2.5亿美元	2019-05-23	美国泛大西洋资本集团(General Atlantic)、启明资本、元钛长青基金、联创旗下NM Strategic Focus Fund、eGiarden ventures

3）研发趋向谨慎

根据2021年发布的《中国互联网络发展状况统计报告》，截至2020年12月，我国国内市场上监测到的App（Application，移动互联网应用）数量为345万款，比2019年减少22万款，呈现持续下降趋势。

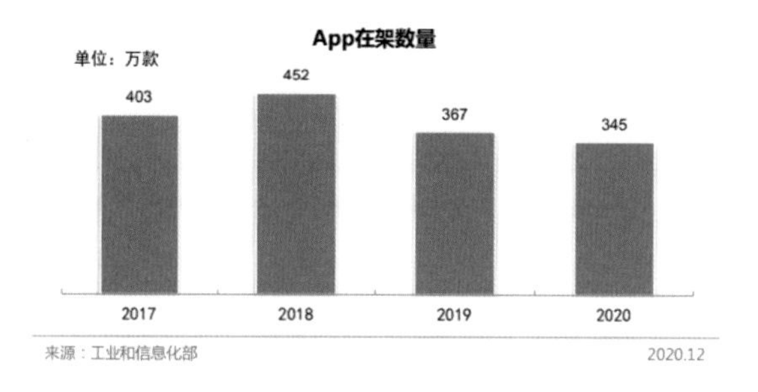

4）设计教育持续发力，互联网设计类人才倍增，就业竞争压力加大

从供给端来看，艺术类专业招生数量稳定增长，艺术类本科招生增长率一般高于全国平均水平。越来越多的设计学院、培训机构开设互联网产品设计相关专业及课程。2020年共有2178所普通高等院校有开设设计学及相关专业，院校数量创历史新高。88.7%的本科院校（1116所）和71.7%的高职院校（1062所）有开设设计专业，2020年本专科设计学及相关专业招生高达72万。

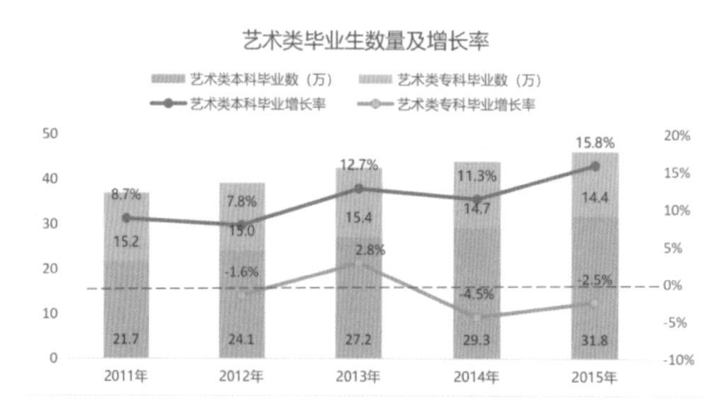

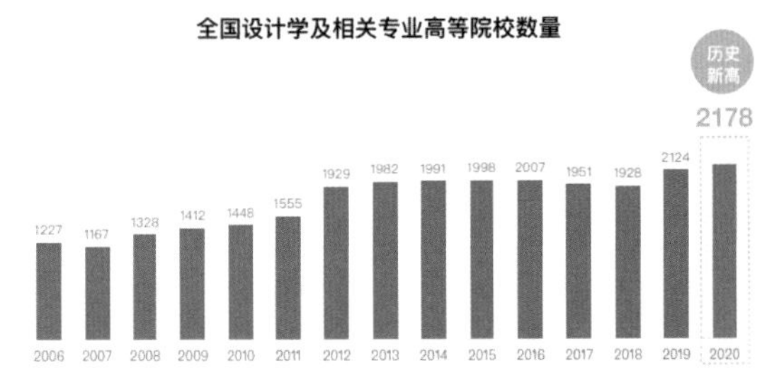

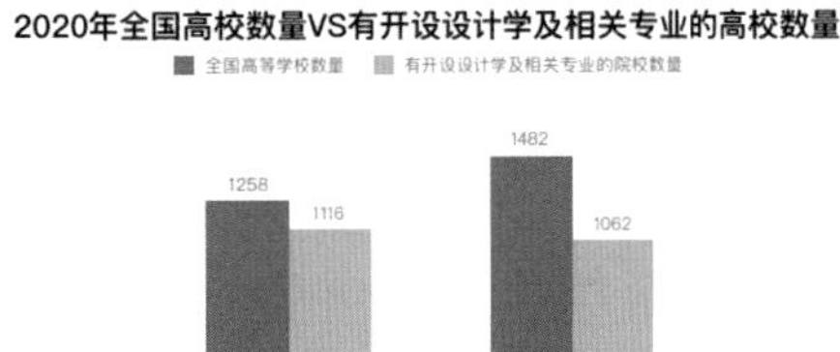

从需求端来看，疫情加速企业分化，中小型企业招聘需求量变少，大企业则在增加，企业招人更为谨慎。根据IXDC发布的《2020中国用户体验行业发展调研报告》，2020年9月总体设计类岗位招聘量较去年同期减少7.9%。

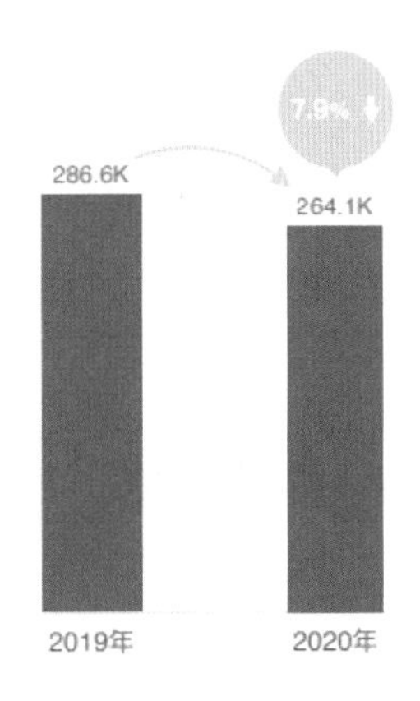

结论：宏观来说新产品的机会在变少，国内互联网从增量市场转向存量市场，产品竞争从“抢到用户”过渡到“留住用户”，低质量的应用会更难存活，导致对用户体验设计能力有更高的要求。从市场供需角度看，设计师资源会越来越充裕，行业竞争压力变大。

2. 通过技术能力的发展趋势分析设计职能的定位走向

1）设计工作精细化、流水线化

随着设计技术和岗位发展成熟，行业内日益注重设计项目经验、理论方法和规律的沉淀积累。设计部门中台化提高设计效率的同时，也使设计从业者面临“系统建构者”和“系统螺丝钉”两极分化的岗位定位走向的现状。

1. 组织架构上中台化，在极大提升设计效率的同时也将导致设计岗位定位分化

公司在早期业务发展过程中，通常有垂直的、个性化的业务架构，在中后期，缺少横向平台导致在新业务、新市场的拓展过程中，原有的系统、设计资源没法直接复用，甚至没法快速迭代，只能陷入“重复造轮子”的瓶颈。随着互联网企业逐渐进入成熟阶段，如何实现整体公司的设计资源组织、生态管控与优化成为公司主要面临的问题。中台部门一定程度上可以最大化利用已有设计资源和产品经验，实现统一规划和资源整合，形成统一的设计规范，防止重复设计导致的复用性低、效率低、设计资源浪费和用户体验不统一。

大型互联网公司目前多以大事业群为主体建立设计部门，服务同一产品矩阵或者有协同性的业务，我们可以把这种大部门一定程度上视为设计中后台，可以整合相应的设计资源，方便产品孵化、设计人力调用、设计资源和技术积累。在共享公共资源池外也会聚焦业务线，兼顾业务专业度和协作度，保证设计规范与风格的统一性以及快速反应能力。

（虽然近日有关于阿里中台架构调整的新闻，但本质来说不影响中台对集团减少重复劳动、提升业务效能的意义。）

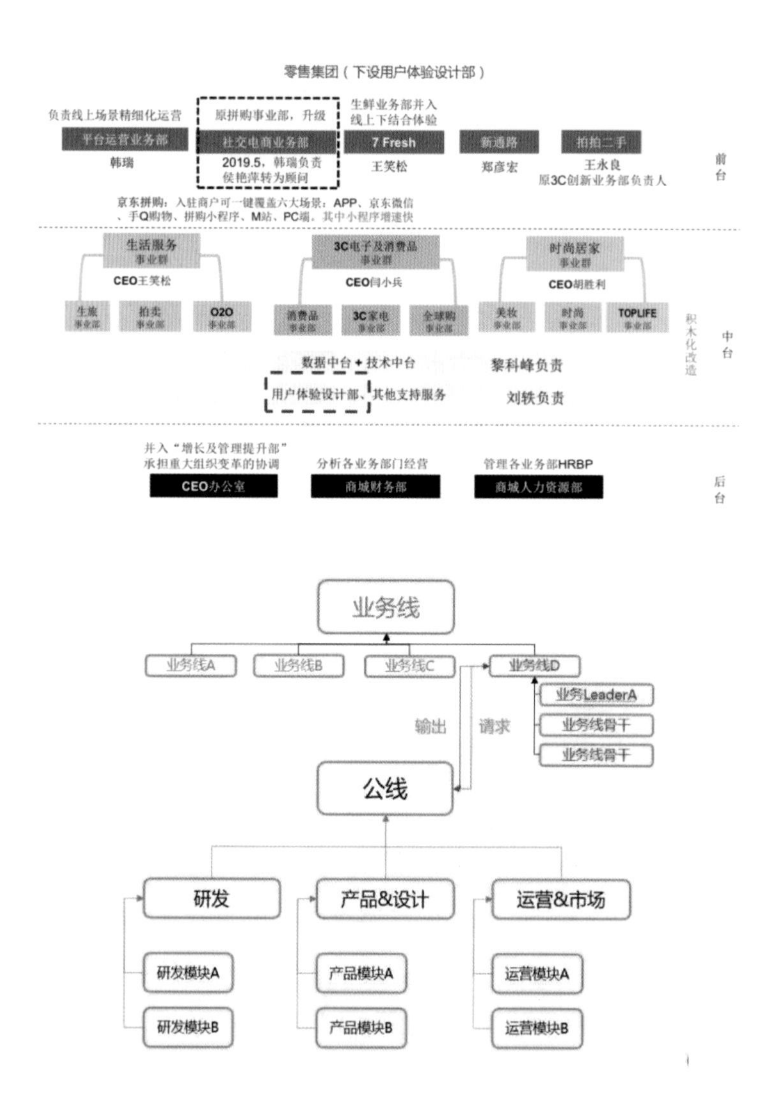

2. 智能化、工具化趋势下，效率工具和资源库极大提升设计效率，使设计能力更加普及

我们发现，互联网公司设计部门在设计智能化、工具化方面都有很多成果：

- ISUX（腾讯社交用户体验设计部）：制定社交产品品牌书、图像、icon资源库。
- TGideas（腾讯互娱创意设计团队）：组件库、UI库、字蛛动态渲染，图片预览器组件、抽奖组件、页面弹出层、弹幕组件、H5播放组件。
- 阿里：Advance Design设计系统、Fusion Design设计系统、Iconfont矢量图

标库。

- 京东：羚珑智能设计平台、RELA设计协同效率工具、PIE需求排期工具、JELLY设计共享平台。
- 网易UEDC：自助设计平台（赋能运营自己做推广）、FIGMA组件库、移动应用设计规范库。

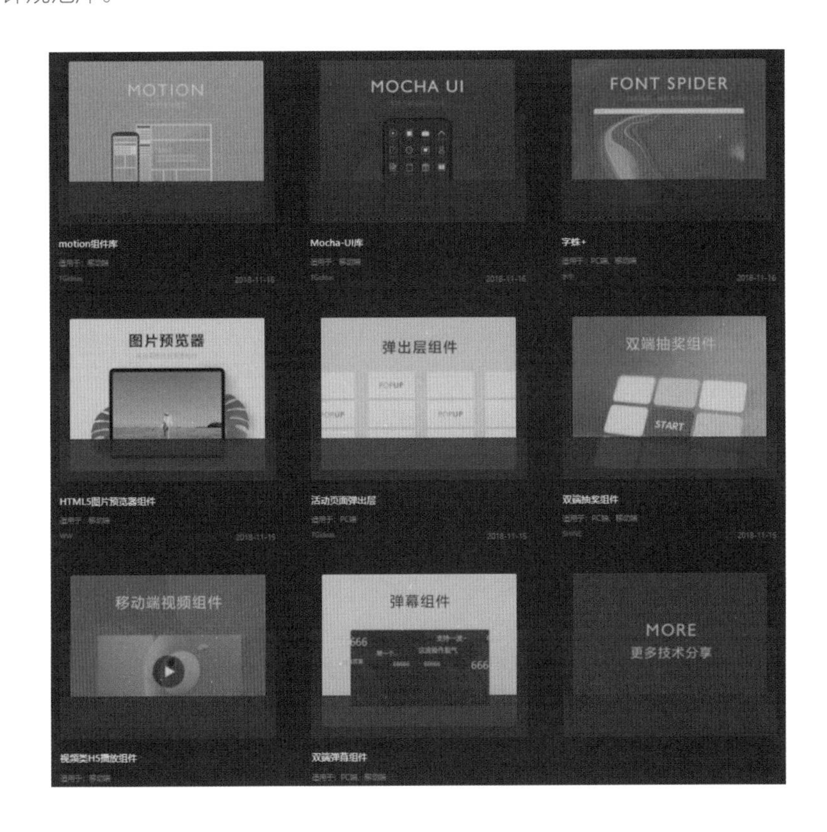

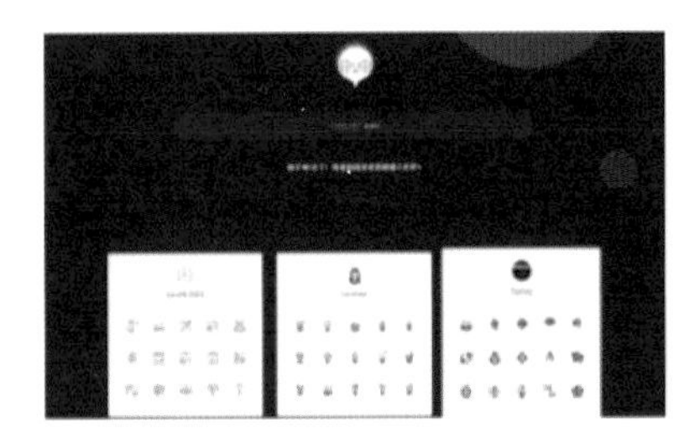

2）组织更加关注个人能效

1. 一专多能、定位于系统建构者的复合型设计人才将会成为企业稀缺资源

造成设计人才供给-需求失衡的根源是，在互联网行业进入成熟期之后，企业对员工数量进行严格控制，组织更加关注个人能效，要求设计人员具备全链路的产品能力。互联网新兴设计人才多为“一岗多责”，企业重视“一专多能”的综合能力。除了设计能力之外，设计人才还需要具备产品能力、用户研究及数据分析等能力还要关心全链路的业务逻辑、用户体验和商业价值，而非仅仅是狭义的视觉、交互工作。

专业能力对比

TGI对比	互联网新兴设计	品牌及运营设计	交互设计	视觉设计	用户研究	游戏设计	
设计能力	62.6%	123	100	109	79	108	“美术相关专业毕业，良好的美术功底及较强的手绘或设计能力”
产品能力	13.0%	91	116	101	124	100	“具备良好的审美和一定视觉设计能力，有产品能力加分”
用户研究	7.0%	112	134	102	167	93	“具备一定的用户研究能力，敏锐了解用户操作习惯”
技术能力	4.0%	99	107	85	103	134	“熟练Photoshop、AI、Axure等绘图软件，对Html、CSS等技术有一定了解者优先”
数据分析	5.0%	110	138	92	177	71	“对产品和市场有深刻的洞察力，具备产品数据分析能力”
市场营销	3.4%	125	25	58	109	49	“较强的市场营销能力；熟悉中间体的市场、应用以及行业规律”
运营能力	3.4%	113	17	35	111	47	“了解产品开发流程，精通用户体验、交互设计和信息架构，并具备一定的产品运营能力”
商业分析	1.6%	104	27	25	128	33	“具备良好的解决方案、客户报告、商务分析等沟通能力”

设计专业能力对比

TGI对比	互联网新兴设计	品牌及运营设计	交互设计	视觉设计	用户研究	游戏设计	
工具掌握	18.2%	89	104	85	83	136	“完善的知识储备，精通设计工具、设计流程、设计规范”
设计结果量化	16.2%	81	111	49	128	49	“能根据产品上线后的效果发现问题，主动调优产品方向和持续优化”
设计经验/功底	9.2%	120	121	160	112	166	“4年以上游戏UI相关经验，了解多类型游戏UI设计风格”
行业分析	9.4%	113	64	146	111	101	“根据用户研究和行业研究，输出场景用户分析报告和行业分析报告”
需求/业务理解	8.1%	106	97	71	128	74	“业务理解能力强，可快速把握业务重点，形成分析框架且有自己明确的观点输出”
设计方法论	3.8%	103	142	211	141	104	“能够总结和分享设计思维、方法论，通过创新方式提出设计策略，有想法高执行推进落地”
设计定位/目标	3.5%	91	59	63	145	73	“负责产品的设计定位，为产品提供用户界面的设计，跟进方案实现”
总结沉淀	2.5%	84	97	221	116	61	“制定相应的设计规范，设计总结，提炼归纳工作共性规律，总结成文”
设计展现/表现	2.3%	121	95	277	76	132	“了解并热爱游戏，有丰富的视觉表现力，思维活跃”
设计流程	2.1%	89	254	108	93	97	“帮助公司建立和完善设计流程、规范和框架”

2. 打破岗位和能力边界，将设计能力向外输出赋能，助力生态或产品策略成为需要

- 网易UEDC利用自研的增长设计方法论，为银行业、游戏业等外部行业和产品提供增长设计服务。
- 京东羚珑智能设计平台，为商家提供广告图设计、海报设计、DM传单设计等在线设计服务，并提供设计模板、京东版权素材图库、商用字体等等。
- 腾讯、CDC和微众银行合作成立银行用户体验联合实验室，发布体验评估工具和报告，赋能银行数字化体验升级。

结论：大厂的工作环境变得更加系统，设计中台在不断积累设计资源、提高设计质量和效率的同时，也在一定程度上引导设计师往两极分化，要么做系统的构建者，要么做系统螺丝钉。在组织对个人能效的高要求下，成为复合设计人才逐渐成为不二之选。

3. 通过新机遇来分析职业发展的选择机会

1）传统行业数字化

在当今这个从工业经济向数字经济转型过渡的大变革时代，数字化转型已经是全球企业的共识。但截至2019年，我国的“转型领军者”仅占企业总数的7%，因此产业数字化在我国拥有广阔的发展前景，也成为日益重要的一个议题。

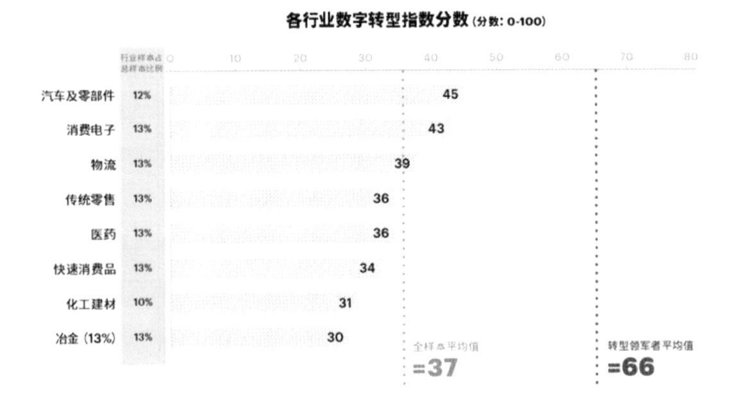

数据来源：埃森哲研究、国家工业信息安全发展研究中心

从政策指导来看，中央政府十分重视数字化发展，在全国大力推动数字经济和实体经济的深度融合。我国目前处于数字化升级3.0阶段，各行各业都在关注，如何通过运用云计算、大数据、人工智能等新一代信息技术，实现数字化转型升级。行业领军者们成为企业效仿的对象，例如实行数字化营销的美的集团、运用智能制造系统的宝钢集团等。

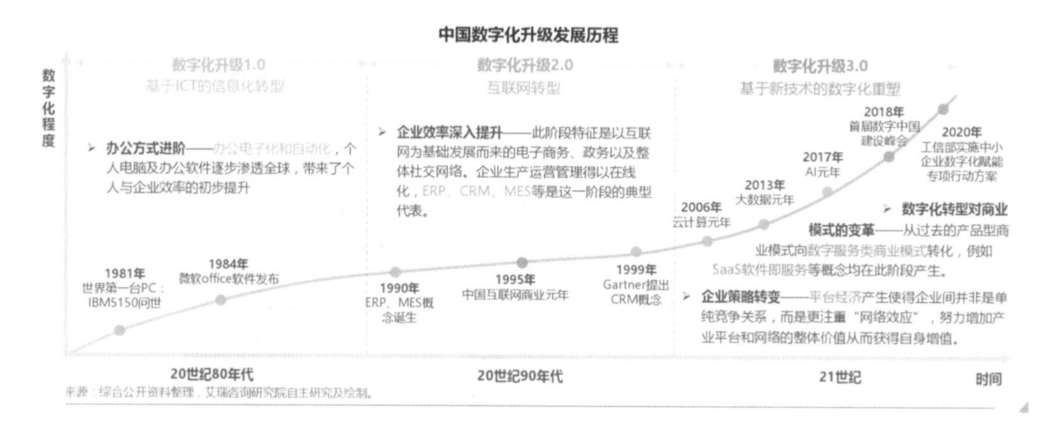

据估算，2019年我国中小微企业总数在1.2亿左右，数量庞大，但整体数字化程度较低。传统经营模式本就受到越来越多的挑战，再加上疫情冲击，数字化转型已成为中小微企业的突围必经之路。

2）AI+5G技术发展

技术革新孕育产品机会，当前，AI和5G两大前沿技术发展迅猛，正在广泛的应用场景中迸发出强盛的生命力。

1. AI技术

经历了IBM主机、PC、互联网、移动互联网四次计算平台的更迭，我们正在迈向AI时代。我国政府对AI技术发展给予高度重视。2019 年，党中央、国务院提出“人工智能是新一轮科技革命和产业变革的重要驱动力量”，并持续落实《新一代人工智能发展规划》部署。在政府和市场的双重驱动下，我国的AI技术蓬勃发展，计算机视觉、语音识别和语音合成、自然语言处理是我国目前三大主要的AI算法应用领域。其中计算机视觉是中国目前最具代表性的AI应用技术，例如百度开发了人脸检测深度学习算法PyramidBox；海康威视团队提出了以预测人体中轴线来代替预测人体标注框的方式，来解决弱小目标在行人检测中的问题。而在语音识别方面，科大讯飞拥有深度全序列卷积神经网络语音识别框架，输入法的识别准确率达到98%；搜狗语音识别支持最快400字每秒的听写；阿里巴巴人工智能实验室通过语音识别技术开发了声纹购物功能。

随着AI相关底层技术越来越成熟，AI应用层日益丰富和完善，即人工智能可以真正进入市场、落地于实体经济，根据各种需求场景，发展出相应的产品和服务。2019年我国人工智能企业数量超过4000家，位列全球第二。据估算，2019年我国AI赋能实体经济贡献的收入超570亿元。安防和金融是最大的应用领域，而营销、交通、零售、制造、教育、农业、医疗等领域均具有巨大潜能。以医疗为例，根据IDC统计数据，预计2025年全球人工智能应用市场总值将达1270亿美元，而医疗行业将占市场规模的五分之一。例如，科大讯飞目前已经围绕医院和医生，进行“由外向内”的全方位布局，涉及智联网医疗平台、AI病历平台等多个平台或系统的搭建。

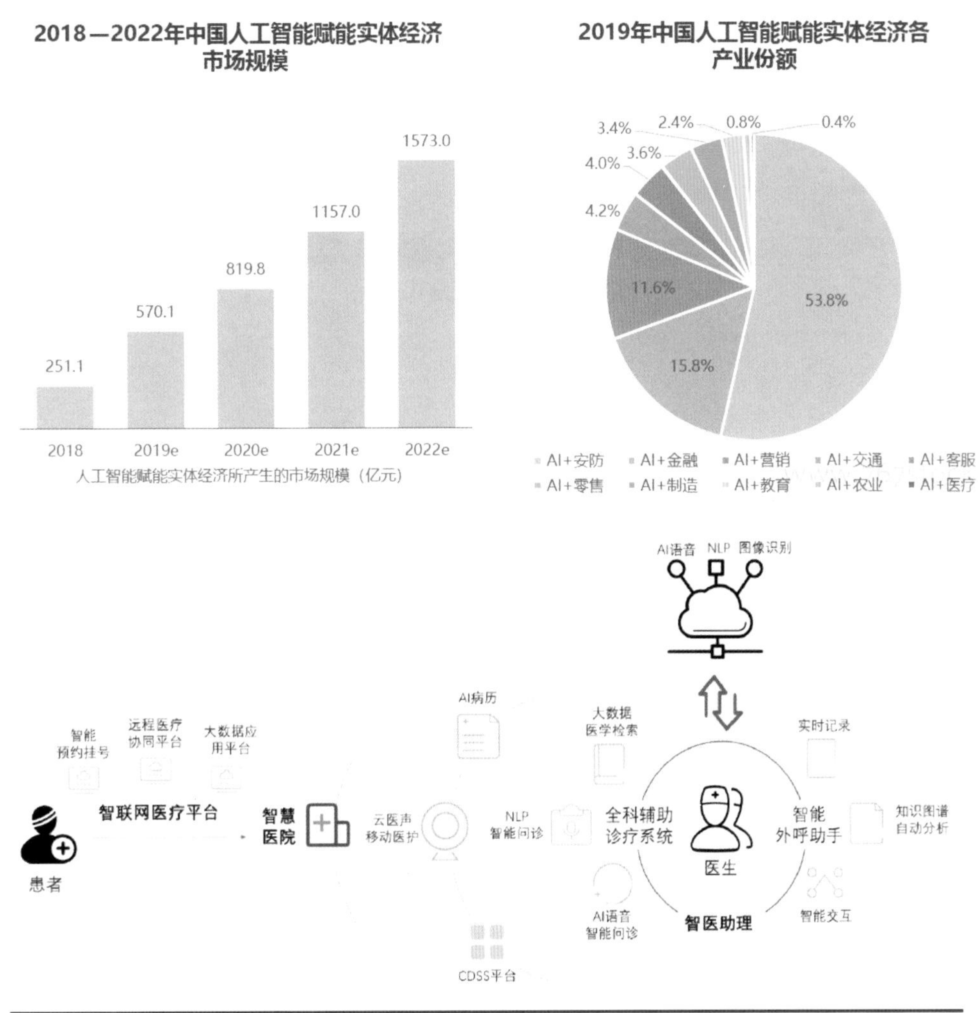

数据来源：公司官网，安信证券研究中心

2. 5G技术

5G技术具有大宽带、高速率、广连接等特性，5G商用将开启万物互联的时代。2019年6月，工信部向三大运营商及中国广电发放5G商用牌照，标志着中国正式开启5G商用。2020年3月，中共中央政治局常务委员会召开会议提出，要加快5G网络、数据中心等新型基础设施建设，推动5G等“新基建”，使其成为疫情之后经济复苏和发展的重要生产力。随着5G基础设施的普及，未来5G产业将从运营商主导逐渐过渡为场景方案提供商主导，多种场景下的应用方案将展现出巨大创新活力，例如5G+文娱、零售、生活、出行、医疗等，将不再只是想象。

5G产业链图谱

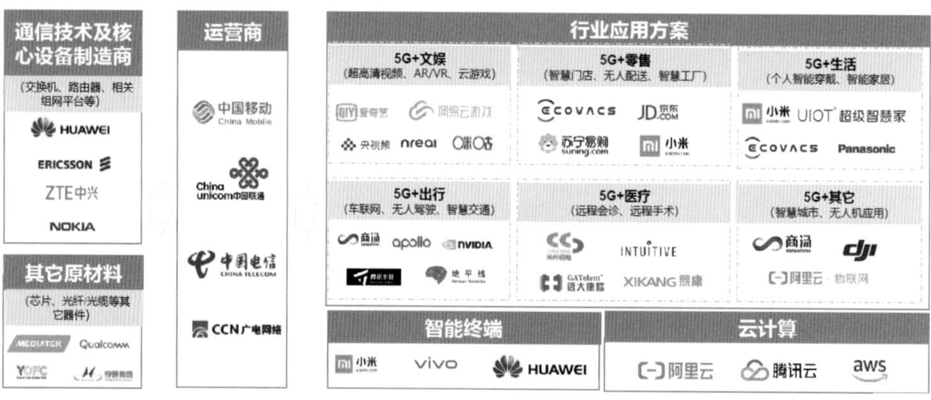

注：本产业链图谱中只列举部分企业作为说明，未涵盖产业链内全部企业。

在文娱方面，我们将享受到4K/8K超高清视频、超高清赛事直播、云游戏、云VR等，例如，中央广播电视总台在2019年11月推出了中国首个国家级5G新媒体平台“央视频”；网易游戏打造了云游戏平台，玩家无须下载游戏即可在线畅玩。在零售方面，5G为加速推进零售产业的数字化和智能化升级提供了便利，天猫正在打造的智慧门店、智慧快闪、AR试衣镜等体验，将在5G支持下更加流畅。在生活方面，5G将大幅提升智能家居体验。在出行方面，智能驾驶、车联网和智慧交通系统是近几年广受关注的三个主要应用。在医疗方面，5G为远程医疗提供了基础条件，例如中国联通将与合作伙伴共同探索智慧医疗。

从落地难度、落地风险、市场接受度等方面来评估，预计娱乐游戏方面的应用落地速度较快，招聘市场也将对相关人才产生较强需求。

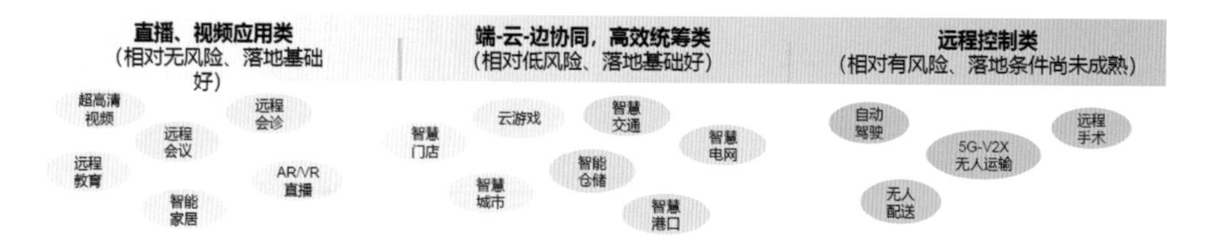

结论：在互联网行业整体逐渐饱和的环境下，设计从业者需要善于根据行业趋势发现新的增量空间，紧紧把握住产业数字化、AI、5G等产业发展带来的职业选择新机遇，成为新领域的第一批开荒者。

4. 总结

随着行业发展，底层技术在变，市场格局在变，设计需求在变，设计师的工作模式必然发生着变化。设计师有必要掌握这一系列变化趋势，由此规划长远的职业发展、构建全面的能力图谱。

我们可以看到，宏观人口环境、资本市场的变化正在重塑互联网行业的变化趋势，在人口红利见顶、网民规模增速放缓、资本市场渐趋理性的影响下，互联网产品的研发更趋谨慎。设计教育与招聘市场的供需失衡，市场资源向大公司集中，导致设计需求增量机会减少、就业竞争压力加大，一定程度上意味着行业整体可能存在着内卷风险。不同产品的用户体验要求和标准会在更高层面展开竞争，这对设计师的职业选择提出了更高的要求：从横向看能否探索新的行业机遇，从纵向看能否成为“系统构建者”一类的设计复合型人才。

从企业内部视角出发，组织追求人力的最大效益，深刻影响了互联网设计岗位的发展方向。通过建设智能化工具化的设计系统、组件资源库，并搭建设计中台部门实现资源整合，企业减少了重复设计，极大地提高了设计效率。但这种设计的“流水线化”也使设计能力更加普及，设计资源的供应大大充足，使设计职能面临两极分化的定位走向：一条路通往系统构建者，一条路成为系统螺丝钉。“设计”两个字的涵义可能正在变得更丰富，其边界正在拓宽，同时有了更多分层。低层次的设计工作更加标准化，对工具的依赖性越来越强，更多地要求设计师对资源的利用能力。而高层次的设计工作更加考验设计师对价值的挖掘能力，需要考虑设计的目标是什么、本质是什么、如何发挥价值。在这种趋势下，系统构建者成为稀缺资源。

成为系统构建者，基础是成为“设计专才”，在专业领域做创造性的设计，通过创意提升自我价值。在这基础上更要成为“复合人才”。除了设计能力以外，还需具备管理能力、统筹能力、用户研究和商业分析能力，打破岗位边界和能力界限，吸纳各领域知识经验，能通过设计能力输出向外赋能，协调各岗位输出产品策略、主导项目落地，而非仅仅局限于单一的设计执行。在业务中有主人翁意识，站在全链路的角度推动设计价值落地，警惕为设计而设计以及过度设计的陷阱。

再把视野放宽，我们可以看到，互联网行业快速成长的红利期虽已过去，但传统行业数字化、AI和5G的发展会产生新应用和新机遇，酝酿着大量产品机会，给行业带来新的增量空间，设计师也可以“顺势而为”，成为新领域中的开拓者。我们面对的仍是广阔天地，愿各位从业者找准方向、积极创新，能在新一轮的竞争中不断探索并取得收获。

郭冠敏

网易UEDC　设计总监

网易用户体验的开拓者，2008年在杭州创办用户体验设计中心（UEDC），并发展成为集团级职能部门。曾主导多个明星产品：网易云音乐、网易考拉、易信、LOFTER、网易博客等。负责管理的UEDC部门对接网易近百个互联网产品，业务范围有电商、社交、教育、金融、云计算等领域。在网易云课堂上研发数门专业课，帮助广大设计爱好者进入互联网设计行业。近期获得2019光华龙腾奖·中国服务设计业十大杰出青年称号。

无限创业者：不停在新业务中探索产品成功的奥秘，并保持敬畏心、匠心、恒心、创意、善意。